高职高专通信类专业系列教材

移动通信组网与优化

主　编　杨国荣

副主编　邹　娜　林　磊

主　审　董　奇

西安电子科技大学出版社

内 容 简 介

　　本书对接移动通信相关行业标准及《5G 移动网络运维职业技能等级标准》的 X 证书技能考核要求，采用模块化设计，以任务驱动的方式编写，符合读者的认知规律，读者可根据需要方便灵活地进行模块化学习。全书设计了 Pre5G 组网维护、NB-IoT 网络应用、移动通信网络优化三大模块，包含 Pre5G 无线网配置、Pre5G 核心网配置、Pre5G 承载网配置、Pre5G 网络维护、NB-IoT 组网、NB-IoT 应用、移动性管理、移动网络优化 8 个项目，共计 26 个任务。

　　学习本书前应具备一定的数字通信基础、计算机网络等知识。本书可作为高职院校通信类专业的教材，也可作为"5G 移动网络运维" X 证书中 NB-IoT 模块的教学和培训教材，还可作为期望从事移动通信组网与优化相关工作的社会人士的学习参考书。

图书在版编目（CIP）数据

移动通信组网与优化 / 杨国荣主编 . -- 西安：西安电子科技大学出版社，2023.8
ISBN 978 - 7 - 5606 - 7003 - 4

Ⅰ . ①移⋯　Ⅱ . ①杨⋯　　Ⅲ . ①移动通信—通信网　Ⅳ . ① TN929.5

中国国家版本馆 CIP 数据核字 (2023) 第 152864 号

策　　划　黄薇谚
责任编辑　雷鸿俊
出版发行　西安电子科技大学出版社 (西安市太白南路 2 号)
电　　话　(029)88202421　88201467　邮　　编　710071
网　　址　www.xduph.com　　　　　电子邮箱　xdupfxb001@163.com
经　　销　新华书店
印刷单位　咸阳华盛印务有限责任公司
版　　次　2023 年 8 月第 1 版　2023 年 8 月第 1 次印刷
开　　本　787 毫米 ×1092 毫米　1/16　印　张　13.25
字　　数　313 千字
印　　数　1 ～ 1000 册
定　　价　40.00 元
ISBN 978 - 7 - 5606 - 7003 - 4 / TN

XDUP 7305001–1

*** 如有印装问题可调换 ***

前　言

国务院颁发的《国家职业教育改革实施方案》中指出，职业教育与普通教育是两种不同的教育类型，具有同等重要的地位。要坚持以习近平新时代中国特色社会主义思想为指导，把职业教育摆在教育改革创新和经济社会发展中更加突出的位置。同时，教育部启动了1+X证书制度试点工作，鼓励职业院校学生在获得学历证书的同时，积极取得各类职业技能等级证书，拓展就业创业本领。

本书在编写时坚持"立德树人"这一根本任务，以适应高等职业教育发展需求、符合学生的认知规律和培养读者移动通信组网与优化的实际应用能力为目标，依据现代通信技术、现代移动通信技术等专业人才培养目标和相关职业岗位（群）的能力要求，有机融入"5G移动网络运维"X证书的职业技能考核要求。

本书内容充分对接实际岗位技能要求，结合IUV-Pre5G和NB-IoT两个虚拟仿真软件以及Pre5G网络优化案例，设计了Pre5G组网维护、NB-IoT网络应用、移动通信网络优化三大模块，以任务为驱动、以项目为导向，设计了Pre5G无线网配置、Pre5G核心网配置、Pre5G承载网配置、Pre5G网络维护、NB-IoT组网、NB-IoT应用、移动性管理、移动网络优化8个项目，共计26个任务，在任务实施过程中有机融入相关理论知识。各个模块相对独立，各项目由点到面、由浅入深，形成了理实一体的模块化内容体系。书中配有相应的视频演示二维码，便于读者学习，教师可灵活组织X证书职业技能培训的教学。同时，本书也可为后续学习5G移动网络等相关课程以及参加相关技能大赛的读者打下坚实的基础。

本书由校企联合编写，西安铁路职业技术学院的杨国荣担任主编并编写了模块一和模块二的项目一，西安铁路职业技术学院的邹娜担任副主编并编写了模块二的项目二及模块三，深圳艾优威科技有限公司的林磊担任副主编并对模块一和模块二的编写提供了很多有益的帮助，西安铁路职业技术学院的董奇担任本书主审，对内容的政治性进行了指导与审核。

由于编者水平有限，书中难免存在不足之处，恳请读者不吝赐教，相信读者的反馈将会为本书日后的修订提供良好的帮助。

编　者
2023年6月

CONTENTS
目　录

模块一　Pre5G 组网维护

移动通信技术从第一代 (1G) 到第五代 (5G)，经历了从模拟到数字，从多媒体时代到 4G 改变生活、5G 改变社会的发展。移动通信已经是人类社会重要的通信方式，目前主要的移动通信方式是 Pre5G(4G+) 和 5G 移动通信运营业务。

本模块结合 IUV-Pre5G 虚拟仿真软件，以任务为驱动进行项目化设计，分为 Pre5G 无线网配置、Pre5G 核心网配置、Pre5G 承载网配置和 Pre5G 网络维护 4 个项目，将 Pre5G 的组网原理和关键技术融入相应的任务，便于实施以学生为中心的理实一体化教学。

知识目标　了解移动通信的发展特点，理解 LTE 的关键技术，掌握 Pre5G 的网络架构。

能力目标　能够进行 Pre5G 的网络规划，完成 Pre5G 组网与维护。

素质目标　培养学生吃苦耐劳、团结合作、爱岗敬业、精益求精的精神。

项目一　　Pre5G 无线网配置

　　2004 年年底，第三代合作伙伴计划 (The 3rd Generation Partnership Project，3GPP) 标准化组织提出了通用移动通信系统 (Universal Mobile Telecommunications System，UMTS) 的长期演进 (Long Term Evolution，LTE) 项目。2013 年 12 月 4 日，工信部正式向三大运营商发布 4G 牌照，中国移动、中国电信和中国联通均获得了 TD-LTE 牌照，同时中国电信和中国联通还获得了 LTE-FDD 牌照。随着技术的不断发展，移动通信演进到 4G+ 阶段，也称为 Pre5G。

　　根据双工方式的不同，LTE 系统分为频分双工 (Frequency Division Duplexing，FDD) 和时分双工 (Time Division Duplexing，TDD) 两种。两者的区别表现在空口物理层上，如帧结构、时分设计、同步等。FDD 系统空口上下行采用成对频段来接收和发送数据，TDD 系统上下行则使用相同的频段在不同时隙上传输。与 FDD 相比，TDD 有着较高的频谱利用率。TDD-LTE 习惯上又被简称为 TD-LTE。

　　LTE 系统由演进型分组核心网 (Evolved Packet Core，EPC)、演进型通用陆地无线接入网 (Evolved Universal Terrestrial Radio Access Network，E-UTRAN) 和用户设备 (User Equipment，UE) 三个部分组成，即核心网部分、接入网部分和用户设备三个部分，如图 1.1.1 所示。其中，EPC 又被称为系统架构演进 (System Architecture Evolution，SAE)，EPC 和 E-UTRAN 统称为演进型分组系统 (Evolved Packet System，EPS)。

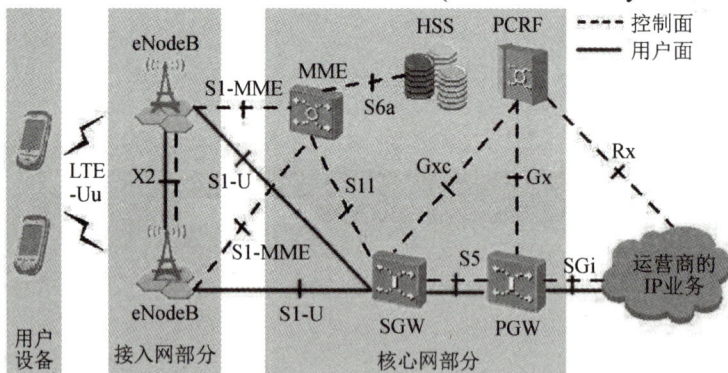

图 1.1.1　Pre5G 网络架构 (LTE 系统)

　　从图 1.1.1 中可以看出，在 LTE 系统中，MME(Mobility Management Entity，移动性管理实体) 通过 S6a 接口与用户归属服务器 (Home Subscriber Server，HSS) 相连，MME 与 SGW 之间的接口是 S11。S5 是 SGW(Serving Gateway，服务网关) 与分组数据网络网关 (Packet Data Network Gateway，PGW) 之间的接口。MME 是 LTE 接入网络的关键控制节点，临时存放用户数据，负责管理和存储用户的相关信息，同时负责对用户进行鉴权。SGW 在 MME 的控制下进行数据包的路由和转发。PGW 负责用户设备接入 PDN(Packet Data Unit，分组数据单元) 的网关，为用户设备分配 IP 地址。HSS 存储并管理用户签约数据，包括用户鉴权信息、位置信息及路由信息。PCRF(Policy and Charging Rule Functionality) 是策略与计费规则的功能实体。

任务 1　Pre5G 无线网规划

规划是组建通信网络的第一步，也是关键的一步。4G 移动通信系统由无线接入网、核心网和承载网组成，其中无线接入网及核心网的规划包括网络拓扑结构设计、覆盖规划、容量规划、无线参数规划等。

IUV-Pre5G 虚拟仿真软件将针对万绿、千湖和百山这三座城市进行规划。其中，万绿市位于平原，是移动用户数量在 1000 万以上的大型人口密集城市；千湖市四周为湖泊，是移动用户数量在 500 ～ 1000 万的中型城区城市；百山市位于山区，是移动用户数量在 500 万以下的小型城郊城市。其中无线接入网侧有 3 个机房，即万绿市 A 站点机房、千湖市 A 站点机房和百山市 A 站点机房。

1. 模型选择

单击"容量规划"界面操作区上侧的"无线接入网"标签和左侧的"万绿"标签开始进行万绿市无线网容量规划。首先进行模型选择，万绿市可选择模型 (Model)A 或模型 B，这里选择模型 A，该模型选择界面如图 1.1.2 所示。

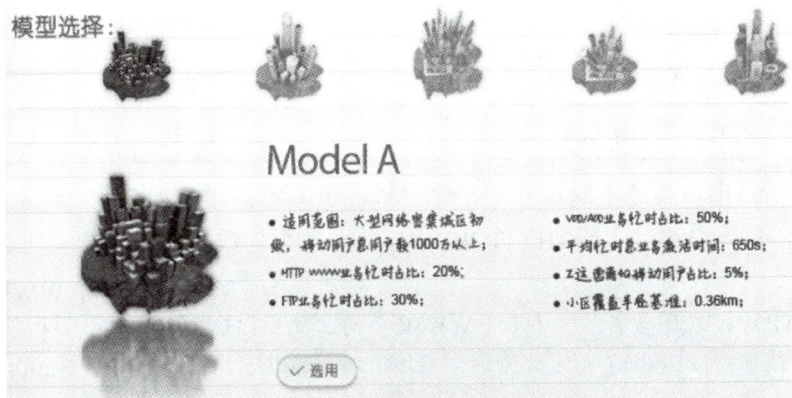

图 1.1.2　无线网模型选择

无线接入网规划主要涉及规模估算和无线参数规划，其中，规模估算又涉及覆盖规划和容量规划两大部分。

1) 覆盖规划

可根据不同无线环境传播模型和不同覆盖率要求等设计基站规模，达到无线网络规划初期对网络各种业务的覆盖要求。进行覆盖规划时，要充分考虑无线传播环境。无线电波在空间衰减受较多不可控因素的影响，相对比较复杂，因此应对不同的无线环境进行合理区分，通过模型测试和校正，滤除无线传播环境对无线信号快衰落的影响，得到合理的站间距。

2) 容量规划

可根据不同用户业务类型和话务模型来进行 (网络) 容量规划。一般城区的业务量比郊区的大，同时各种地区的业务渗透率也有很大不同，应合理区分规划区域，预测业务量并完成容量规划。

3) 无线参数规划

确定站点位置后，需要进行无线参数规划，包括小区标识 (Cell Identifier，Cell ID)、物理小区标识 (Physical Cell Identifier，PCI)、频段、小区间干扰协调 (Inter-Cell Interference Coordination，ICIC)、邻接关系、邻接小区等参数。

2. 容量估算

单击操作区下方的流程单，再单击按钮"Step2"，进入容量估算界面。软件在界面上部给出了容量估算参考数据 (见表 1.1.1)，结合公式可完成相关计算。

表 1.1.1　容量估算参考数据

业 务 类 型	HTTP WWW	FTP	VOD/AOD
单业务速率 /(kb/s)	256	1024	1024
单业务忙时占比系数	20%	30%	50%
平均忙时总业务激活时间 /s	650		
本市移动上网用户数 / 万	1200		
Z 运营商 4G 移动用户占比	5%		
FDD 单站三扇区吞吐量 /(Mb/s)	225		
MIMO2×2 吞吐量增加系数	2		

(1) 估算用户移动上网单业务忙时平均流量需求，步骤如下：

① 估算用户移动上网 (HTTP WWW) 单业务平均数据流量需求：

$$\begin{array}{l}\text{HTTP WWW 单业务}\\\text{平均数据流量 (kb/s)}\end{array} = \begin{array}{l}\text{HTTP WWW}\\\text{单业务速率 (kb/s)}\end{array} \times \begin{array}{l}\text{平均忙时总业务}\\\text{激活时间 (s)}\end{array} \times \dfrac{\begin{array}{l}\text{HTTP WWW 单业}\\\text{务忙时占比系数}\end{array}}{3600(\text{s})}$$

$$= \dfrac{256 \times 650 \times 0.2}{3600} = 9.24$$

② 估算文件传输单业务平均数据流量：

$$\begin{array}{l}\text{文件传输 (FTP) 单业务}\\\text{平均数据流量 (kb/s)}\end{array} = \begin{array}{l}\text{FTP 单业务}\\\text{速率 (kb/s)}\end{array} \times \begin{array}{l}\text{平均忙时总业务}\\\text{激活时间 (s)}\end{array} \times \dfrac{\begin{array}{l}\text{FTP 单业务忙}\\\text{时占比系数}\end{array}}{3600(\text{s})}$$

$$= \dfrac{1024 \times 650 \times 0.3}{3600} = 55.47$$

③ 估算 VOD/AOD 单业务平均数据流量：

$$\begin{aligned}\text{VOD/AOD 单业务}\atop\text{平均数据流量 (kb/s)} &= \text{VOD/AOD 单业}\atop\text{务速率 (kb/s)} \times \text{平均忙时总业务}\atop\text{激活时间 (s)} \times \frac{\text{VOD/AOD 单业务}\atop\text{忙时占比系数}}{3600(\text{s})}\end{aligned}$$

$$= \frac{1024 \times 650 \times 0.5}{3600} = 92.44$$

④ 估算单用户忙时业务平均吞吐量：

$$\begin{aligned}\text{单用户忙时业务}\atop\text{平均吞吐量 (kb/s)} &= \text{HTTP WWW 单业务}\atop\text{平均数据流量 (kb/s)} + \text{FTP 单业务平均}\atop\text{数据流量 (kb/s)} + \text{VOD/AOD 单业务}\atop\text{平均数据流量 (kb/s)}\end{aligned}$$

$$= 9.24 + 55.47 + 92.44 = 157.15$$

(2) 计算本市用户数。

本市 4G 总用户数 (万) = 本市移动上网用户数 (万) × Z 运营商 4G 移动用户占比

$$= 1200 \times 0.05 = 60$$

(3) 计算吞吐量。

计算本市规划区域总吞吐量 (Mb/s) 需求：

$$\text{本市规划区域总吞吐量 (Mb/s)} = \frac{\text{本市 4G 总}\atop\text{用户数 (万)} \times \text{单用户忙时业务}\atop\text{平均吞吐量 (kb/s)} \times 10\,000}{1024}$$

$$= \frac{60 \times 157.15 \times 10\,000}{1024} = 92\,080.08$$

(4) 估算站点数。

① 根据容量估算需要部署的站点数：

$$\text{MIMO-FDD 单站点}\atop\text{吞吐量 (Mb/s)} = \text{FDD 单站三扇区}\atop\text{吞吐量 (Mb/s)} \times \text{MIMO2} \times 2 \text{ 吞吐量增加系数}$$

$$= 225 \times 2 = 450$$

② 估算站点数：

站点数 = 本市规划区域总吞吐量 (Mb/s) ÷ MIMO-FDD 单站点吞吐量

$$= 92\,080.08 \div 450 = 205$$

3. 覆盖估算

单击操作区下方的流程单，再单击按钮"Step3"，进入覆盖估算界面。软件在界面上部给出了覆盖估算参考数值 (见表 1.1.2)，结合公式可完成相关计算。

表 1.1.2　覆盖估算参考数值

系 统 参 数	数　　值
本市规划区域面积 / km^2	540
小区覆盖半径基准 / km	0.36
FDD 制式调整因子	1.1
半径调整比例	1

进行覆盖估算之前需要选择基站的站型。基站站型如图 1.1.3 所示，包括全向、65° 定向 (三扇区) 和 90° 定向 (三扇区)3 种。其中：全向站的覆盖半径最大，系统用户容量最小；65° 定向站 (三扇区) 的覆盖半径最小，系统用户容量最大；90° 定向站 (三扇区) 的覆盖半径和系统用户容量介于两者之间。万绿市为大型密集人口城市，因此选择 65° 定向站 (三扇区)。

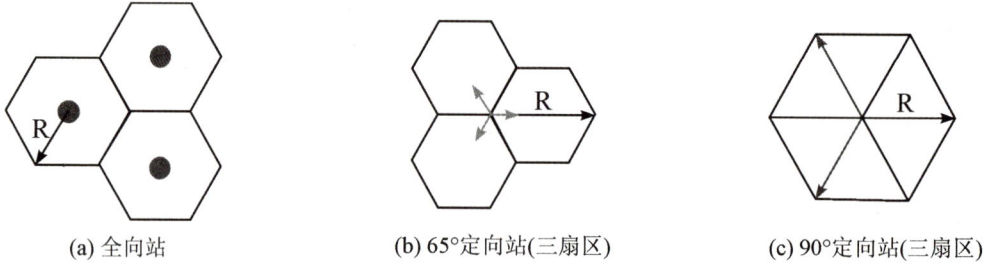

(a) 全向站　　　　　(b) 65°定向站(三扇区)　　　　　(c) 90°定向站(三扇区)

图 1.1.3　基站站型

万绿市需要选择的站型如图 1.1.3(b) 所示。

操作步骤如下：

(1) 根据站点选型，得出小区覆盖半径：

小区覆盖半径 (km) = 小区覆盖半径基准 (km) × 半径调整比例 ×
　　　　　　　　　　FDD 制式调整因子
　　　　　　　　　= 0.36 × 1 × 1.1
　　　　　　　　　= 0.4

(2) 根据站点选型，计算单站最大覆盖面积：

65° 定向站覆盖面积 (km^2) = 1.95 × 小区覆盖半径的平方 (km^2)
　　　　　　　　　　　　　= 1.95 × 0.16
　　　　　　　　　　　　　= 0.31

(3) 计算覆盖估算站点数：

覆盖估算站点数 = 本市规划区域面积 (km^2) ÷ 65° 定向站覆盖面积 (km^2)
　　　　　　　= 540 ÷ 0.31
　　　　　　　= 1742

(4) 选取本市规划区域部署站点数，可以通过比较容量估算站点数和覆盖估算站点数来选取。取最大站点数作为规划区域部署站点数：

本市站点数 = MAX(容量估算站点数，覆盖估算站点数)
　　　　　= MAX(205，1742)
　　　　　= 1742

单站平均吞吐量 (Mb/s) = 本市规划区域吞吐量 (Mb/s) ÷ 本市站点数
　　　　　　　　　　　= 92 080.08 ÷ 1742
　　　　　　　　　　　= 52.86

4. 生成无线接入网规划报告表

千湖市、百山市的无线网规划步骤与万绿市的相同，区别仅在于所选择的话务模型不同。单击右上角的“生成规划报告”按钮，将生成无线接入网规划报告表，如图 1.1.4 所示。

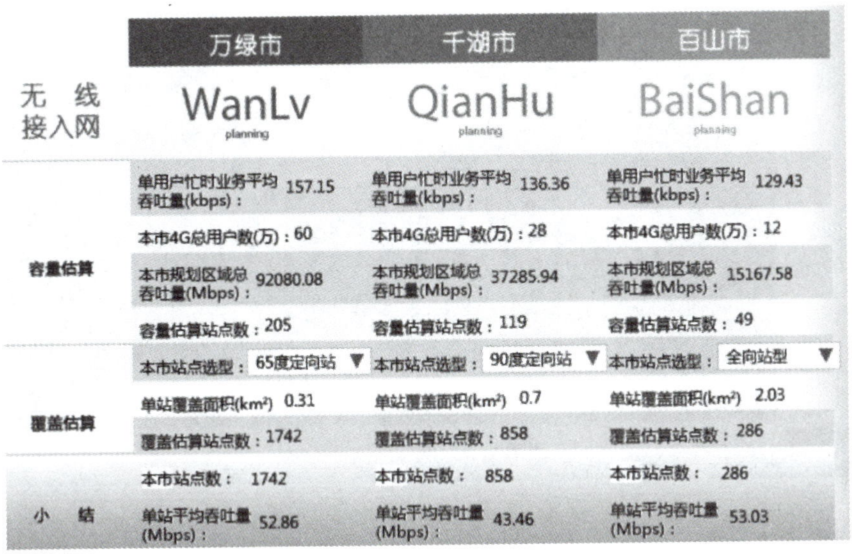

	万绿市	千湖市	百山市
无线接入网	WanLv planning	QianHu planning	BaiShan planning
容量估算	单用户忙时业务平均吞吐量(kbps)：157.15	单用户忙时业务平均吞吐量(kbps)：136.36	单用户忙时业务平均吞吐量(kbps)：129.43
	本市4G总用户数(万)：60	本市4G总用户数(万)：28	本市4G总用户数(万)：12
	本市规划区域总吞吐量(Mbps)：92080.08	本市规划区域总吞吐量(Mbps)：37285.94	本市规划区域总吞吐量(Mbps)：15167.58
	容量估算站点数：205	容量估算站点数：119	容量估算站点数：49
覆盖估算	本市站点选型：65度定向站	本市站点选型：90度定向站	本市站点选型：全向站型
	单站覆盖面积(km²) 0.31	单站覆盖面积(km²) 0.7	单站覆盖面积(km²) 2.03
	覆盖估算站点数：1742	覆盖估算站点数：858	覆盖估算站点数：286
小结	本市站点数：1742	本市站点数：858	本市站点数：286
	单站平均吞吐量(Mbps)：52.86	单站平均吞吐量(Mbps)：43.46	单站平均吞吐量(Mbps)：53.03

图 1.1.4　规划报告表

任务 2　Pre5G 无线网配置

1. 设备配置

在“设备配置”的机房位置分布图中选择“万绿市 A 站点机房”，如图 1.1.5 所示。

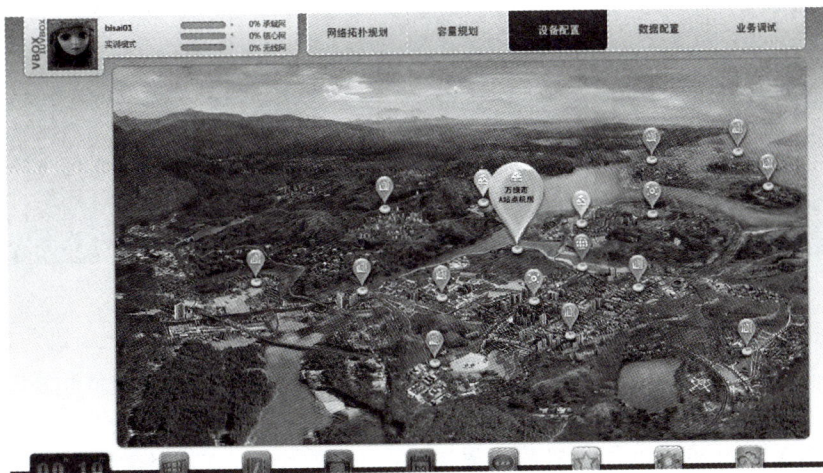

图 1.1.5　机房位置分布图

我们也可以在操作区机房信息菜单中选择"万绿市 A 站点机房"选项，进入无线网机房内部场景，如图 1.1.6 所示。

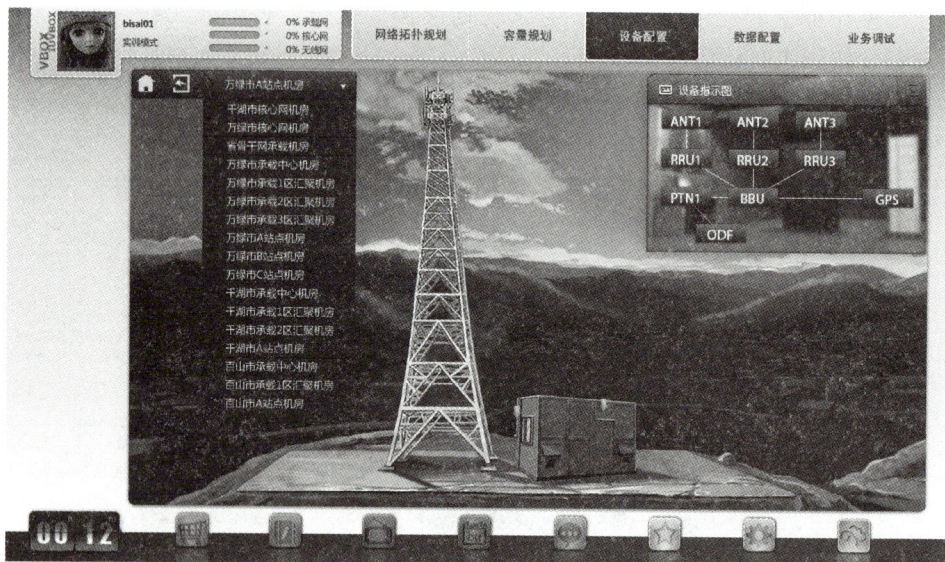

图 1.1.6   无线机房内部场景

1) 设备部署

单击基站上方进入基站顶部，从"设备池"中将 RRU1、RRU2 和 RRU3 这 3 根天线拖入 (如图 1.1.7 所示) 机柜 (设备指示图)，这样无线室外设备就部署完毕了。

图 1.1.7   安装 RRU

单击左上方的返回按钮，返回到上一个界面，单击机房门进入机房内部，再单击左边机柜，从"设备池"中将基带处理单元 (Building Base band Unit，BBU) 放入机柜，如图 1.1.8 所示。

单击返回"按钮"返回到机房全景图，单击右边机柜，在设备池中翻到下一页，选择小型 PTN1 并将其拖入机柜，如图 1.1.9 所示。以上就是无线设备部署情况。

图 1.1.8　安装 BBU

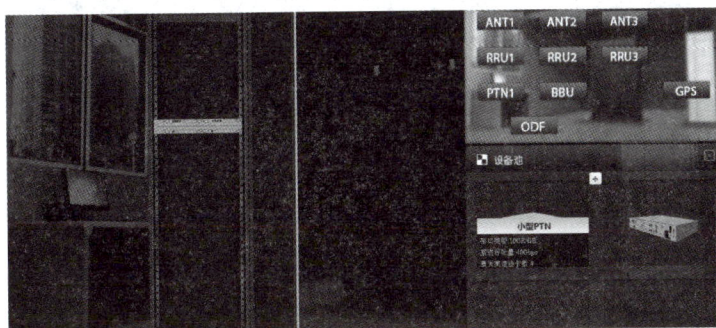

图 1.1.9　安装 PTN

2) 设备连线

　　首先是 ANT1、ANT2、ANT3 与 3 个 RRU 之间的连线。单击设备指示图中的 ANT1，在设备池中选择天线跳线，将其一端接在 ANT1 的 ANT1 口；单击设备指示图中的 RRU1，将无线跳线的另一端连接在 RRU1 的 ANT1(TX0/RX0) 口。

　　由于天线的收发模式后期选择 2×2 的收发模式，因此需要再连一根天线，将无线的一端连接在 ANT1 的 ANT4 口，无线的另一端连接在 RRU1 的 ANT4(TX1/RX1) 口。其他两个 ANT2 和 ANT3 分别需要和 RRU2 和 RRU3 连接，连法和 ANT1 与 RRU1 同理。连线示意图如图 1.1.10 和图 1.1.11 所示。

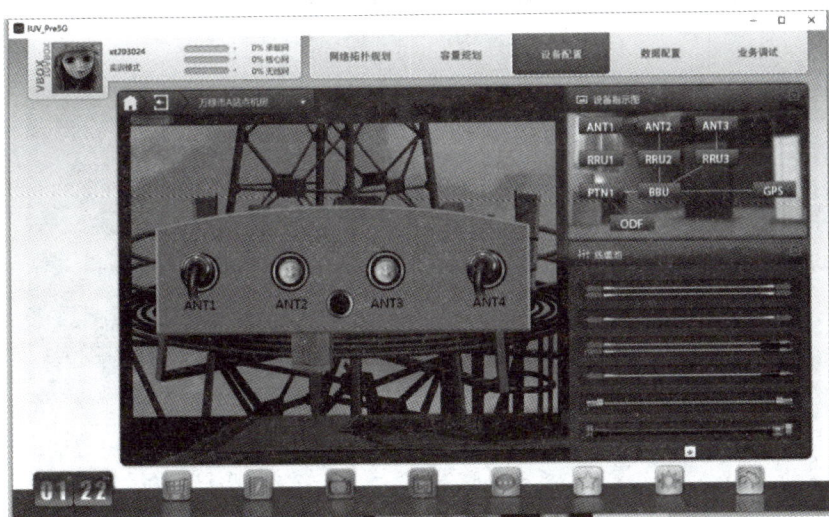

图 1.1.10　ANT1 内部连线图

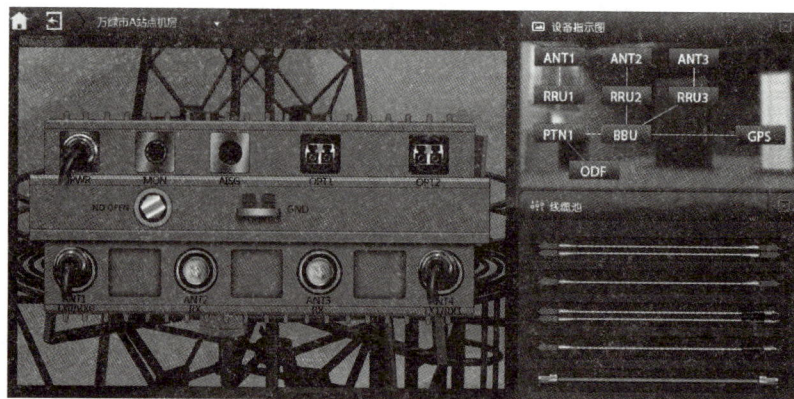

图 1.1.11　RRU1 内部连线图

接着需要将 3 个 RRU 连接到 BBU 上。单击设备指示图的 BBU 进入 BBU 内部，在设备池中选择成对 LC-LC 光纤，将其一端连接在 BBU 的 TX0 RX0 口，另一端连接在 RRU1 的 OPT1 口。RRU2 也是用 LC-LC 连接到 BBU 的 TX1 RX1 口，RRU3 连法同理，如图 1.1.12 和图 1.1.13 所示。

图 1.1.12　BBU 内部连线示意图

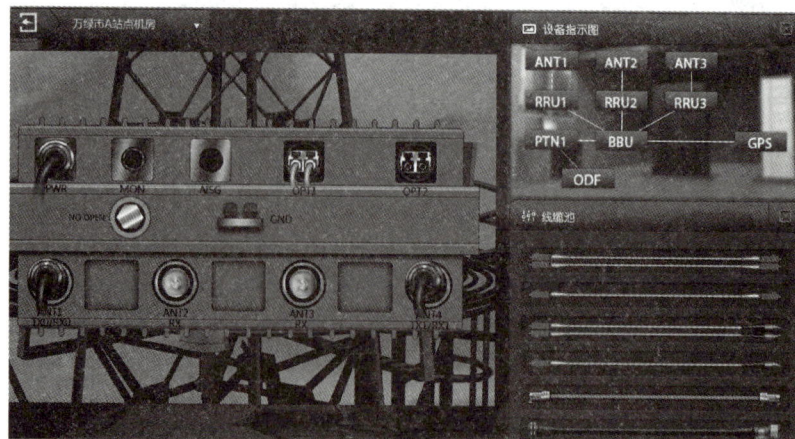

图 1.1.13　RRU 内部连线示意图

3) BBU 与 PTN 连接

BBU 与分组传送网 (Packet Transport Network，PTN) 有两种连接方式，即光纤连接和网线连接，任选一种即可，但需要跟后期的数据配置对应。

第一种光纤连接就是在设备池中用成对的 LC-LC 光纤，将其一端连接在 BBU 左侧板的 TX RX 口，另一端连接在 PTN 板的 GE1 口，如图 1.1.14 和图 1.1.15 所示。

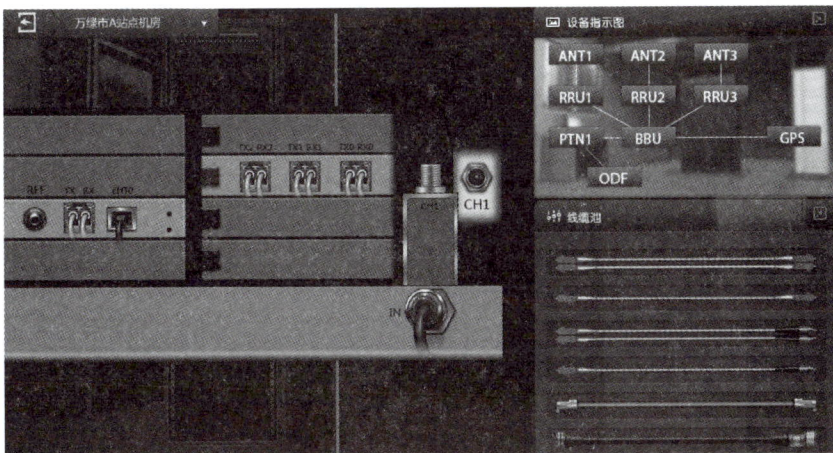

图 1.1.14　BBU 内部连线示意图 1

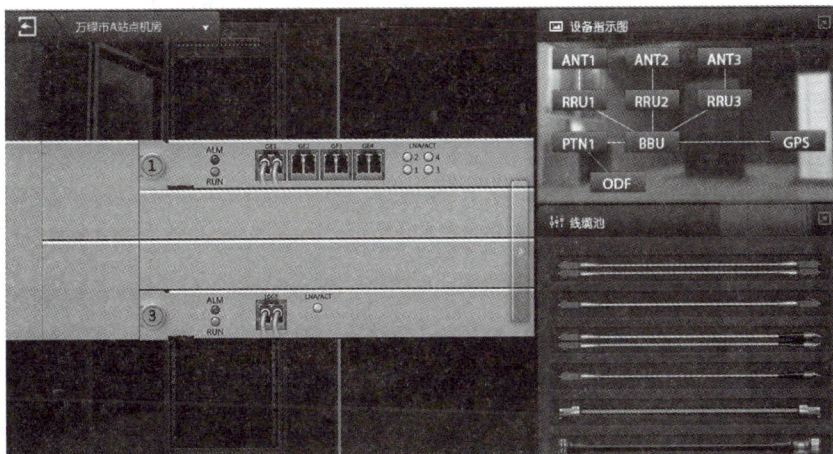

图 1.1.15　PTN 内部连线示意图 1

第二种网线连接，就是在设备池中选择以太网线，将其一端连接在 BBU 左侧板的 EHT0 口，另一端连接在 PTN 最右边板的 GE1 口 (注意：要翻到 PTN 下一页，只需要将箭头放到右边透明化的边框上)，如图 1.1.16 和图 1.1.17 所示。

4) GPS 与 BBU 相连

在设备池的下一页选择最后一根全球定位系统 (Global Positioning System，GPS) 馈线，将其一端连接在 BBU 最下面一排的 IN 口，另一端连接在 GPS 上，如图 1.1.18 和图 1.1.19 所示。

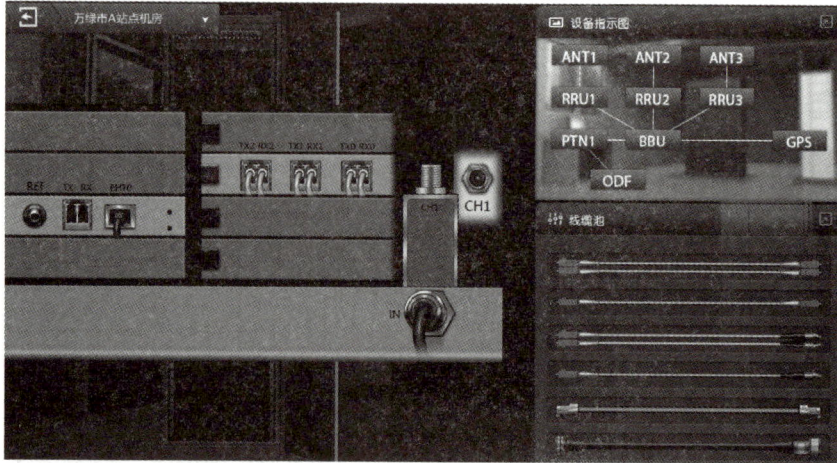

图 1.1.16　BBU 内部连线示意图 2

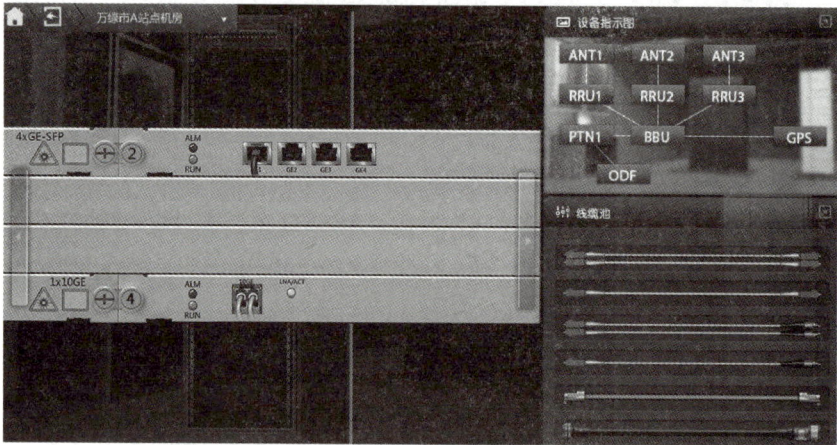

图 1.1.17　PTN 内部连线示意图 2

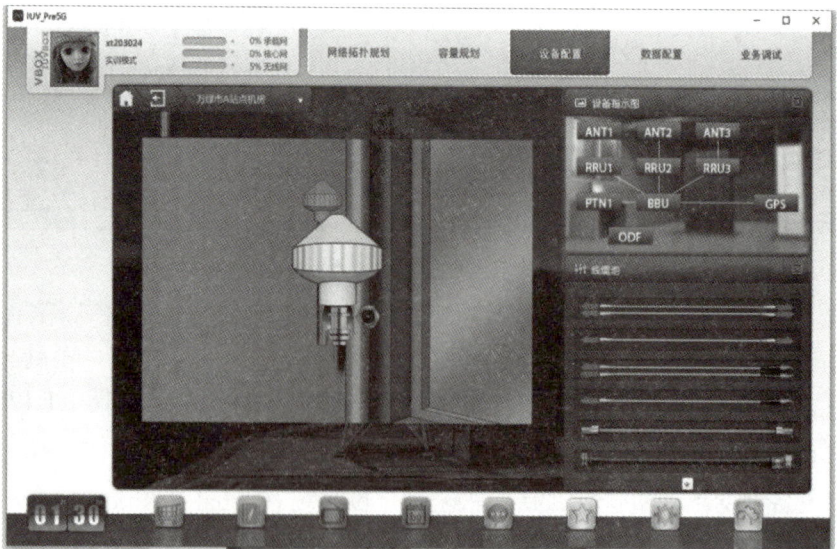

图 1.1.18　GPS 内部连线示意图

图 1.1.19　BBU 内部连线示意图 3

5) PTN 与 ODF 连接

在设备池中选择成对 (LC-FC) 光纤，将其一端连接在 PTN 板的 10GE 口，另一端连接在 ODF 对端 (万绿市一区汇聚机房端口 4) 的端口上，如图 1.1.20 和图 1.1.21 所示。

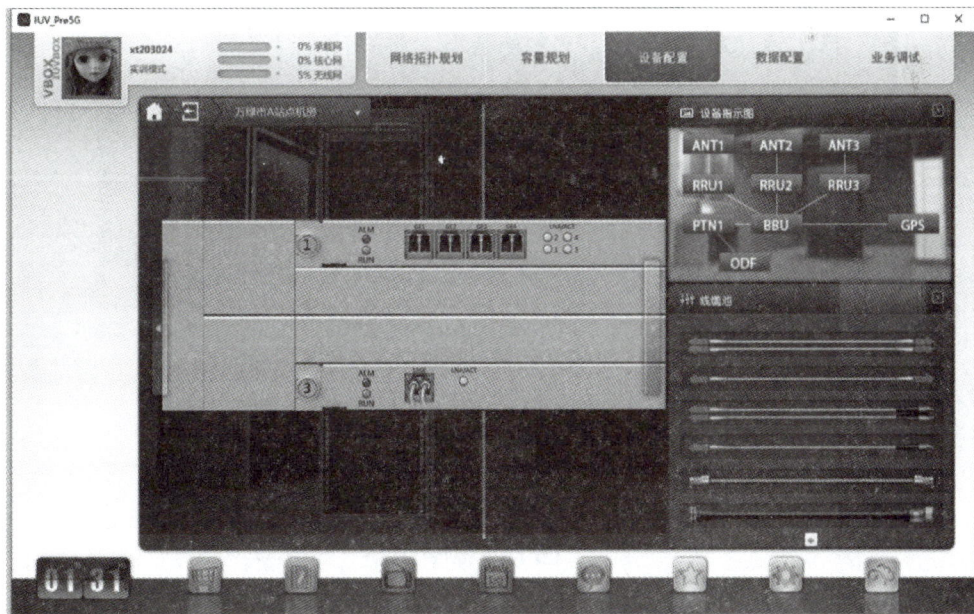

图 1.1.20　PTN 内部连线示意图 3

图 1.1.21　ODF 内部连线示意图

　　至此，万绿市 A 站点机房的设备就安装连接完毕了，操作区右上角设备指示图中会显示出当前机房的设备连接情况，如图 1.1.22 所示。

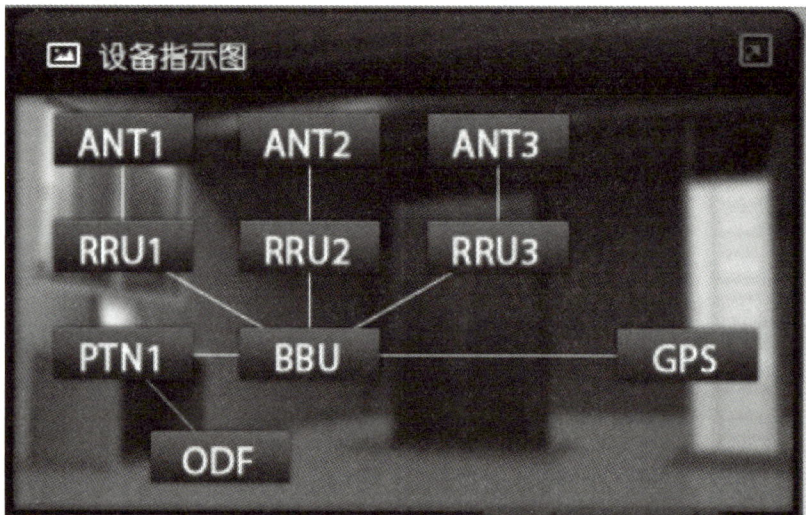

图 1.1.22　设备安装完毕指示图

可扫描下面的二维码观看无线网设备配置演示视频。

2. 数据配置

1) 数据规划

万绿市小区无线数据规划如表 1.1.3 所示。

表 1.1.3 万绿市小区无线数据规划表

参 数 名 称	对应的参数
eNodeB 标识	1
无线制式	LTE TDD
移动国家码 (MCC)	460
移动网号 (MNC)	00
支持频段范围	1900 ～ 2200 MHz
RRU 收发模式	2×2
发射端口号	0、3
接收端口号	0、3
小区标识 (ID)	1、2、3
RRU 链路光口	1、2、3
跟踪区域码 (TAC)	1A1B
物理小区标识码 (PCI)	1、2、3
频段指示	33
中心频率	1910
小区频域宽带	20[5]
上下行子帧分配配置	[3]DL：UL=7：3
特殊子帧位置	7
上行链路中心载频	—
下行链路中心载频	—
发射天线端口数目	2
物理天线数	2
UE 天线发射模式	TM3
下行 MSC 配置	15
上行 MSC 配置	15
下行 RB 配置	100
上行 RB 配需	100
CFI 选择	1
上行干扰抑制开关	√
集中式干扰协调使能开关	√
小区参考信号功率	15.2
描述	万绿市 1、2、3 小区

在数据配置中，从操作区机房信息菜单中选择"万绿市 A 站点机房_无线"选项，进入万绿市 A 站点无线机房数据配置界面，如图 1.1.23 所示。

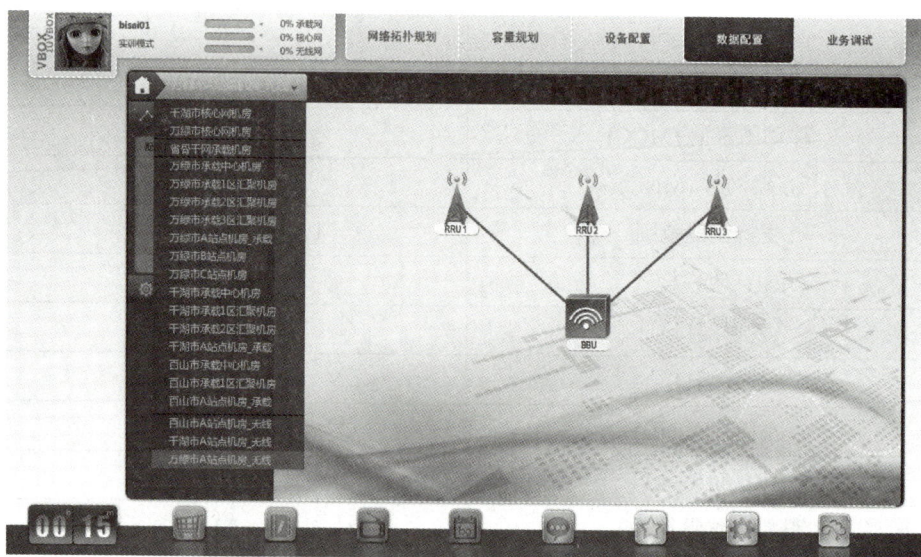

图 1.1.23　万绿市 A 站点无线机房数据配置界面

2) BBU 配置

(1) 网元管理。在"配置节点"区选择"BBU"，在"命令导航"区选择"网元管理"，在"参数配置"区输入 eNodeB 标识等设备属性参数，如图 1.1.24 所示。输完后单击"确定"按钮保存数据。

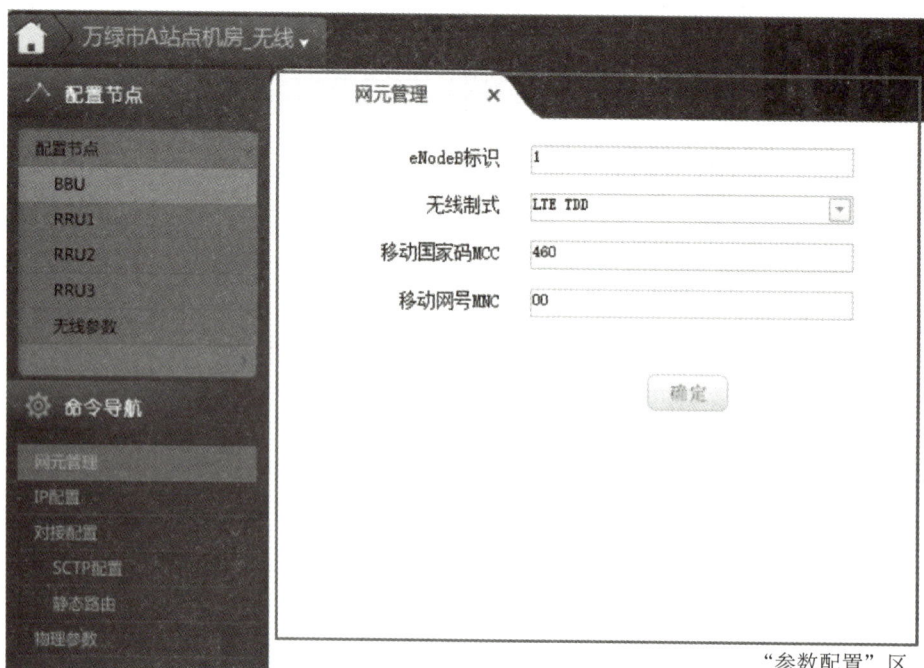

"参数配置"区

图 1.1.24　BBU 网元管理数据

(2) IP 配置。在"命令导航"区选择"IP 配置",在"参数配置"区输入 eNodeB 的 IP 协议参数,如图 1.1.25 所示。注意,网关的 IP 地址与 BBU 的 IP 地址在同一子网中。

图 1.1.25　BBU 的 IP 配置界面

(3) 对接配置。

① 流控制传输协议 (Stream Control Transmission Protocol,SCTP) 配置。在"命令导航"区选择"对接配置",打开下一级命令菜单,选择"SCTP 配置",在"参数配置"区输入 eNodeB 与 MME 对接的 SCTP 参数,其中,"远端 IP 地址"是指 MME 的 S1-MME 地址,如图 1.1.26 所示。

图 1.1.26　BBU 的 SCTP 参数配置界面

② 静态路由设置。在"命令导航"区选择"对接配置",打开下一级命令菜单,选择"静态路由",在"参数配置"区输入 eNodeB 与 SGW 对接的静态路由数据,其中,"目的 IP 地址"是指 SGW 的 S1-U 地址,下一跳 IP 地址是承接网连接 eNodeB 的网关的 IP 地址,如图 1.1.27 所示。

图 1.1.27　BBU 的静态路由设置界面

(4) 物理参数设置。在"命令导航"区选择"物理参数",在"参数配置"区输入 BBU 设备的物理 (接口属性) 参数,如图 1.1.28 所示。因为在设备连接时 BBU 分别与 3 个扇区的 RRU 相连,所以"RRU 链接光口使能"旁的 3 个复选框均要勾选;设备连接时 BBU 与 PTN 采用以太网线相连,因此这里的"承载链路端口"应选择"网口"。如果设备连线时 BBU 与 PTN 采用 LC-LC 光纤,则需选择"光口"。

图 1.1.28　BBU 的物理参数设置界面

3) RRU 配置

在"配置节点"区选择"RRU1"，在"命令导航"区选择"射频配置"，在参数配置区域输入 RRU 收发能力等参数，如图 1.1.29 所示。单击"确定"按钮保存数据。RRU2、RRU3 与 RRU1 配置参数的方法相同，此处不再赘述。

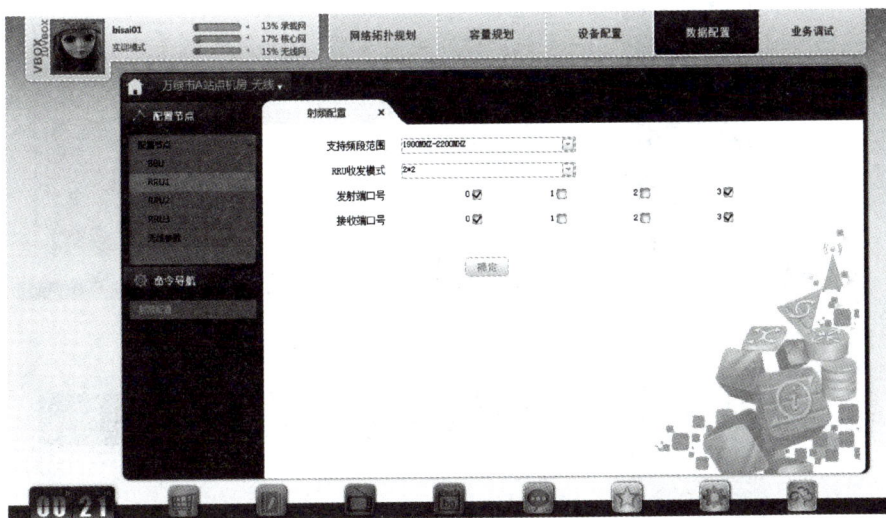

图 1.1.29　RRU 的射频参数配置界面

4) 无线参数配置

(1) 增加小区。万绿市 A 站点机房有 3 个 TDD 小区，因此需要逐一配置。在"配置节点"区选择"无线参数"，在"命令导航"区选择"TDD 小区配置"，单击参数配置区域中的"+"号，添加"小区 1"，输入小区参数，如图 1.1.30 所示。单击"删除配置"按钮可删除当前小区所有数据项。各小区的物理位置可参见图 1.1.30 右下角小地图。

单击参数配置区域中的"+"号或"复制配置"按钮，添加"小区 2"和"小区 3"。它们的无线参数与小区 1 基本相同，区别只在"小区标识 ID""RRU/AAU 链路光口"和"物理小区识别码 PCI"3 个参数上。小区 2 的这些参数均设为"2"，小区 3 的这些参数均设为"3"。

(2) 配置邻接关系。在"命令导航"区选择"邻接关系表配置"，单击"参数配置"区中的"+"号，添加"关系 1"，输入小区 1 的邻接关系参数，如图 1.1.31 所示。邻接关系的配置为单向切换，若当前小区 A 为源小区，目的小区为 B，则此邻接关系表示 A→B 的切换；若需要 B→A 的切换，则要以 B 为当前小区，配置 B→A 的邻接关系。单击"删除配置"可删除当前邻接关系。单击参数配置区域中的"+"号，分别为小区 2 和小区 3 添加邻接关系。

至此，万绿市 A 站点机房数据配置完毕。采用同样的方法可完成千湖市和百山市 A 站点机房的数据配置，此处不再赘述。

移动通信组网与优化

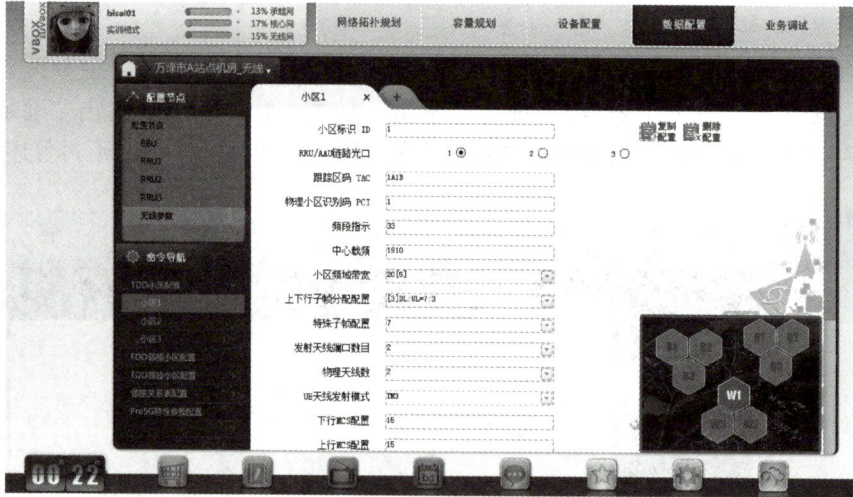

图 1.1.30　小区数据配置

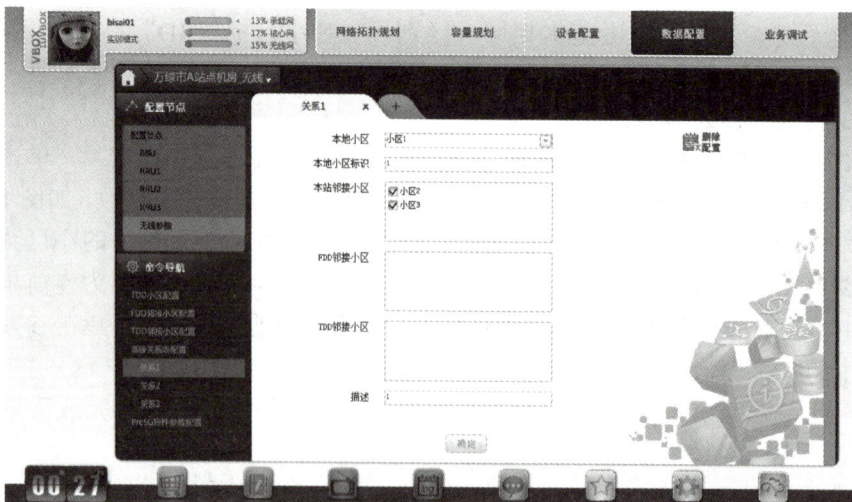

图 1.1.31　邻接关系配置

扫描二维码可观看无线网数据配置演示视频。

3. 知识储备

1) 关键技术

(1) 正交频分多址技术。多址接入是指基站与多个用户之间通过公共传输媒质建立多条无线信道连接。移动通信系统中常见的多址接入技术包括频分多址接入 (Frequency Division Multiple Access，FDMA)、时分多址接入 (Time Division Multiple Access，TDMA)、码分多址接入 (Code Division Multiple Access，CDMA) 和空分多址接入 (Space Division Multiple Access，SDMA)。FDMA 以不同的频率信道实现多址通信，TDMA 以不同的时隙实现多址通信，CDMA 以不同的代码序列实现多址通信，SDMA 以不同的方位信息实现多址通信。

正交频分多址接入 (Orthogonal Frequency Division Multiple Access，OFDMA) 技术是后 3G 时代最主要的一种接入技术。其基本思想是把高速数据流分散到多个正交的子载波上传输，从而使单个子载波上的符号速率大大降低，符号持续时间大大加长，对因多径效应产生的时延扩展有较强的抵抗力，减小了符号间干扰的影响。通常在 OFDMA 符号前加入保护间隔，只要保护间隔大于信道的时延扩展，就可以完全消除符号间干扰。

在传统 FDMA 系统中，为了避免各子载波间的干扰，相邻载波之间需要较大的保护频带，频谱效率较低。OFDMA 系统允许各子载波之间紧密相邻，甚至部分重合，通过正交复用避免频率间干扰，降低了保护间隔的要求，实现了很高的频谱效率。这两种多址接入方式的频谱使用对比如图 1.1.32 所示。

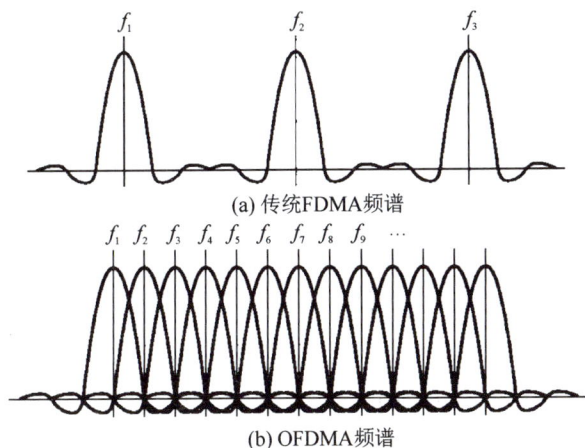

(a) 传统FDMA频谱

(b) OFDMA频谱

图 1.1.32　多址方式对比

(2) 多输入多输出技术。移动信道采用无线方式，接收机收到的信号是直达波和多个反射、折射的合成。反射和折射信号相对于直达信号产生的延迟随着环境的变化而改变，各路信号在接收端有时同相相加，有时反相抵消，造成接收信号幅度起伏变化，这称为衰落。衰落现象是移动通信所特有的，包括长期慢衰落和短期快衰落。

为抑制衰落，移动通信系统使用了分集技术。分集技术是指接收端按照某种方式接收携带同一信息且具有相互独立衰落特性的多个信号，并通过合并降低信号电平起伏，减小各种衰落对接收信号的影响。多输入多输出 (Multiple-Input Multiple-Output，MIMO) 是利用多发射、多接收天线实现空间分集的技术。它采用分立式多天线，能够有效地将通信链路分解成许多并行的子信道，从而大大提高容量。在下行链路，多天线发送方式主要包括发射分集、波束赋形、空时预编码、多用户 MIMO 等；而在上行链路，多用户组成的虚拟 MIMO 也可以提高系统的上行容量。

① 发射分集。发射分集是在基站端对信号进行预处理并使用多根天线发射，在接收端通过一定的检测算法获得分集信号。LTE 系统中发射分集技术的实现方式包括空时发射分集、空频发射分集、延迟发射分集、循环延时发射分集、切换发射分集等。

② 波束赋形。波束赋形 (Beamforming) 是一种基于天线阵列的信号预处理技术，其工作原理是利用空间信道的强相关性及波的干涉原理，产生强方向性的辐射方向图，使辐射方向图的主瓣自适应地指向用户来波方向，从而提高信噪比，获得明显阵列增益。波束赋形技术在扩大覆盖范围、改善边缘吞吐量以及干扰抑制等方面都有很大的优势。波束赋形的权值仅仅需要匹配信道的慢变化，比如来波方向和平均路损。因此，在进行波束赋形时，可以不利用终端反馈信息，在基站侧通过测量上行接收信号来获得来波方向和路损信息。

2) LTE 无线帧结构

LTE 在空中接口上支持 Type1 和 Type2 两种帧结构，其中 Type1 用于频分双工 (FDD) 模式，Type2 用于时分双工 (TDD) 模式。两种无线帧长度均为 10 ms。

在 FDD 模式下，1 个 10 ms 的无线帧包括 10 个长度为 1 ms 的子帧 (Subframe)，每个子帧由两个长度为 0.5 ms 的时隙 (Slot) 组成，如图 1.1.33 所示。

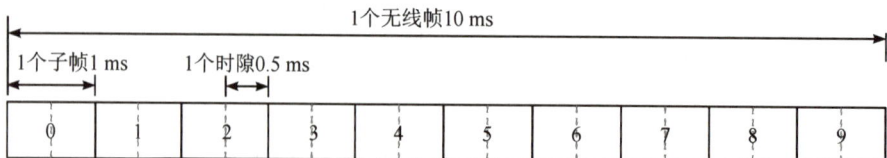

图 1.1.33　FDD 帧结构

在 TDD 模式下，1 个 10 ms 的无线帧包含两个长度为 5 ms 的半帧 (Half Frame)，每个半帧由 5 个长度为 1 ms 的子帧组成，其中有 4 个普通子帧和 1 个特殊子帧。普通子帧包含两个 0.5 ms 的常规时隙，特殊子帧由 3 个特殊时隙 (UpPTS、GP 和 DwPTS) 组成，如图 1.1.34 所示。

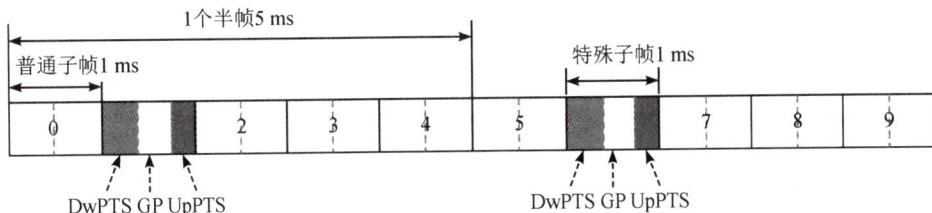

图 1.1.34　TDD 帧结构

　　下行导频时隙 (Downlink Pilot TimeSlot，DwPTS) 用于下行传输数据和同步信号。上行导频时隙 (Uplink Pilot TimeSlot，UpPTS) 用于传输上行同步信号，不传输上行数据。保护间隔 (Guard Period，GP) 用于防止上下行间的干扰。DwPTS 和 UpPTS 的长度可配置，DwPTS 的长度为 3～12 个 OFDM 符号，UpPTS 的长度为 1～2 个 OFDM 符号，相应的 GP 长度为 1～10 个 OFDM 符号。UpPTS 中，最后一个符号用于发送上行 Sounding 导频。DwPTS 用于正常的下行数据发送，其中主同步信道位于第三个符号。

　　3) LTE 同步信号和上下行配比

　　(1) 同步信号的设计。Type2 TDD 帧结构与 Type1 FDD 帧结构的主要区别在于同步信号的设计，如图 1.1.35 所示。LTE 同步信号的周期是 5 ms，分为主同步信号 (Primary Synchronous Signal，PSS) 和辅同步信号 (Secondary Synchronous Signal，SSS)。LTE 的 TDD 和 FDD 帧结构中，同步信号的位置或相对位置不同。在 Type2 TDD 中，PSS 位于 DwPTS 的第三个符号，SSS 位于 5 ms 第一个子帧的最后一个符号；在 Type1 FDD 中，主同步信号和辅同步信号位于 5 ms 第一个子帧内前一个时隙的最后两个符号。利用主同步信号和辅同步信号相对位置的不同，终端可以在小区搜索的初始阶段识别系统是 TDD 还是 FDD。

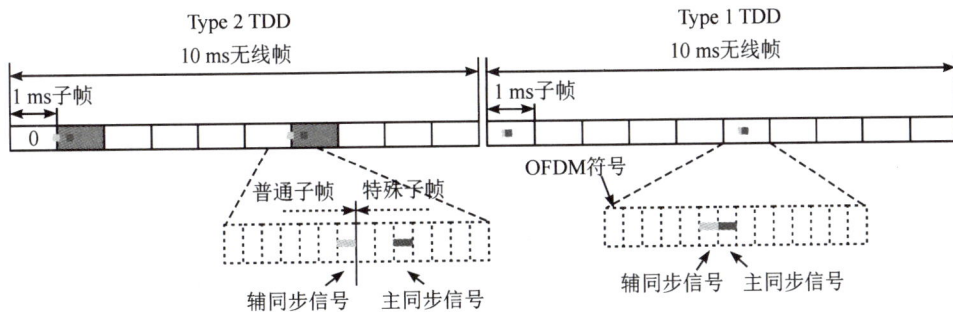

图 1.1.35　TDD 与 FDD 的区别

　　(2) 上下行配比方案。FDD 依靠频率区分上行和下行，其单方向的资源在时间上是连续的；TDD 依靠时间来区分上行和下行，所以其单方向的资源在时间上是不连续的，时间资源在两个方向上进行了分配，如图 1.1.36 所示。

　　TD-LTE 支持 5 ms 和 10 ms 的上下行子帧切换周期，7 种不同的上下行时间配比，从将大部分资源分配给下行的 "9：1" 到上行占用资源较多的 "2：3"，具体配置如图 1.1.37 所示。在实际使用时，网络可以根据业务量的特性灵活选择配置。

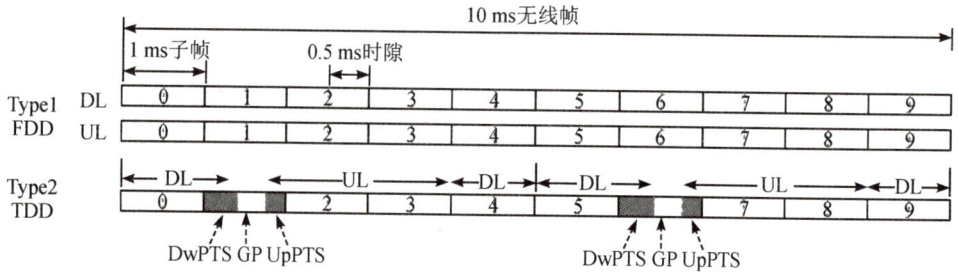

图 1.1.36   TDD 上下行配比

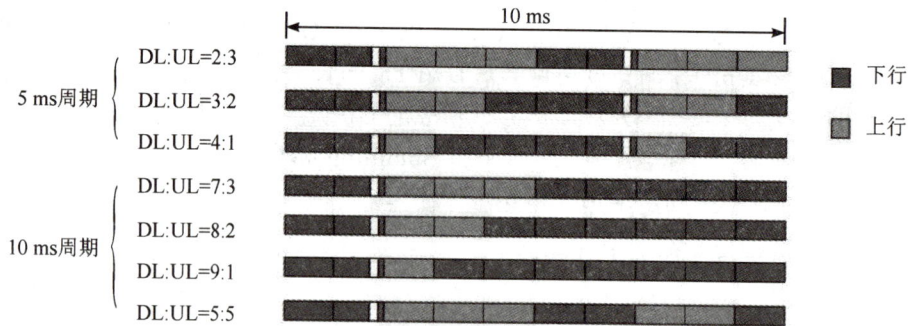

图 1.1.37   TDD 配置类型

4) LTE 的资源块

(1) 资源栅格。传输使用的最小资源单位叫作资源粒子 (Resource Element，RE)，时域上为一个 OFDM 符号，频域上为 1 个子载波，即 15 kHz。在 RE 的基础上，还定义了资源块 (Resource Block，RB)，它是业务信道的资源单位。一个 RB 包含若干个 RE，时域上为 1 个时隙，频域上为 12 个子载波，即 180 kHz。子载波数与带宽有关，带宽越大，包含的子载波越多，如图 1.1.38 所示。

一个时隙中的传输信号可以用一个资源栅格来描述，时隙中的 OFDM 符号取决于循环前缀 CP 长度和子载波间隔，如图 1.1.39 所示。下行的子载波间隔 Δf 有 15 kHz 和 7.5 kHz 两种，当子载波间隔为 7.5 kHz 时，每个时隙由 3 个 OFDM 符号组成。而上行子载波间隔 Δf 只有 15 kHz 一种。

(2) 资源粒子。资源粒子 (RE) 是天线端口上的资源栅格中的最小单元，通过索引来对 (k, l) 进行唯一标识，其中，k、l 分别为标识在频域和时域的序号。在多天线传输的情况下，每一个天线端口对应一个资源栅格，而每个天线端口由与其相关的参考信号来定义。需要注意的是，这里的天线端口与物理天线不是直接对应的，与具体采用的 MIMO 技术有关。一个小区中支持的天线端口集合取决于参考信号的配置。

(3) 物理层信道及信号。LTE 系统的物理层及 MAC 子层、RRC 子层的无线接口协议结构如图 1.1.40 所示。物理层向 MAC 子层提供传输信道，MAC 子层提供不同的逻辑信道给层 2 的无线链路控制 (RLC) 子层。物理层通过传输信道给高层提供数据传输服务，主要功能包括：检测传输信道的错误并向高层提供指示、传输信道的前向纠错 (FEC) 编解码、混合自动重传请求 (HARQ) 软合并、

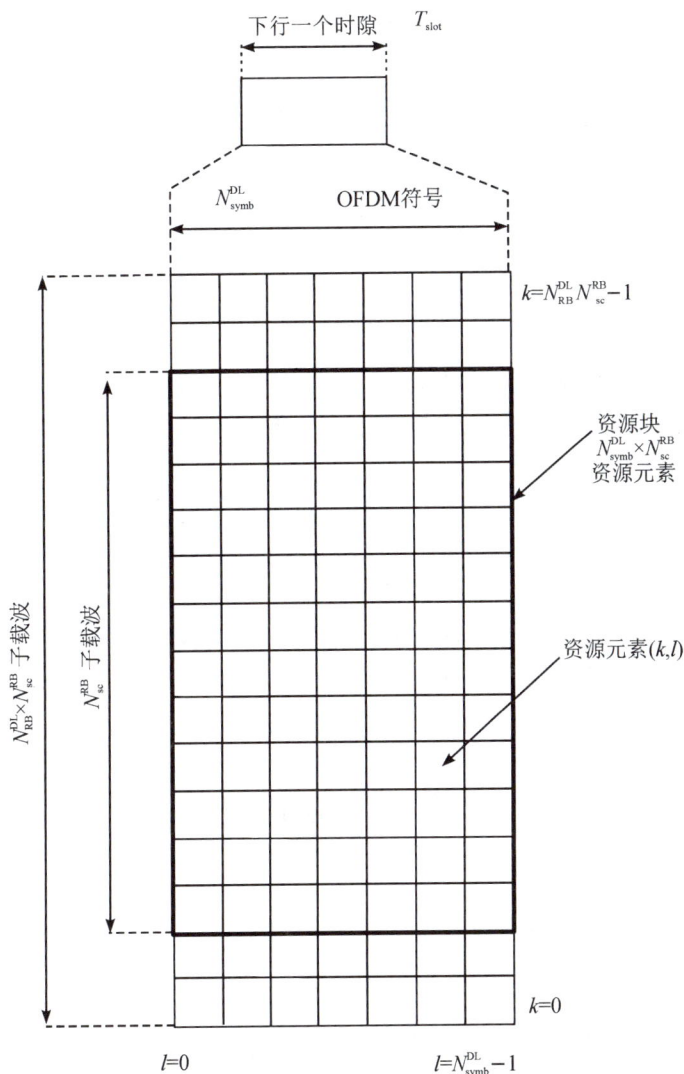

图 1.1.38 资源栅格

CP 的类型	子载波间隔 Δf	每个 RB 的子载波数量	每个时隙的 OFDM 符号数
常规 CP	15 kHz	12	7
扩展 CP	15 kHz	12	6
	7.5 kHz	24	3

图 1.1.39 影响 OFDM 符号的因素

编码的传输信道与物理信道之间的速度匹配、编码的传输信道与物理信道之间的映射、物理信道的功率加权、物理信道的调制和解调、频率和时间同步、测量射频特性并向高层提供指示、多输入多输出 (MIMO) 天线处理、传输分集、波束形成以及射频处理。

信道是为便于理解而人为设定的概念，是一系列数据流或调制后信号的分类名称，其名称是以信号的作用来确定的。

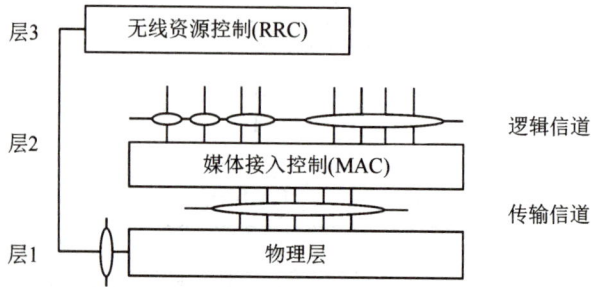

图 1.1.40　无线接口协议结构图

逻辑信道用于指示"传输什么内容"，定义传输信息的类型。这些信息可能是独立成块的数据流，也可能是夹杂在一起但有确定起始位的数据流，这些数据流包括所有用户的数据。

传输信道用于指示"怎样传"，是在对逻辑信道信息进行特定处理后再加上传输格式等指示信息后的数据流，这些数据流仍然包括所有用户的数据。

物理信道是指"信号在空中传输的承载"，是将属于不同用户、不同功用的传输信道数据流分别按照相应的规则进行相应的操作，如确定载频、扰码、扩频码、开始和结束时间等，并最终将其调制为模拟射频信号发射出去。不同物理信道上的数据流分别属于不同的用户或不同的功用。

项目实践

1. 根据万绿市无线机房设备配置流程以及对接关系表，完成千湖市和百山市机房设备安装。对接关系如表 1.1.4 所示。

表 1.1.4　对接关系表

设 备 名 称	本端端口	本端端口地址	对端端口
BBU	BBU_TX/RX	—	PTN_GE-1/1
PTN	PTN_10GE-3/1	—	ODF_1/6

本端设备名称	本 端 端 口	对端设备名称	对 端 端 口
ANT1	ANT1/ANT4	RRU	TX0/RX0 或 TX1/RX1
ANT2	ANT1/ANT4	RRU	TX0/RX0 或 TX1/RX1
ANT3	ANT1/ANT4	RRU	TX0/RX0 或 TX1/RX1
RRU1	POT1	BBU	TX0/RX0
RRU2	POT1	BBU	TX2/RX1
RRU3	POT1	BBU	TX2/RX2
GPS	GPS-IN	BBU	BBU-IN

2. 根据万绿市无线机房数据配置流程以及无线小区配置数据规划表，完成千湖市和百山市机房数据配置并开通业务。无线小区配置数据规划如表 1.1.5 所示。

表 1.1.5　无线小区配置数据规划表

参 数 名 称	千 湖 市	百 山 市
eNodeB 标识	2	3
无线制式	LTE TDD	LTE FDD
移动国家码 (MCC)	460	460
移动网 (络) 号 (MNC)	00	00
支持频段范围	3400 ～ 3800 MHz	800 ～ 1000 MHz
RRU 收发模式	2 × 2	2 × 2
发射端口号	0、3	0、3
接收端口号	0、3	0、3
小区标识 (ID)	4、5、6	7、8、9
RRU 链路光口	1、2、3	1、2、3
跟踪区域码 (TAC)	2A2B	2A2B
物理小区标识码 (PCI)	4、5、6	7、8、9
频段指示	43	5
中心频率	3700	—
小区频域宽带	20[5]	20[5]
上下行子帧分配配置	[3]DL∶UL=7∶3	—
特殊子帧位置	7	—
上行链路中心载频	—	830
下行链路中心载频	—	880
发射天线端口数目	2	2
物理天线数	2	2
UE 天线发射模式	TM3	TM3
下行 MSC 配置	15	15
下行 MSC 配置	15	15
上行 RB 配置	100	100
下行 RB 配置	100	100
CFI 选择	1	1
上行干扰抑制开关	√	√
集中式干扰协调使能开关	√	√
小区参考信号功率	15.2	15.2
描述	千湖市 1、2、3 小区	百山市 1、2、3 小区

项目二　Pre5G 核心网配置

Pre5G 核心网负责对用户终端的全面控制和相关承载的建立，主要逻辑节点包括移动性管理实体 (Mobile Management Entity，MME)、服务网关 (Serving Gateway，SGW)、分组数据网络网关 (Packet Data Network Gateway，PGW)、归属用户服务器 (Home Subscriber Server，HSS) 等。其中，MME 是 LTE 接入网络的关键控制节点，临时存放用户数据，负责管理和存储用户的相关信息，同时负责对用户进行鉴权；SGW 在 MME 的控制下进行数据包的路由和转发；PGW 负责用户设备接入 PDN 的网关，为用户设备分配 IP 地址；HSS 存储并管理用户签约数据，包括用户鉴权信息、位置信息及路由信息。SGW 和 PGW 逻辑上分设，物理上可以合设或分设。MME 通过 S6a 接口与 HSS 相连，通过 S11 接口与 SGW 相连。SGW 和 PGW 之间的接口是 S5/S8。

任务 1　Pre5G 核心网规划

网络规划是实现网络配置和业务开通的首要步骤，核心网侧 2 个机房，即万绿市核心网机房和千湖市核心网机房。其中，万绿市站点机房与万绿市核心网机房连接；千湖市站点机房和百山市站点机房共同接入千湖市核心网机房。

1. 核心网容量规划

登录 IUV-Pre5G 虚拟仿真软件，单击"容量规划"界面操作区上侧的"核心网"标签和左侧的"万绿 (Wan Lv)"标签开始万绿市核心网容量规划。

1) 同步无线侧参数

单击"万绿市单用户忙时业务平均吞吐量"和"万绿市 4G 总用户数"右边的"自动同步无线侧参数"单选按钮，引用前面无线接入网容量规划的数据，如图 1.2.1 所示。

2) MME 容量估算

单击操作区下方流程单选择按钮"Step2"，进入 MME 容量估算界面。软件在界面上部给出了 MME 容量估算参考数据，如表 1.2.1 所示，结合公式可完成相关计算。

影响 MME 设备选型的因素有很多，如用户容量、系统吞吐量、交换能力、特殊业务等。下面我们对两个主要因素用户容量与系统吞吐量进行估算。

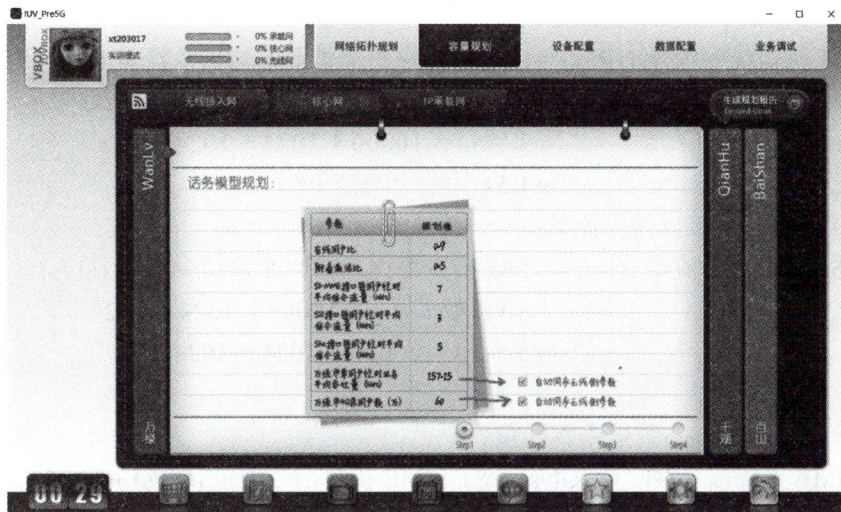

图 1.2.1　核心网容量规划界面

表 1.2.1　MME 容量估算参考数据

参　　数	规　划　值
在线用户比	0.9
附着激活比	0.5
S1-MME 接口每用户忙时平均信令流量 /(kb/s)	7
S11 接口每用户忙时平均信令流量 /(kb/s)	3
S6a 接口每用户忙时平均信令流量 /(kb/s)	5
单用户忙时业务平均吞吐量 /(kb/s)	157.15
万绿市 4G 总用户数 / 万	60

(1) 计算 SAU。

计算 SAU 数，即附着用户数，4G 总用户数包含 SAU 数与分离用户数之和。

SUA 数 (万) = 万绿市 4G 总用户数 (万) × 在线用户比

$$=60 \times 0.9$$

$$=54$$

(2) 计算 MME 系统信令吞吐量。MME 为 EPC 系统中的纯控制网元，因此影响 MME 系统吞吐量的只有信令流量。而 MME 处理的吞吐量即为各个接口信令流量之和，MME 信令接口包括 S1-MME 接口、S11 接口及 S6a 接口。

① 计算 S1-MME 接口信令流量：

S1-MME 接口信令流量 (Gb/s) = S1-MME 接口每用户忙时平均信令流量 (kb/s) ×

SAU 数 (万) × 10 000 ÷ 1024 ÷ 1024

$$= 7 \times 54 \times 10000 \div 1024 \div 1024$$

$$= 3.6$$

② 计算 S11 接口信令流量：

S11 接口信令流量 (Gb/s) = S11 接口每用户忙时平均信令流量 (kb/s) ×

$$SAU 数 (万) × 10000 ÷ 1024 ÷ 1024$$
$$= 3 × 54 × 10000 ÷ 1024 ÷ 1024$$
$$= 1.54$$

③ 计算 S6a 接口信令流量：

S6a 接口信令流量 (Gb/s) = S6a 接口每用户忙时平均信令流量 (kb/s) ×

$$SAU 数 (万) × 10000 ÷ 1024 ÷ 1024$$
$$= 5 × 54 × 10000 ÷ 1024 ÷ 1024$$
$$= 2.57$$

④ 计算 MME 系统信令吞吐量：

MME 系统信令吞吐量 (Gb/s) = S1-MME 接口信令流量 (Gb/s) + S11 接口信令

$$流量 (Gb/s) + S6a 接口信令流量 (Gb/s)$$
$$= 3.6 + 1.54 + 2.57$$
$$= 7.71$$

3) SGW 容量估算

单击操作区下方流程单选择按钮 "Step3"，进入 SGW 容量估算界面。软件在界面上部给出了 SGW 容量估算参考数据，如表 1.2.2 所示，结合公式可完成相关计算。

表 1.2.2   SGW 容量估算参考数据

参 数	规 划 值
在线用户比	0.9
附着激活比	0.5
S1-MME 接口每用户忙时平均信令流量 /(kb/s)	7
S11 接口每用户忙时平均信令流量 /(kb/s)	3
S6a 接口每用户忙时平均信令流量 /(kb/s)	5
单用户忙时业务平均吞吐量 /(kb/s)	157.15
万绿市 4G 总用户数 / 万	60

SGW 设备容量主要由 SGW 支持的 EPS 上下文数、系统业务处理能力以及系统吞吐量决定。

(1) 计算 EPS 承载上下文数。计算 EPS 承载上下文数，EPS 承载上下文数即为系统接入用户的总激活的承载数量。

EPS 承载上下文数 (万) = SAU 数 (万) ÷ 附着激活比

$$= 54 ÷ 0.5$$
$$= 108$$

(2) 计算 SGW 系统处理能力。SGW 系统处理能力即 SGW 系统处理的所有流量。

$$SGW\ 系统处理能力\ (Gb/s) = 单用户忙时业务平均吞吐量\ (kb/s) \times SAU\ 数\ (万) \times$$
$$10000 \div 1024 \div 1024$$
$$= 157.15 \times 54 \times 10000 \div 1024 \div 1024$$
$$= 80.93$$

(3) 计算 SGW 系统吞吐量。

① 计算 S1-U 接口流量:

$$S1\text{-}U\ 接口流量\ (Gb/s) = 单用户忙时业务平均吞吐量\ (kb/s) \times SAU\ 数\ (万) \times$$
$$(62 + 500) \div 500 \times 10000 \div 1024 \div 1024$$
$$= 157.15 \times 54 \times (62 + 500) \div 500 \times 10000 \div 1024 \div 1024$$
$$= 90.97$$

② 计算 S5 接口流量:

$$S5\ 接口流量\ (Gb/s) = 单用户忙时业务平均吞吐量\ (kb/s) \times SAU\ 数\ (万) \times$$
$$(62 + 500) \div 500 \times 10000 \div 1024 \div 1024$$
$$= 157.15 \times 54 \times (62 + 500) \div 500 \times 10000 \div 1024 \div 1024$$
$$= 90.97$$

据此, $SGW\ 系统吞吐量\ (Gb/s) = [S1\text{-}U\ 接口流量\ (Gb/s) + S5\ 接口流量\ (Gb/s)] \times 0.5$
$$= (90.97 + 90.97) \times 0.5$$
$$= 90.97$$

4) PGW 容量估算

单击操作区下方流程单选择按钮"Step4",进入 PGW 容量估算界面。软件在界面上部给出了 PGW 容量估算参考数据,如表 1.2.3 所示,结合公式可完成相关计算。

表 1.2.3　PGW 容量估算参考数据

参　　数	规　划　值
在线用户比	0.9
附着激活比	0.5
S1-MME 接口每用户忙时平均信令流量 /(kb/s)	7
S11 接口每用户忙时平均信令流量 /(kb/s)	3
S6a 接口每用户忙时平均信令流量 /(kb/s)	5
单用户忙时业务平均吞吐量 /(kb/s)	157.15
万绿市 4G 总用户数 / 万	60

(1) 计算 EPS 承载上下文数。EPS 承载上下文数即为系统接入用户总激活的承载数量。

EPS 承载上下文数 (万) = SAU 数 (万) ÷ 附着激活比

$$= 54 \div 0.5 = 108$$

(2) 计算 PGW 系统处理能力。

PGW 系统处理能力 (Gb/s) = 单用户忙时业务平均吞吐量 (kb/s) ×

SAU 数 (万) × 10 000 ÷ 1024 ÷ 1024

$$= 157.15 \times 54 \times 10\ 000 \div 1024 \div 1024$$

$$= 80.93$$

(3) 计算 PGW 系统吞吐量。

① 计算 SGi 接口流量：

SGi 接口流量 (Gb/s) = 单用户忙时业务平均吞吐量 (kb/s) × SAU 数 (万) ×

(26 + 500) ÷ 500 × 10 000 ÷ 1024 ÷ 1024

$$= 157.15 \times 54 \times (26 + 500) \div 500 \times 10\ 000 \div 1024 \div 1024$$

$$= 85.14$$

② 计算 S5 接口流量：

S5 接口流量 (Gb/s) = 单用户忙时业务平均吞吐量 (kb/s) × SAU 数 (万) ×

(62 + 500) ÷ 500 × 10 000 ÷ 1024 ÷ 1024

$$= 157.15 \times 54 \times (62 + 500) \div 500 \times 10\ 000 \div 1024 \div 1024$$

$$= 90.97$$

据此，PGW 系统吞吐量 (Gb/s) = [SGi 接口流量 (Gb/s) + S5 接口流量 (Gb/s)] × 0.5

$$= (85.14 + 90.97) \times 0.5$$

$$= 88.06$$

5) 生成规划报告

千湖市、百山市的核心网容量规划步骤与万绿市相同，区别仅在于所选择的话务模型不同。完成核心网容量规划后，可单击操作区右上角的"生成规划报告"按钮，显示如图 1.2.2 所示的核心网容量规划报告。因为千湖市与百山市共用千湖市核心网，所以千湖市核心网规划数据为千湖市和百山市两城市规划

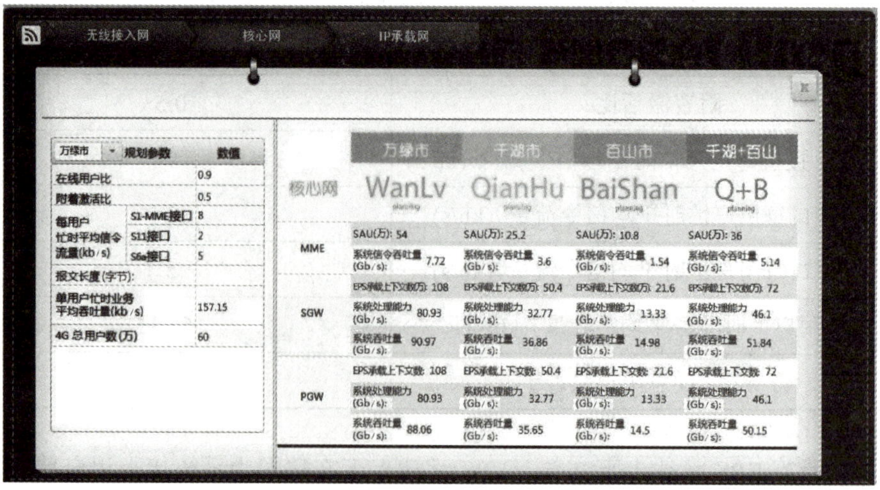

图 1.2.2　核心网容量规划报告

数据之和。

2. 核心网配置规划

1) 核心网配置对接规划

以万绿市为例，其核心网配置数据规划如表 1.2.4 所示。

表 1.2.4　万绿市核心网配置数据规划

设置名称	本端端口	本端端口地址	对端端口	对端端口地址
MME	10GE-7/1	10.1.1.1/24	SW1-1	
SGW	100GE-7/1	10.1.1.3/24	SW1-13	10.1.1.10/24
PGW	100GE-7/1	10.1.1.4/24	SW1-15	
HSS	GE-7/1	10.1.1.2/24	SW1-19	

2) 核心网配置数据规划

以万绿市为例，其核心网配置对接规划如图 1.2.3 所示。

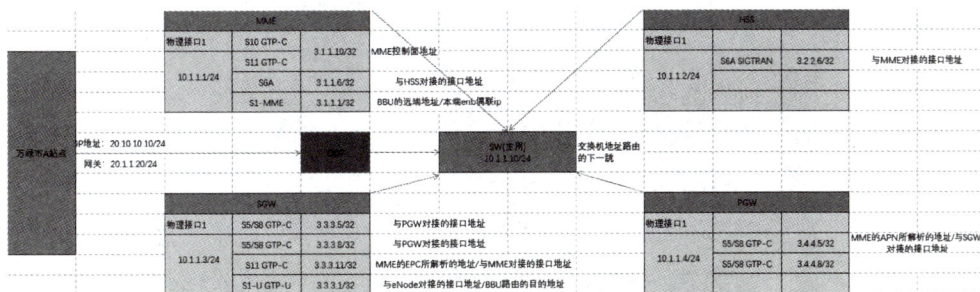

图 1.2.3　万绿市核心网设备对接规划

任务 2　Pre5G 核心网配置

在设备配置的机房位置分布图中选择"万绿市核心网机房"，如图 1.2.4 所示，进入核心网机房内部场景。

在操作区机房信息菜单中选择"万绿市核心网机房"选项，如图 1.2.5 所示，也可进入核心网机房内部场景。

万绿市核心网机房内部场景如图 1.2.6 所示。仿真系统默认安装了两台二层交换机 (Switch，SW) 以及光纤配线架 (ODF)，若在设备指示图中没有显示出 ODF 图标，则可通过单击机房内部的 ODF，使其图标出现在设备指示图中。

1. 核心网设备配置

1) MME、SGW 和 PGW 设备安装

单击万绿市核心网机房内部场景左侧机柜 (黄色箭头指示区域)，进入 MME、SGW 和 PGW 安装界面，如图 1.2.7 所示。

图 1.2.4　机房位置分布图

图 1.2.5　操作区任务菜单

图 1.2.6　万绿市核心网机房内部场景

图 1.2.7　MME、SGW 和 PGW 设备安装

万绿市为大型人口密集城市，因此核心网采用大型设备。从设备池中分别拖动大型 MME、SGW 和 PGW 到机柜中即可完成安装。安装完成后，设备指示图中会出现 MME、SGW 和 PGW 的图标。

2) HSS 设备安装

单击操作区左上角的返回箭头 ，返回万绿市核心网机房内部场景。单击右侧机柜 (黄色箭头指示区域)，进入 HSS 安装界面，如图 1.2.8 所示。

图 1.2.8　HSS 设备安装

万绿市为大型人口密集城市，因此核心网采用大型设备。从设备池中分别拖动大型 HSS 到机柜中即可完成安装。安装完成后，设备指示图中会出现 HSS 的图标。

3) 核心网设备连接

(1) MME 与 SW1 连接。单击设备指示图中的 MME 图标，打开 MME 面板，在右下角的线路池中选择成对 LC-LC 光纤，单击 MME 的 7 槽位单板上的 1 端口 (10GE)；再单击设备指示图中的 SW1 图标，打开 SW1 面板，单击 1 端口 (10GE)。连接结果如图 1.2.9 所示。

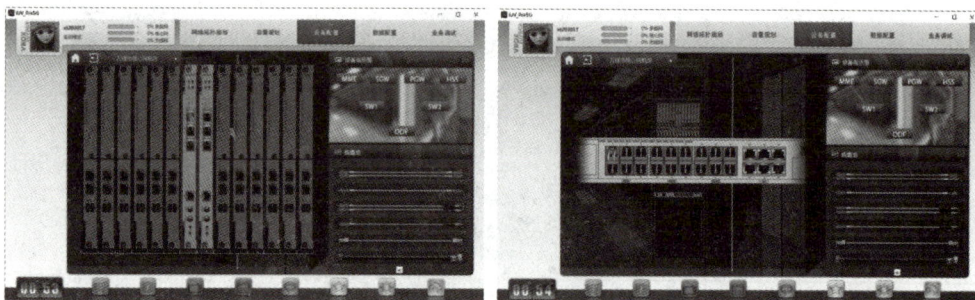

图 1.2.9　MME 与 SW1 连接

(2) SGW 与 SW1 连接。单击设备指示图中的 SGW 图标，打开 SGW 面板，在右下角的线路池中选择成对 LC-LC 光纤，单击 SGW 的 7 槽位单板上的 1 端口 (100GE)；再单击设备指示图中的 SW1 图标，打开 SW1 面板，单击 13 端口 (100GE)。连接结果如图 1.2.10 所示。

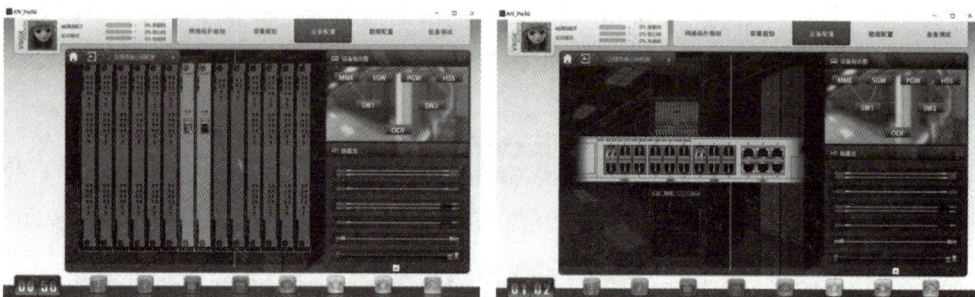

图 1.2.10　SGW 与 SW1 连接

(3) PGW 与 SW1 连接。单击设备指示图中的 PGW 图标，打开 SGW 面板，在右下角的线路池中选择成对 LC-LC 光纤，单击 PGW 的 7 槽位单板上的 1 端口 (100GE)；再单击设备指示图中的 SW1 图标，打开 SW1 面板，单击 15 端口 (100GE)。连接结果如图 1.2.11 所示。

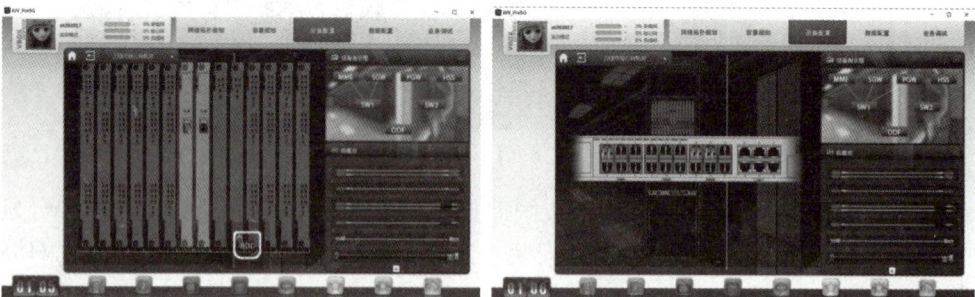

图 1.2.11　PGW 与 SW1 连接

(4) HSS 与 SW1 连接。单击设备指示图中的 HSS 图标，打开 HSS 面板，在右下角的线路池中选择网线，单击 HSS 的 7 槽位单板上的 1 端口 (GE)；再单击设备指示图中的 SW1 图标，打开 SW1 面板，单击 19 端口 (GE)。连接结果如图 1.2.12 所示。

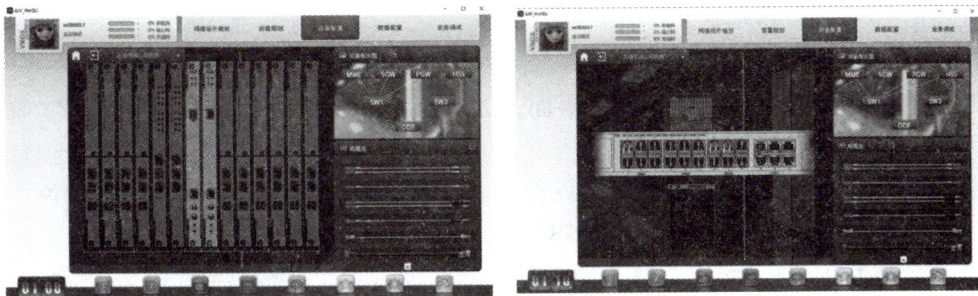

图 1.2.12　HSS 与 SW1 连接

(5) ODF 与 SW1 连接。单击设备指示图中的 SW1 图标，打开 SW1 面板，在右下角的线路池中选择成对 LC-FC 光纤，单击 SW1 的 18 端口 (100GE)；再单击设备指示图中的 ODF 图标，打开 ODF 面板，单击万绿市承载中心机房的端口。连接结果如图 1.2.13 所示。

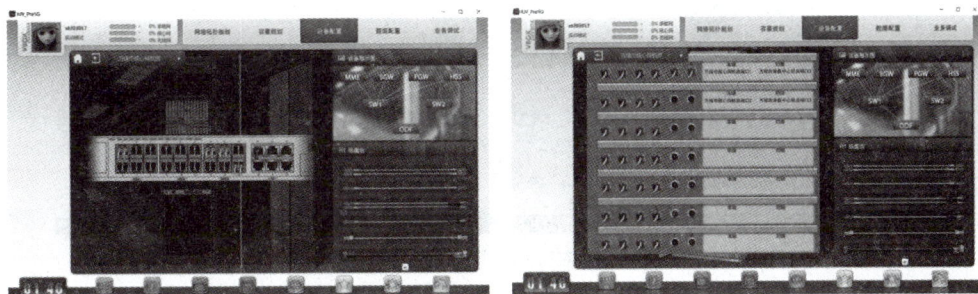

图 1.2.13　ODF 与 SW1 连接

到这里，万绿市核心网机房的设备已经安装配置完毕，操作区右上角设备指示图中会显示当前机房的设备配置情况，如图 1.2.14 所示。

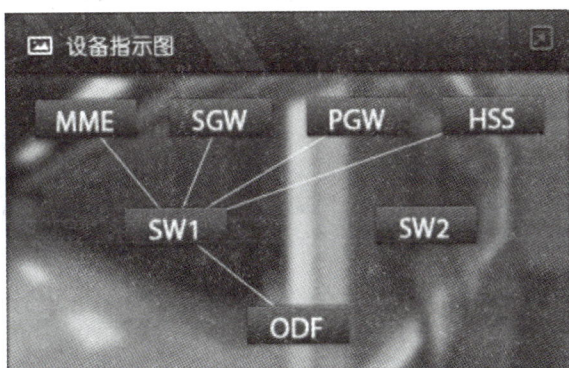

图 1.2.14　万绿市核心网设备配置完成

可扫描二维码观看核心网设备配置演示视频。

2. 核心网数据配置

在"数据配置"中，从操作区机房信息菜单中选择"万绿市核心网机房"选项，进入万绿市核心网机房数据配置界面，如图 1.2.15 所示，它由"配置节点""命令导航"区以及右侧的"参数配置"区组成。可在"配置节点"区进行网元选择，根据核心网机房的选择以及实际设备配置情况，进行核心网设计所用到的网元节点有 MME、SGW、PGW 和 HSS。

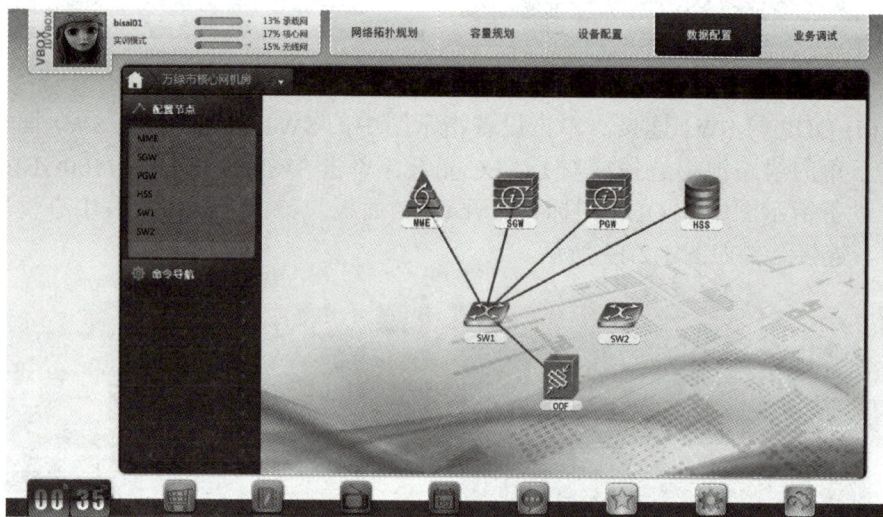

图 1.2.15　核心网机房数据配置界面

1) MME 配置

(1) 本局数据配置。MME 网元作为交换网络的一个交换节点，必须与网络中的其他节点配合才能完成网络交换功能，因此需结合交换局的不同情况，配置各自的局数据。本局数据包括全局移动参数和 MME 控制面地址。

① 设置全局移动参数。在"配置节点"区选择"MME"，在"命令导航"区选择"设置全局移动参数"，在"参数配置"区输入全局配置数据，如图 1.2.16 所示。

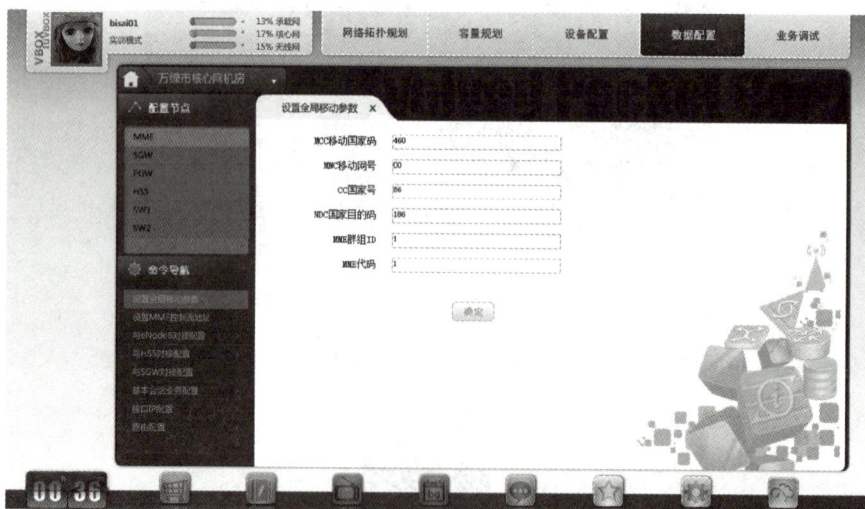

图 1.2.16　全局移动参数配置

② 设置 MME 控制面地址。在"命令导航"区选择"设置 MME 控制面地址"，在"参数配置"区输入 MME 控制面地址，即 MME 的 S10、S11 接口地址，如图 1.2.17 所示。

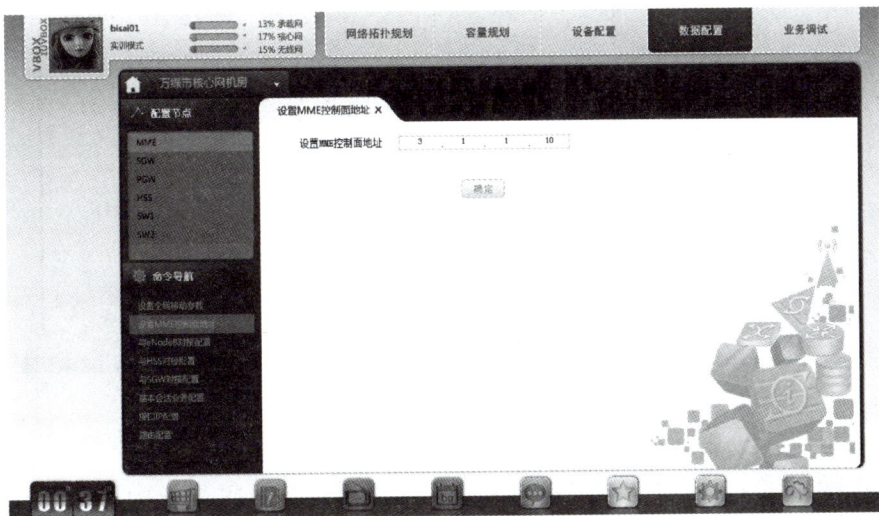

图 1.2.17　MME 控制面地址

(2) 网元对接配置。网元对接配置主要是指 MME 与 eNodeB、HSS、SHW、其他 MME 之间的对接配置。

① 与 eNodeB 对接配置。在"命令导航"区选择"与 eNodeB 对接配置"，打开下一级命令菜单，选择"增加与 eNodeB 偶联"，单击"参数配置"区中的"+"，添加"偶联 1"，输入偶联数据，如图 1.2.18 所示。其中，本地偶联 IP 是 MME 的 S1-C 的接口地址，对端偶联 IP 是万绿市 A 站点机房 BBU 的 IP 地址。

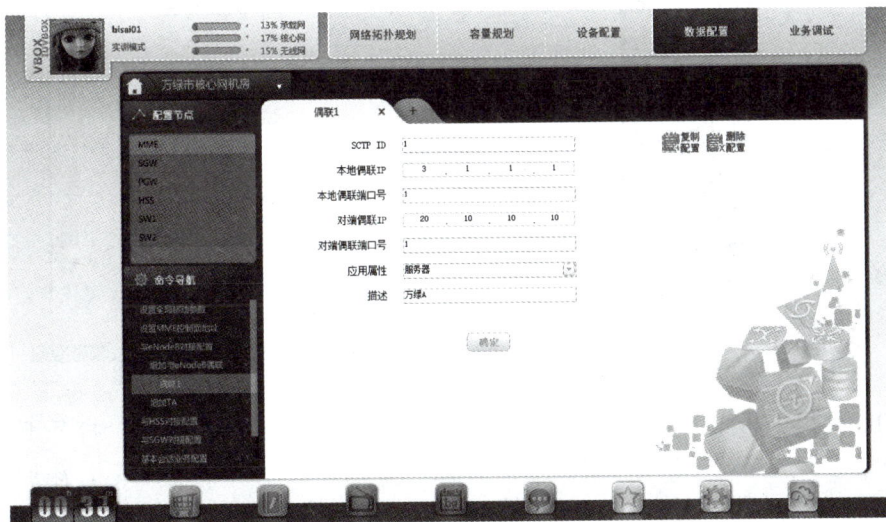

图 1.2.18　偶联数据

在"命令导航"区选择"与 eNodeB 对接配置"，打开下一级命令菜单，选择"增加 TA"，单击"参数配置"区中的"+"，添加"TA1"，输入 TA 数据，如图 1.2.19 所示。其中，TAC 为 4 位十六进制数，在此设置为"1A1B"。

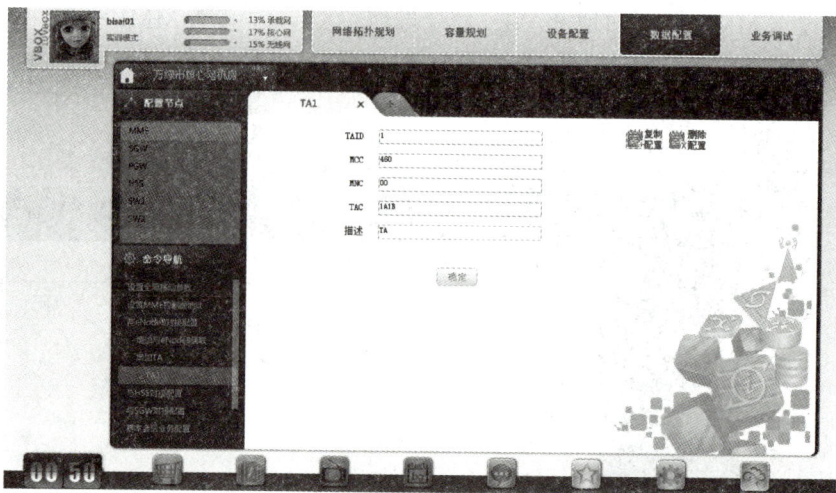

图 1.2.19　跟踪区数据

② 与 HSS 对接配置。

　　a. Diameter 连接 1。在"命令导航"区选择"与 HSS 对接配置"，打开下一级命令菜单，选择"增加 diameter 连接"，单击"参数配置"区中的"+"，添加"Diameter 连接 1"，输入 Diameter 连接数据，如图 1.2.20 所示。其中，Diameter 偶联本端 IP 是 MME 的 S6a 接口地址，Diameter 偶联对端 IP 是 HSS 的 S6a 接口地址。

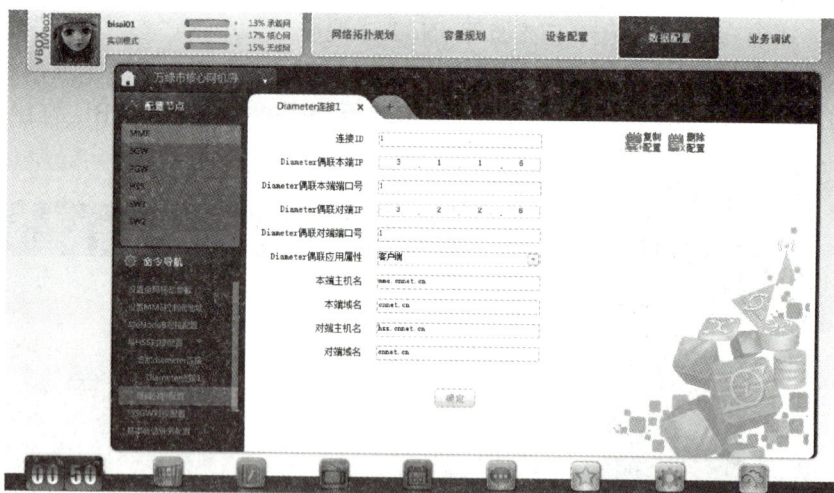

图 1.2.20　Diameter 连接数据

　　b. 号码分析 1。在"命令导航"区选择"与 HSS 对接配置"，打开下一级命令菜单，选择"号码分析配置"，单击"参数配置"区中的"+"，添加"号码分析 1"，输入分析号码"46000"，即 MCC+MNC，其中，连接 ID 需要和"Diamctcr 连接 1"中的连接 ID 保持一致，如图 1.2.21 所示。

　　③ 与 SGW 对接配置。在"命令导航"区选择"与 SGW 对接配置"，在"参数配置"区输入 SGW 对接数据，如图 1.2.22 所示。其中，"MME 控制面地址"是 S11 的接口地址。

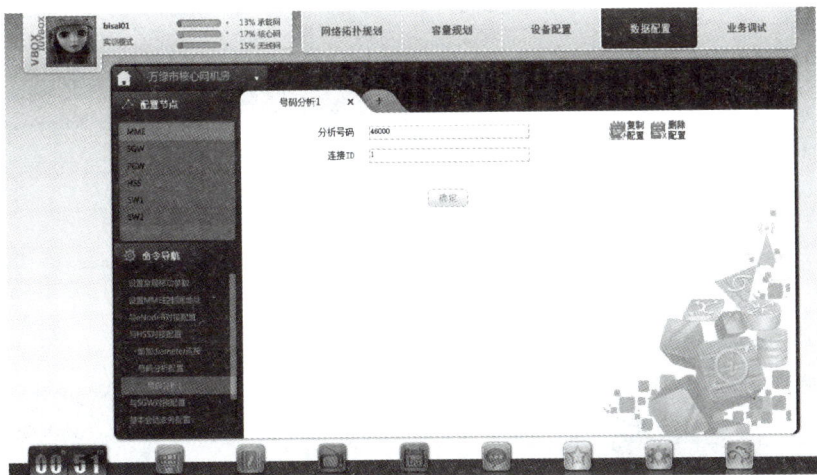

图 1.2.21　号码分析数据

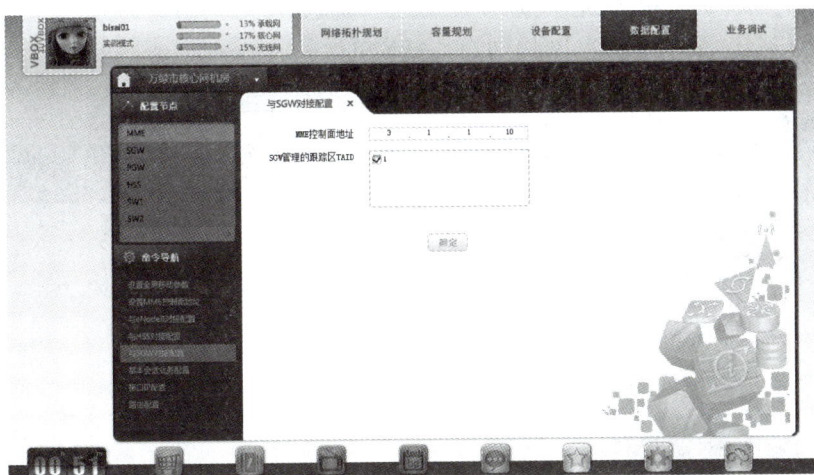

图 1.2.22　SGW 对接数据

(3) 基本会话配置。基本会话配置主要指系统中相关业务需要的解析配置，包括 APN 解析配置、EPC 地址解析配置和 MME 地址解析配置。

① APN 解析配置。在"命令导航"区选择"基本会话业务配置"，打开下一级命令菜单，选择"APN 解析配置"，单击"参数配置"区中的"+"，添加"APN 解析 1"，输入 APN 解析数据，如图 1.2.23 所示。其中，APN 为"test.apn.epc.mnc000.mcc460.3gppnetwork.org"；解析地址为 PGW 的 S5/S8 接口控制面地址。APN 解析是对 PGW 地址的解析，也就是用户连接到互联网时指明了所使用的 PGW。

② EPC 地址解析配置。在"命令导航"区选择"基本会话业务配置"，打开下一级命令菜单，选择"EPC 地址解析配置"，单击"参数配置"区中的"+"，添加"EPC 地址解析 1"，输入 EPC 地址解析数据，如图 1.2.24 所示。其中，名称为"tac-lb1B.tac-hb1A.tac.epc.mnc000.mcc460.3gppnetwork.org"；EPC 地址解析是对 SGW 地址的解析，因此解析地址为 SGW 的 S11 接口控制面地址。

(4) 接口地址及路由配置。接口地址及路由配置主要是配置各个接口上的 IP 地址以及静态路由。

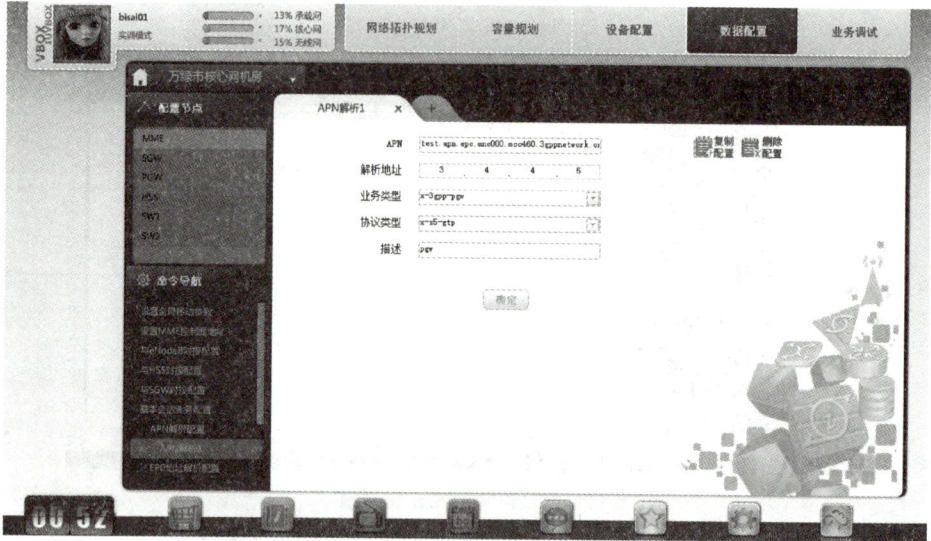

图 1.2.23　APN 解析数据

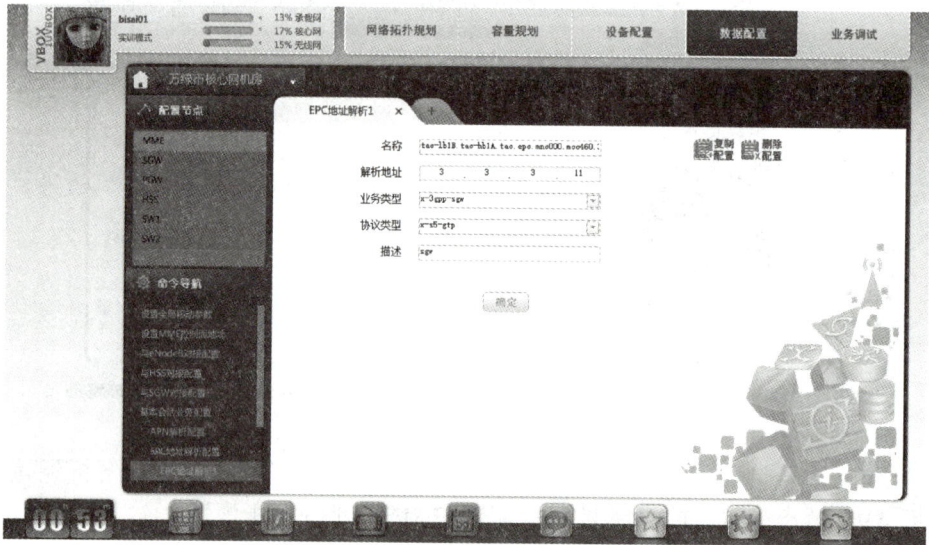

图 1.2.24　EPC 地址解析数据

① 接口 IP 配置。MME 通过接口板与外部网络连接。接口 IP 配置就是将逻辑接口 IP 地址对应到实际接口板的物理接口上。在"命令导航"区选择"接口 IP 配置"，单击"参数配置"区中的"+"，添加"接口 1"，输入 MME 物理接口数据，如图 1.2.25 所示。

② 路由配置。万绿市 MME 通过协议接口 S1-MME、S6a、S11 和 S10 分别与 eNodeB、HSS、SGW 和千湖市 MME 相连。在"命令导航"区选择"路由配置"，单击"参数配置"区中的"+"，添加路由并输入路由配置数据。万绿市 MME 各条路由的参数如表 1.2.5 所示。

路由 1 到路由 4 的具体配置如图 1.2.26～图 1.2.29 所示。

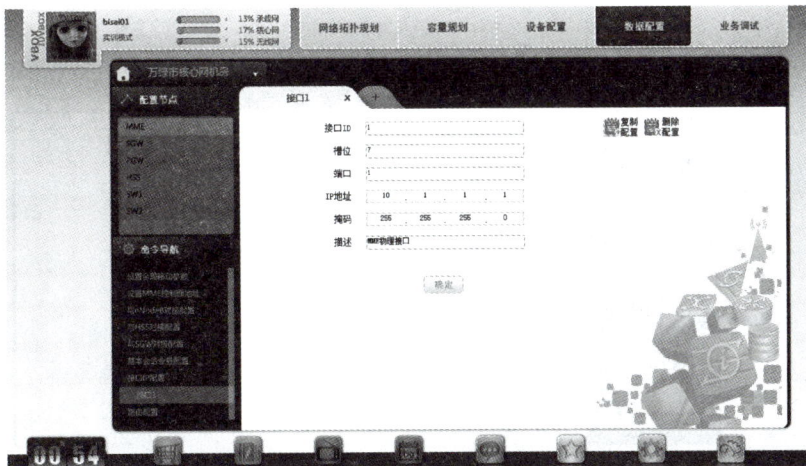

图 1.2.25　MME 物理接口数据

表 1.2.5　万绿市 MME 路由参数

路由 ID	目的地址	掩码	下一跳	优先级	描述
1	20.10.10.10	255.255.255.255	10.1.1.10	1	eNodeB
2	3.2.2.6	255.255.255.255	10.1.1.2	1	HSS
3	3.3.3.11	255.255.255.255	10.1.1.3	1	SGW
4	6.1.1.10	255.255.255.255	10.1.1.10	1	千湖市 MME

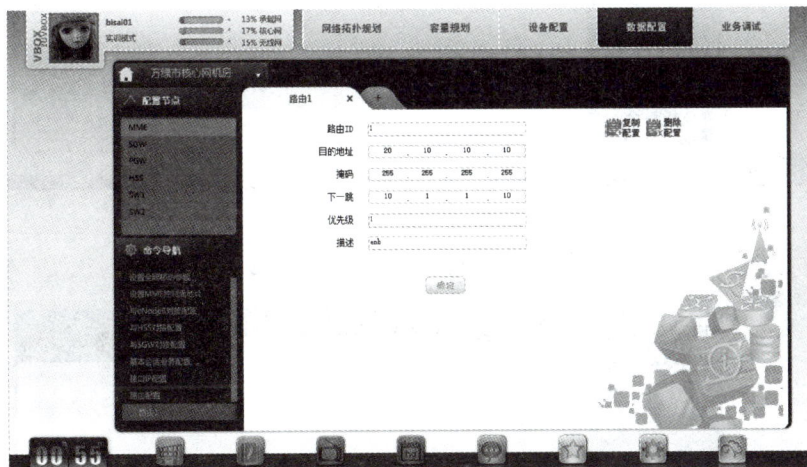

图 1.2.26　万绿市 MME 与 eNodeB 路由数据

2) SGW 配置

(1) 本局数据配置。SGW 网元作为交换网络的一个交换节点，必须和网络中其他节点配合才能完成网络交换功能，因此需针对交换局的不同情况配置各自的局数据，即 PLMN 数据。配置 SGW 所归属的 PLMN，其目的是当 SGW 收到用户的激活请求消息并解析出用户 IMSI 号码中的 MCC 和 MNC 后，需要与 SGW 所归属的 PLMN 中的 MCC 和 MNC 进行比较，以便区分用户是本地用户、

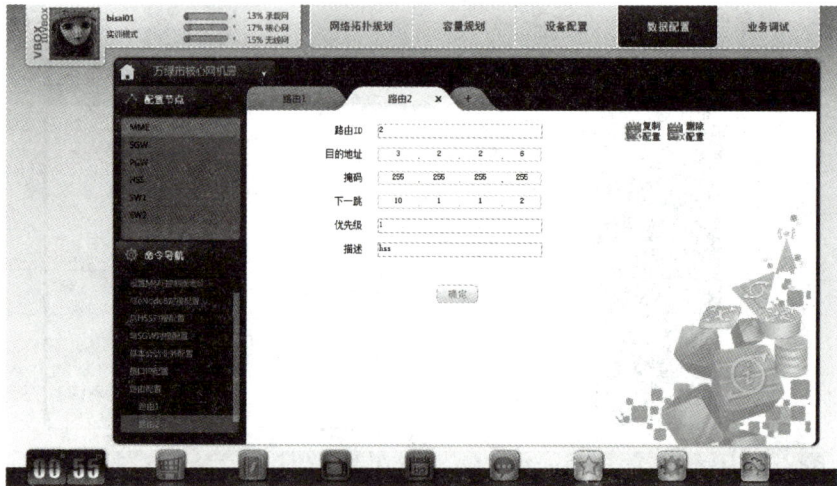

图 1.2.27　万绿市 MME 与 HSS 路由数据

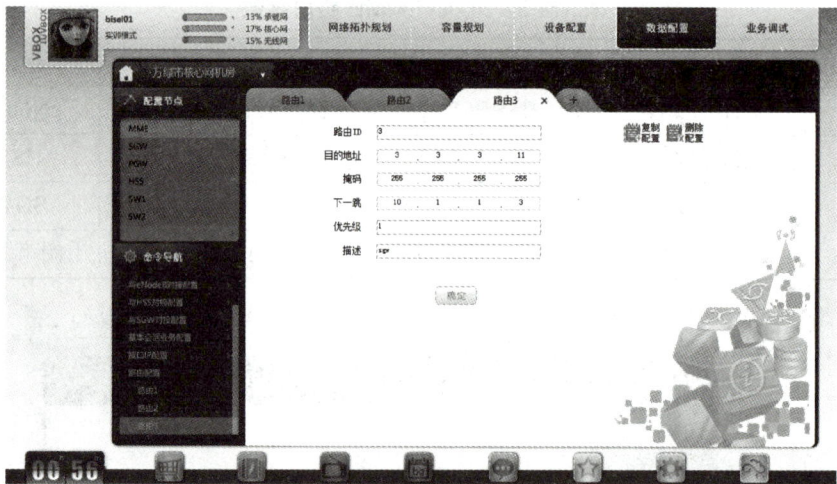

图 1.2.28　万绿市 MME 与 SGW 路由数据

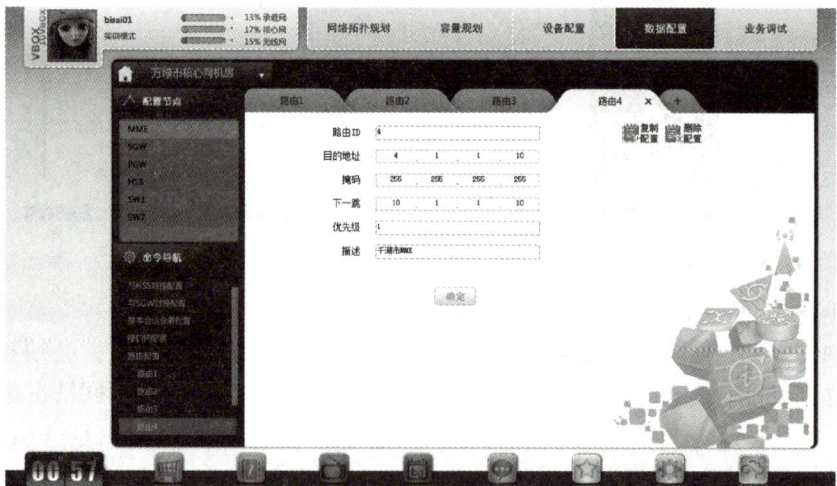

图 1.2.29　万绿市 MME 与千湖市 MME 路由数据

拜访用户还是漫游用户。当 SGW 与周边网元进行交互时，也需要在信令中携带 SGW 归属的 PLMN 信息。

在"配置节点"区选择"SGW"，在"命令导航"区选择"PLMN 配置"，在"参数配置"区输入本局数据，如图 1.2.30 所示。

图 1.2.30　SGW 下的 PLMN 配置

（2）网元对接配置。网元对接配置主要是配置 SGW 与 eNodeB、MME 和 PGW 之间的对接参数。

①与 MME 对接配置。在"命令导航"区选择"与 MME 对接配置"，在"参数配置"区输入 SGW 侧与 MME 对接的 S11 接口地址，如图 1.2.31 所示。

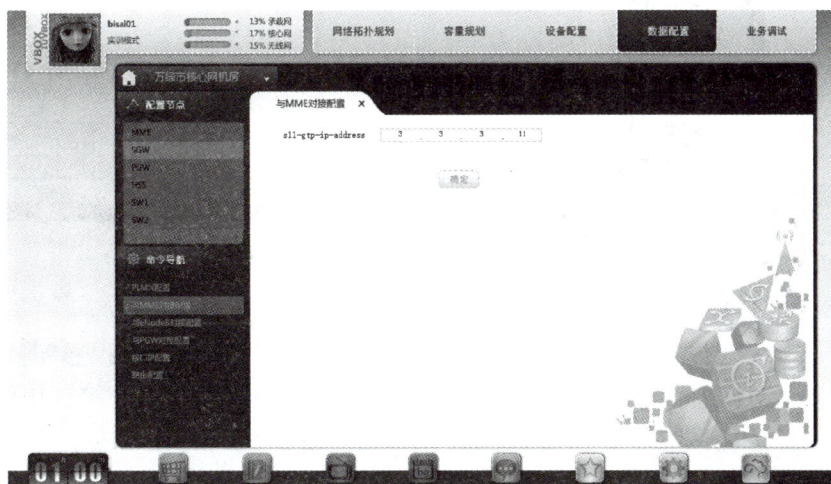

图 1.2.31　SGW 与 MME 对接数据

②与 eNodeB 对接配置。在"命令导航"区选择"与 eNodeB 对接配置"，在"参数配置"区输入 SGW 侧与 eNodeB 对接的 S1-U 接口地址，如图 1.2.32 所示。

③与 PGW 对接配置。在"命令导航"区选择"与 PGW 对接配置"，在"参数配置"区输入 SGW 侧与 PGW 对接的 S5/S8 接口地址，如图 1.2.33 所示。

图 1.2.32　SGE 与 eNodeB 对接数据

图 1.2.33　SGW 与 PGW 对接配置

(3) 接口地址及路由配置。

① 接口 IP 配置。SGW 通过接口板与外部网络连接。接口 IP 配置就是将逻辑接口 IP 地址对应到实际接口板的物理接口上。在"命令导航"区选择"接口 IP 配置",单击"参数配置"区中的"+",添加"接口 1",输入 SGW 物理接口数据,如图 1.2.34 所示。

② 路由配置。万绿市 SGW 通过协议接口 S1-U、S5、S8 和 S11 分别与 eNodeB、PGW GTP-C、PGW GTP-U 和 MME 相连。在"命令导航"区选择"路由配置",单击"参数配置"区中的"+",添加路由并输入配置数据。万绿市 SGW 各条路由的参数如表 1.2.6 所示。

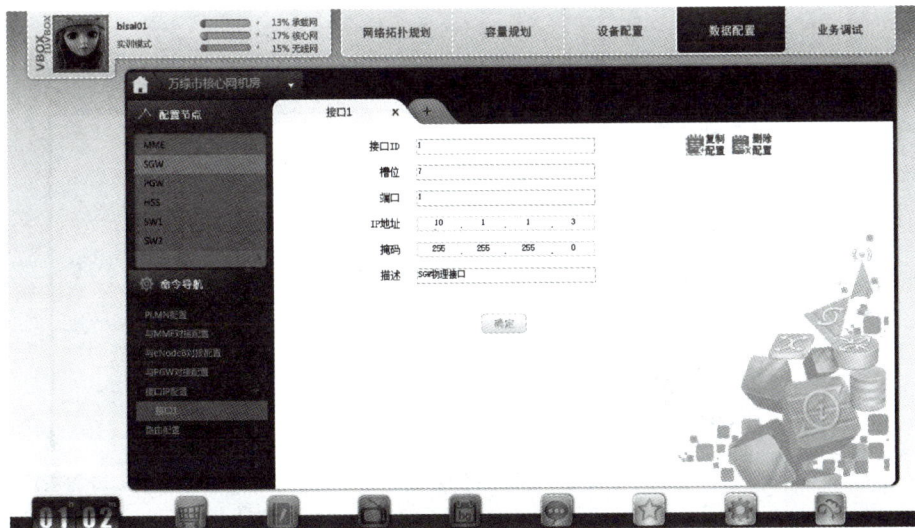

图 1.2.34　SGW 物理接口数据

表 1.2.6　万绿市 SGW 路由参数

路由 ID	目的地址	掩码	下一跳	优先级	描述
1	20.10.10.10	255.255.255.255	10.1.1.10	1	eNodeB
2	3.4.4.5	255.255.255.255	10.1.1.4	1	PGW GTP-C
3	3.4.4.8	255.255.255.255	10.1.1.4	1	PGW GTP-U
4	3.1.1.10	255.255.255.255	10.1.1.1	1	MME

具体配置如图 1.2.35～图 1.2.38 所示。

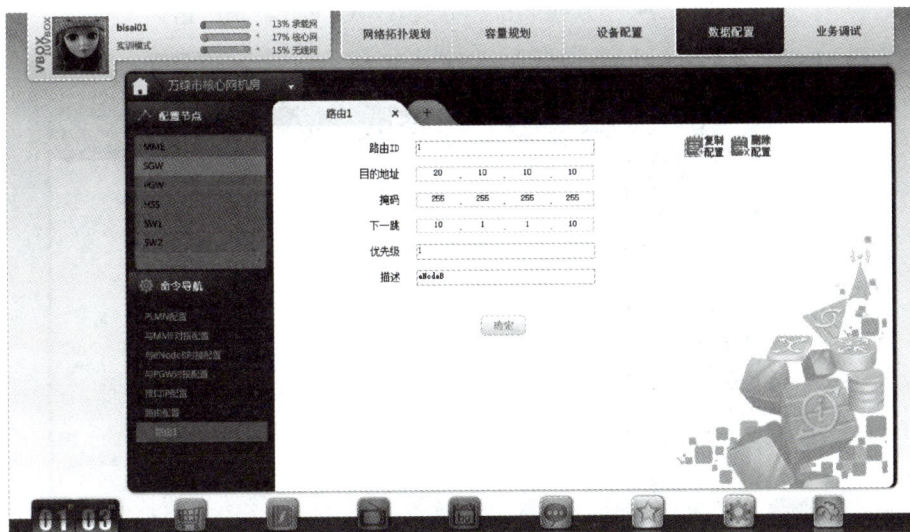

图 1.2.35　万绿市 SGW 与 eNodeB 路由数据

图 1.2.36　万绿市 SGW 与 PGW GTP-C 路由数据

图 1.2.37　万绿市 SGW 与 PGW GTP-U 路由数据

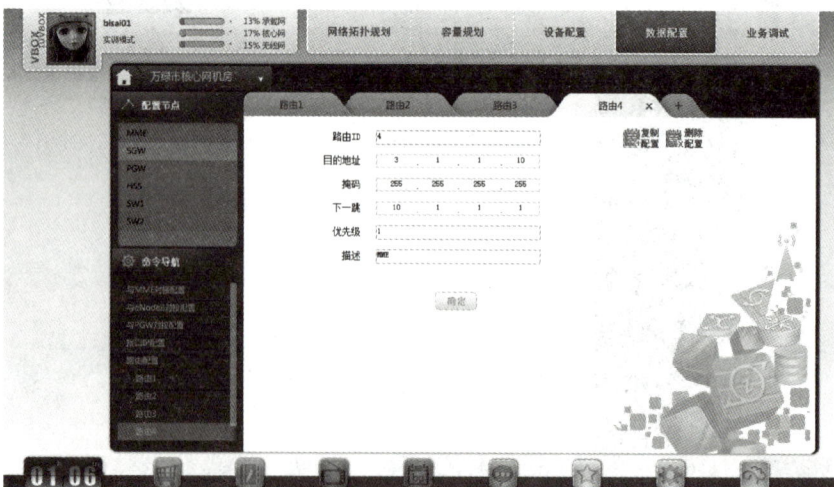

图 1.2.38　万绿市 SGW 与 MME 路由数据

3) PGW 配置

(1) 本局数据配置。PGW 网元作为交换网络的一个交换节点,必须和网络中其他节点配合才能完成网络交换功能,因此需针对交换局的不同情况配置各自的局数据,即 PLMN 数据。配置 PGW 所归属的 PLMN,其目的是当 PGW 收到用户的激活请求消息并解析出用户 IMSI 号码中的 MCC 和 MNC 后,需要与 PGW 所归属的 PLMN 中的 MCC 和 MNC 进行比较,以便区分用户是本地用户、拜访用户还是漫游用户。当 PGW 与周边网元进行交互时,也需要在信令中携带 PGW 归属的 PLMN 信息。

在"配置节点"区选择"PGW",在"命令导航"区选择"PLMN 配置",在"参数配置"区输入本局数据,如图 1.2.39 所示。

图 1.2.39　PGW 的本局配置

(2) 网元对接配置。网元对接配置主要是配置 PGW 与 SGW 之间的对接参数。在"命令导航"区选择"与 SGW 对接配置",在"参数配置"区输入 PGW 与 SGW 对接的 S5/S8 接口地址,如图 1.2.40 所示。

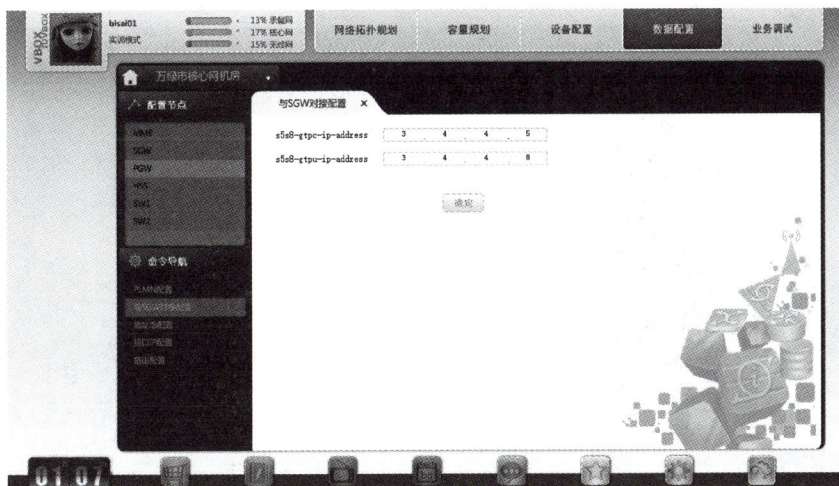

图 1.2.40　PGW 与 SGW 对接数据

(3) 地址池配置。在分组数据网络中，用户必须获得一个 IP 地址才能接入公用数据网 (Public Data Network，PDN)，在现网中 PGW 支持多种为用户分配 IP 地址的方法，通常采用 PGW 本地分配方式。当 PGW 使用本地地址池为用户分配 IP 地址时，需要创建本地地址池，并为此种类型的地址池分配对应的地址段。

在"命令导航"区选择"地址池配置"，在"参数配置"区输入地址池数据，如图 1.2.41 所示。

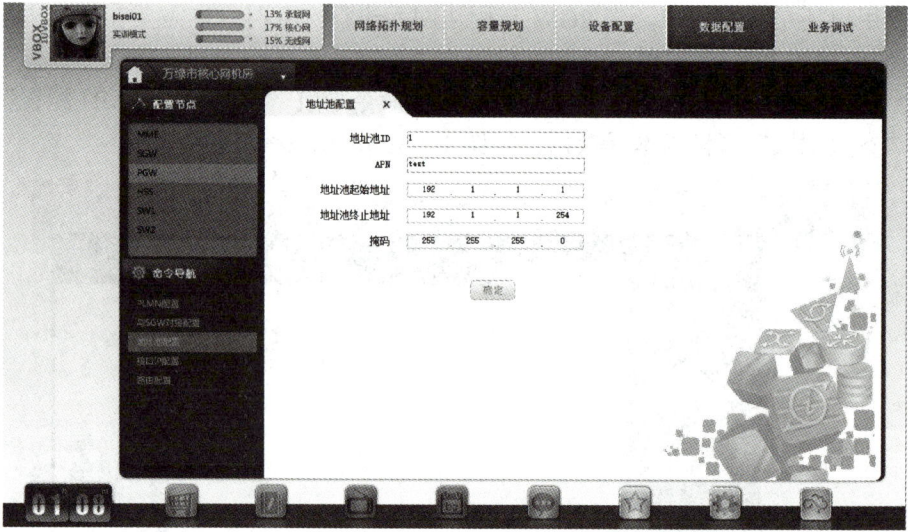

图 1.2.41　地址池数据

(4) 接口地址及路由配置。

① 接口 IP 配置。PGW 通过接口板与外部网络连接。接口 IP 配置就是将逻辑接口 IP 地址对应到实际接口板的物理接口上。在"命令导航"区选择"接口 IP 配置"，单击"参数配置"区中的"+"，添加"接口 1"，输入 PGW 物理接口数据，如图 1.2.42 所示。

图 1.2.42　PGW 物理接口数据

② 路由配置。万绿市 PGW 通过协议接口 S5 和 S8 分别与 SGW 的控制面和用户面相连。在"命令导航"区选择"路由配置"，单击"参数配置"区中的"+"，添加路由并输入配置数据。万绿 PGW 各条路由的参数如表 1.2.7 所示。

表 1.2.7　万绿市 PGW 路由参数

路由 ID	目的地址	掩码	下一跳	优先级	描述
1	3.3.3.5	255.255.255.255	10.1.1.3	1	SGW GTP-C
2	3.3.3.8	255.255.255.255	10.1.1.3	1	SGW GTP-U

具体路由配置如图 1.2.43 和图 1.2.44 所示。

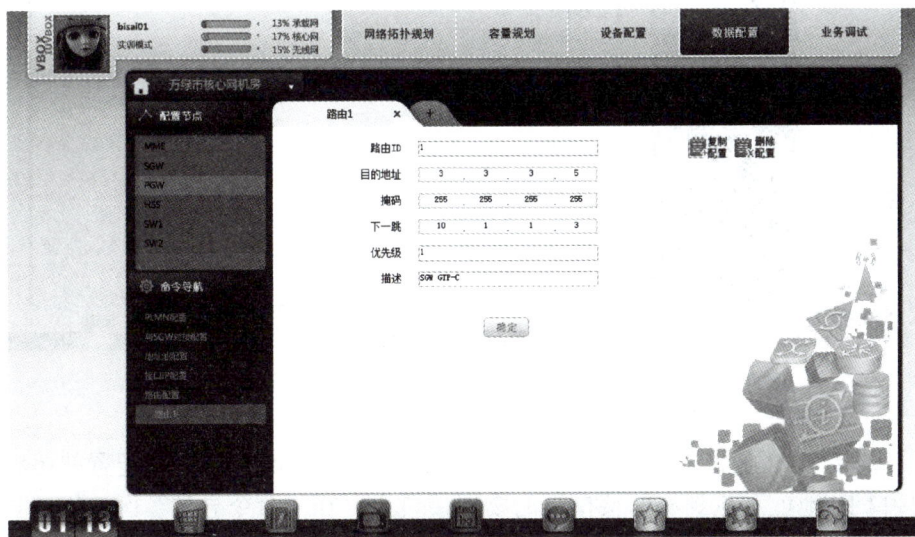

图 1.2.43　万绿市 PGW 与 SGW GTP-C 路由配置数据

图 1.2.44　万绿市 PGW 与 SGW GTP-U 路由配置数据

4) HSS 配置

(1) 网元对接配置。网元对接配置主要是配置 HSS 与 MME 之间的对接参数。在"配置节点"区选择"HSS",在"命令导航"区选择"与 MME 对接配置",单击"参数配置"区中的"+",添加"与 MME 对接 1"并输入对接数据,如图 1.2.45 所示。其中,Diameter 偶联本端 IP 是 HSS 的 S6a 接口地址, Diameter 偶联对端 IP 是 MME 的 S6a 接口地址。

图 1.2.45　HSS 与 MME 对接数据

(2) 接口地址及路由配置。

① 接口 IP 配置。HSS 通过接口板与外部网络连接。接口 IP 配置就是将逻辑接口 IP 地址对应到实际接口板的物理接口上。在"命令导航"区选择"接口 IP 配置",单击"参数配置"区中的"+",添加"接口 1",输入 HSS 物理接口数据,如图 1.2.46 所示。

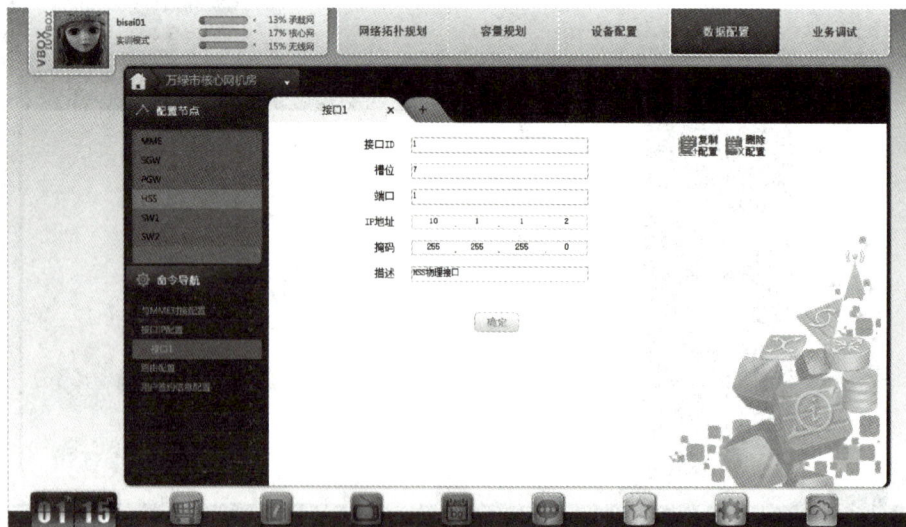

图 1.2.46　HSS 物理接口配置

② 路由配置。万绿市 HSS 通过协议接口 S6a 与 MME 相连。在"命令导航"区选择"路由配置",单击"参数配置"区中的"+",添加路由并输入配置数据,具体配置如图 1.2.47 所示。万绿市 HSS 的路由参数如表 1.2.8 所示。

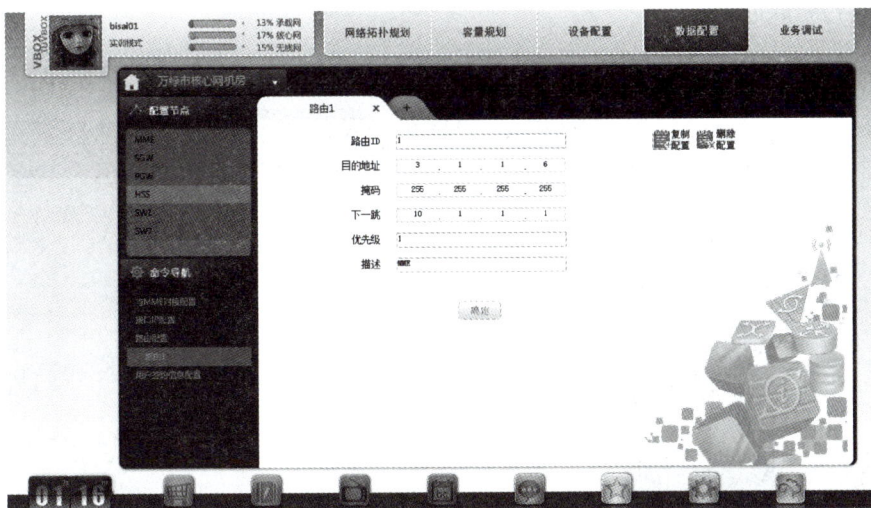

图 1.2.47　万绿市 HSS 与 MME 路由配置数据

表 1.2.8　万绿市 HSS 的路由参数

路由 ID	目的地址	掩码	下一跳	优先级	描述
1	3.1.1.6	255.255.255.255	10.1.1.1	1	MME

(3) 用户签约信息设置。通过此配置进行用户业务受理和信息维护,主要包括用户签约信息、用户鉴权信息及用户标识。

① 用户签约信息配置。在"命令导航"区选择"用户签约信息配置",打开下一级命令菜单,选择"签约模板信息",在"参数配置"区输入签约模板信息,如图 1.2.48 所示。

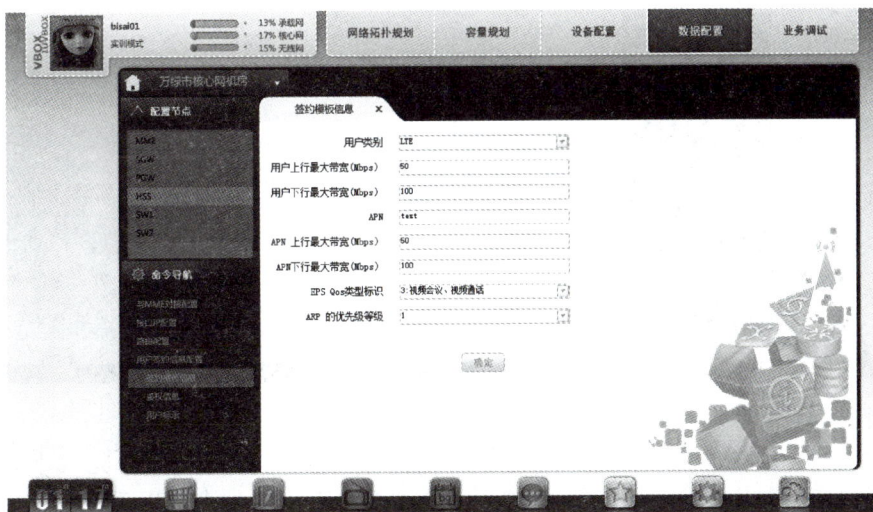

图 1.2.48　用户签约模板信息

② 用户鉴权信息配置。在"命令导航"区选择"用户签约信息配置"，打开下一级命令菜单，选择"鉴权信息"，在"参数配置"区输入鉴权信息，如图 1.2.49 所示。其中， KI 为 32 位十六进制数，本例中假设 KI 为"11112222333344445555 5666677778888"。

图 1.2.49　鉴权信息

③ 用户标识配置。在"命令导航"区选择"用户签约信息配置"，打开下一级命令菜单，选择"用户标示"，在"参数配置"区输入用户标示信息，如图 1.2.50 所示。

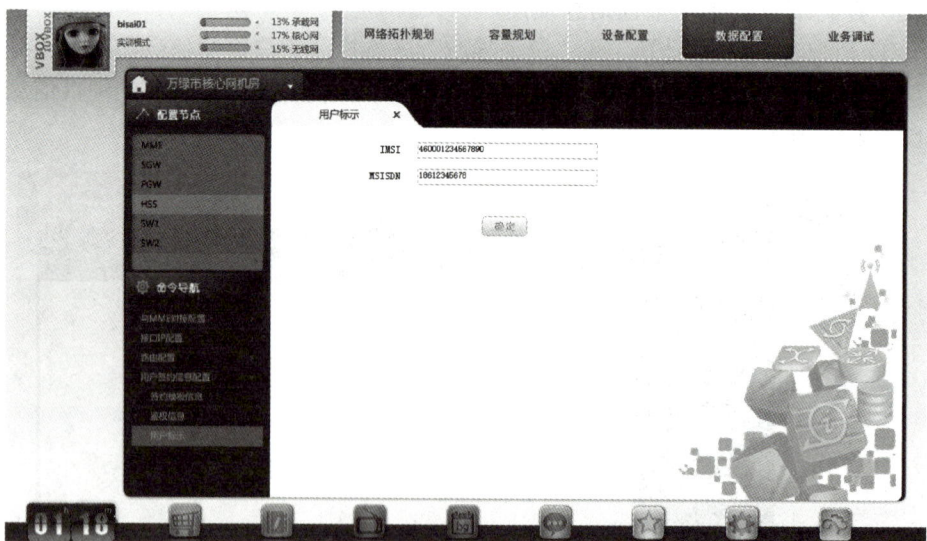

图 1.2.50　用户标示信息

至此，万绿市核心网机房数据配置完毕。采用同样的方法可完成千湖市核心网机房的数据配置，此处不再赘述。千湖市和百山市站点共用千湖市核心网，因此相比于万绿市，千湖市核心网中的 MME 和 SGW 分别需要多配一条去往百山市的 eNodeB 的路由。同时，千湖市核心网中的 MME 还应增加一条去往百山市的 eNodeB 的偶联。千湖市核心网参数如表 1.2.9 所示。配置中应特别注意，千湖市核心网的部分参数与万绿市不同。

表 1.2.9　千湖市核心网参数

参 数 位 置	参数名称	参　数　值
MME 设置全局移动参数	MME 代码	2
MME 与 eNodeB 对接配置 (TA1)	TAC	2A2B
MME 与 HSS 对接配置 (号码分析 1)	分析号码	460002
HSS 用户签约信息配置 (鉴权信息)	KI	2222333344445555AAAABBBBCCCCDDDD
HSS 用户签约信息配置 (用户标示)	IMSI	460002012345678
HSS 用户签约信息配置 (用户标示)	MSISDN	18801234567

可扫描二维码观看核心网数据配置演示视频。

3. 知识储备

核心网有以下几个关键概念。

1) 国际移动用户标识

国际移动用户标识 (International Mobile Subscriber Identification，IMSI) 是在移动网中唯一一个用户识别移动用户的号码。它为 15 位，结构如图 1.2.51 所示。

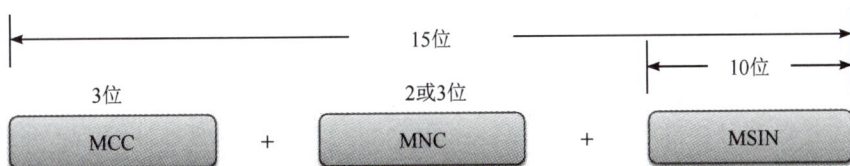

图 1.2.51　国际移动用户标识

(1) 移动国家码 (MCC) 的长度为 3 位十进制，用于标识移动用户所属的国家，由国际电信联盟 (International Telecommunications Union，ITU) 统一分配。

(2) 移动网络号 (MNC) 的长度为 2 位或 3 位十进制，用于标识移动用户归属的公共陆地移动网络 (Public Land Mobile Network，PLMN)，由各个运营商或国家政策部门负责分配。

(3) 移动用户识别码 (MSIN) 的长度为 10 位十进制，用于标识一个 PLMN 内的移动用户。

2) UE 全局唯一临时标识

UE 全局唯一临时标识 (Globally Unique Temporary UE Identity，GUTI) 是由 MME 为附着在 EPS 的用户分配的一个用于分组域的临时移动用户标识。它由 5 部分组成，结构为 MCC + MNC + MME Group ID + MMEC + M-TMSI。

(1) 移动国家码 (MCC) 的长度为 3 位十进制，用于标识移动用户所属的国家。

(2) 移动网络号 (MNC) 的长度为 2 位十进制，用于标识移动用户的归属 PLMN。

(3) MME 组标识 (MME Group ID) 的长度为 32 位二进制，用于标识 MME 所属的组。

(4) MME 编码 (MMEC) 的长度为 16 位二进制，用于标识 MME。

(5) M 临时移动用户识别码 (M-TMSI) 的长度为 8 位二进制，结构和编码由运营商和制造商共同确定，以满足实际运营的需要。

3) 移动用户综合业务数字网络标识

移动用户综合业务数字网络标识 (Mobile Subscriber Integrated Services Digital Network Number，MSISDN) 由 3 部分组成，结构为 CC + NDC + SN。它是国际电信联盟 – 电信标准部 (International Telecommunication Union-Telecommunication Standardization Sector，ITU-T) 分配给移动用户的唯一的识别号，采取 E.164 编码方式。在 EPS 系统中，HSS 将签约的 MSISDN 带给 MME。

(1) 国家码 (Country Code，CC) 的长度为 3 位十进制，用于标识移动用户所属的国家。

(2) 国内接入号 (National Destination Code，NDC) 的长度为 3 位十进制，用于标识移动用户归属的运营商。

(3) 用户号码 (Subscriber Number，SN) 的长度为 8 位十进制，用于标识一个移动用户。

4) 国家移动终端设备标识

国家移动终端设备标识 (International Mobile Equipment Identity，IMEI) 用于标识终端设备，可以用于验证终端设备的合法性。它由 3 部分组成，结构为 TAC+SNR(Serial Number，出厂序号) + Spare(备用)。

(1) 设备型号核准号码 (Type Approval Code，TAC) 由型号批准中心分配。

(2) 出厂序号 (Serial Number，SNR) 表示生产厂家或最后装配所在地，由厂家编码。

(3) 备用 (Spare) 为 0。

5) 接入点名称

接入点名称 (Access Point Name，APN) 可通过域名系统 (Domain Name System，DNS) 转换为 PGW 的 IP 地址。其中，APN 网络标识 (APN_NI) 通常作为用户签约数据存储在 HSS 中。用户在发起分组业务时也要向 MME 提供 APN。

6) 跟踪区标识

跟踪区标识 (Tracking Area Identity，TAI) 在整个 PLMN 网络中唯一用于

标识跟踪区 (Tracking Area，TA)，由 EUTRAN 分配。它由 3 部分组成，格式为 TAC + MNC + MCC。

(1) 跟踪区代码 (Tracking Area Code，TAC) 用于标识跟踪区。在 EPS 中一个或多个小区组成一个跟踪区，用于用户的移动性管理，跟踪区之间没有重叠区域。

(2) 移动网络号 (MNC) 的长度为 2 位十进制，用于标识移动用户的归属 PLMN。

(3) 移动国家码 (MCC) 的长度为 3 位十进制，用于标识移动用户所属的国家。

7) 跟踪区列表

跟踪区列表 (Tracking Area List，TA List) 中所有 UE 注册的跟踪区都由同一个服务 MME 处理，当 UE 在同一个 TA List 里移动时不会触发 TA 更新流程。网络对用户的寻呼会在 TA List 中的所有 TA 中进行。TA List 可能在附着 (Attach)、跟踪区更新 (Tracking Area Update) 等过程中由 MME 重新分配给 UE。合理的 TA List 分配方式和设计方法可以有效减少跟踪区更新发生的概率，有效提高资源利用率。

项目实践

1. 根据"任务 1　Pre5G 核心网规划"流程，完成千湖市和百山市的核心网容量计算。

2. 根据"任务 2　Pre5G 核心网配置"流程、千湖市核心网数据规划表、设备对接规划表和千湖市核心网部分参数表，如表 1.2.10～表 1.2.12 所示，完成千湖市和百山市的核心网设备配置及数据配置。

表 1.2.10　千湖市核心网数据规划表

表 1.2.11　设备对接规划表

设备名称	本端端口	本端端口地址	对端端口	对端端口地址
MME	10GE-7/1	10.2.1.1/24	SW1-1	
SGW	100GE-7/1	10.2.1.3/24	SW1-13	10.2.1.10/24
PGW	100GE-7/1	10.2.1.4/24	SW1-15	
HSS	GE-7/1	10.2.1.2/24	SW1-19	

表 1.2.12　千湖市核心网部分参数表

参 数 位 置	参数名称	参 数 值
MME 与 eNodeB 对接配置 (TA1)	TAC	2A2B
MME 与 HSS 对接配置 (号码分析 1)	分析号码	46001
HSS 用户签约信息配置 (鉴权信息)	KI	2222333344445555AAAABBBBCCCCDDDD
HSS 用户签约信息配置 (用户标示)	IMSI	46001012345678
HSS 用户签约信息配置 (用户标示)	MSISDN	18812345678

项目三　Pre5G 承载网配置

承载网是连接无线网和核心网的纽带，在实际工程项目中，承载网的规划和实施是比较复杂的，并且投资和维护承载网的成本也比较大。

任务 1　Pre5G 承载网规划

打开 IUV-Pre5G 仿真软件，单击"容量规划"界面操作区上侧的"承载网"标签和左侧的"万绿"标签，进行万绿市承载网容量规划。

1. 同步无线侧参数

单击"单站平均吞吐量""MIMO 单站扇区吞吐量"和右边的"自动同步无线侧参数"单选按钮，引用前面无线接入网容量规划的数据，如图 1.3.1 所示。

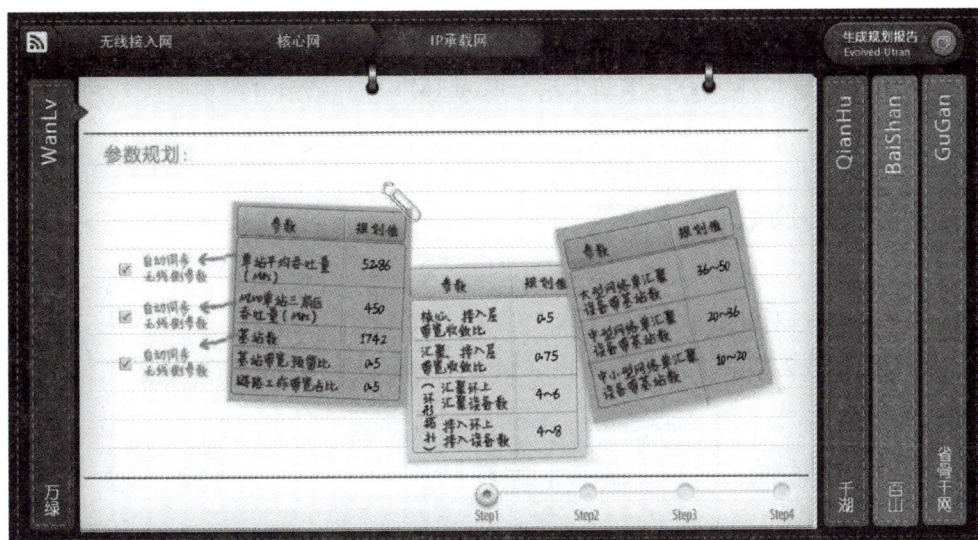

图 1.3.1　同步无线侧参数

2. 接入层容量估算

单击操作区下方的流程单按钮"Step2"，进入接入层容量估算界面。软件界面上部给出了容量估算参考数据，如表 1-3-1 所示。结合公式可完成相关计算。

表 1-3-1

参　数	规　划　值	
单站平均吞吐量 /(Mb/s)	52.86	
MIMO 单站三扇区吞吐量 /(Mb/s)	450	
基站数	1742	
基站带宽预留比	0.5	
链路工作带宽占比	0.5	
核心、接入层带宽收敛比	0.5	
汇聚、接入层带宽收敛比	0.75	
环形拓扑	汇聚环上汇聚设备数	4 ～ 6
	接入环上接入设备数	4 ～ 8
大型网络单汇聚设备带基站数	36 ～ 50	
中型网络单汇聚设备带基站数	20 ～ 36	
中小型网络单汇聚设备带基站数	10 ～ 20	

1) 计算基站预留带宽

基站预留带宽 (Mb/s) = 单站平均吞吐量 (Mb/s) ÷ 基站带宽预留比

$$= 52.86 ÷ 0.5$$
$$= 105.72$$

2) 计算接入层设备数量

接入层设备数量 = 基站数 =1742

3) 选择接入层拓扑结构

在如图 1.3.2 所示的接入层拓扑结构选择界面，选择环形拓扑结构。

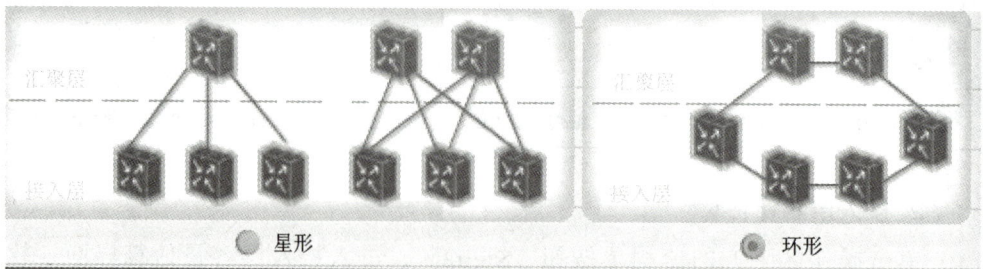

图 1.3.2　接入层拓扑结构选择界面

4) 接入层设备容量计算

(1) 计算接入环链路工作带宽：

接入环链路工作带宽 (Gb/s) = [(接入环上接入设备数 -1) × 基站预留带宽
$\qquad$ (Mb/s) + MIMO 单站三扇区吞吐量 (Mb/s)] ÷ 1024
$\qquad$ = [(8 - 1)×105.72 + 450] ÷ 1024
$\qquad$ = 1.16

(2) 计算接入环链路带宽：

接入环链路带宽 (Gb/s) = 接入环链路工作带宽 (Gb/s) ÷ 链路工作带宽占比
$\qquad$ = 1.16 ÷ 0.5
$\qquad$ = 2.32

(3) 计算接入环数量：

接入环数量 = 基站数 ÷ 接入环上接入设备数
$\qquad$ = 1742 ÷ 8
$\qquad$ = 218

3. 汇聚层容量估算

单击操作区下方流程单按钮"Step3"，进入汇聚层容量估算界面。软件在界面上部给出了容量估算参考数据，结合公式可完成相关计算，与接入层类似，汇聚层拓扑结构如图 1.3.3 所示，这里选择环形拓扑结构。

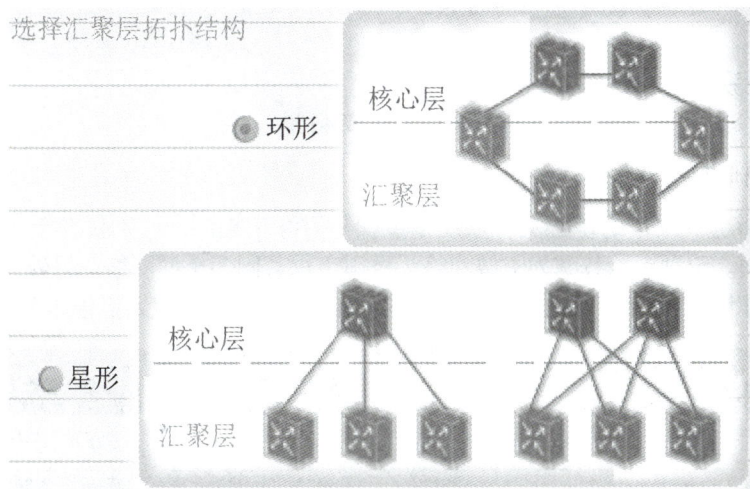

图 1.3.3　汇聚层拓扑结构选择

软件界面上部给出了容量估算参考数据 (见表 1-3-1)，结合公式可完成相关计算。

1) 计算设备层数据数量

汇聚层设备数量 = 基站数 ÷ 单汇聚设备基站数
$\qquad$ = 1742 ÷ 50
$\qquad$ = 35

2) 计算汇聚层设备容量

(1) 计算汇聚链路工作带宽。

汇聚链路工作带宽 (Gb/s) = 大型单汇聚设备基站数 × 汇聚环上汇聚设备数 ×
基站预留带宽 (Mb/s) × 汇聚、接入层带宽收敛比 ÷ 1024
= 50 × 6 × 105.72 × 0.75 ÷ 1024
= 23.23

(2) 计算汇聚链路带宽。

汇聚链路带宽 (Gb/s) = 汇聚链路工作带宽 (Gb/s) ÷ 链路工作带宽占比
= 23.23 ÷ 0.5 = 46.46

(3) 计算汇聚环数量。

汇聚环数量 = 汇聚层设备数量 ÷ 汇聚环上汇聚设备数
= 35 ÷ 6
≈ 6

4. 核心层容量估算

单击操作区下方流程单按钮"Step4",进入核心层容量估算界面。软件界面上部给出了容量估算参考数据 (见表 1-3-1),结合公式可完成相关计算,如下:

(1) 计算核心层设备容量:

核心层设备吞吐量 (Gb/s) = 基站数 × 基站预留带宽 (Mb/s) × 核心、接入层
带宽收敛比 ÷ 1024
= 1742 × 105.72 × 0.5 ÷ 1024
= 89.92

(2) 计算核心层设备数量:

核心层设备数量 = 2

5. 规划报告生成

千湖市、百山市的核心网容量规划步骤与万绿市相同,区别仅在于所选择的话务模型不同。千湖市承载网为中型网络,百山市承载网为小型网络。另外,根据拓扑规划,千湖市、百山市承载网接入层为星形结构。最后生成的规划报告如图 1.3.4 所示。

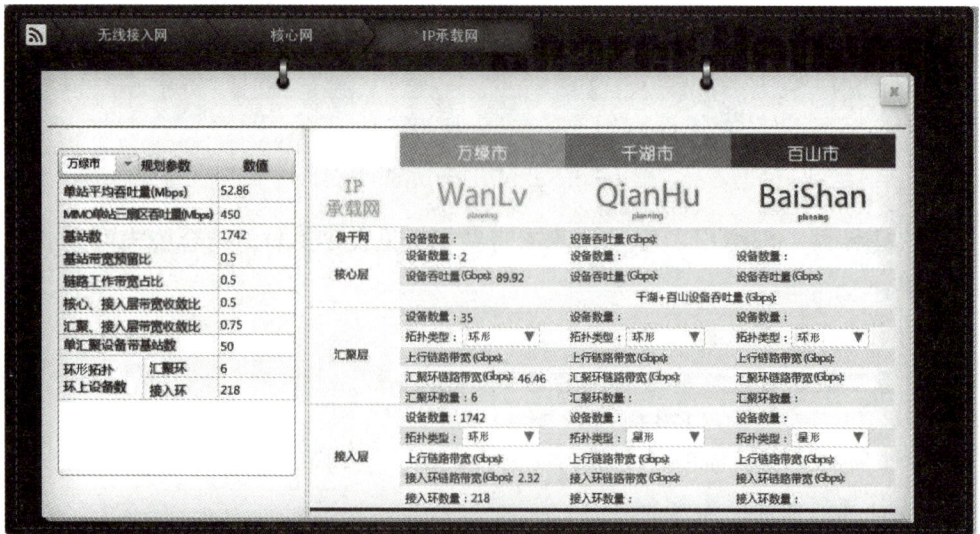

图 1.3.4　规划报告界面

任务 2　Pre5G 承载网设备配置

1. 省骨干网设备部署

启动并登录仿真软件，选择"设备配置"标签，显示机房地理位置分布，如图 1.3.5 所示。鼠标移到机房气球图标上时，图标会放大显示，以便于观察。用鼠标单击相应气球图标即可进入相应机房。

图 1.3.5　设备配置界面

单击设备配置界面中"省骨干网承载机房"的气球图标，显示省骨干网承载机房内部场景，如图 1.3.6 所示。仿真系统默认安装了光纤配线架，若设备指示图没有显示 ODF 图标，则可通过单击该机房内部场景中的光纤配线架，使其图标出现在设备指示图中。

图 1.3.6　省骨干网承载机房内部场景

1) 安装省骨干网承载机房设备

(1) RT(路由器) 安装。单击省骨干网承载机房内部场景中的右侧机柜，进入 RT 安装界面，如图 1.3.7 所示。省骨干网业务为 3 个城市业务的总和，因此采用大型设备。从设备池中分别拖动 2 个大型 RT 到机柜中即可完成安装。安装成功后，设备指示图中会出现 RT1 和 RT2 的图标。

图 1.3.7　省骨干网承载机房路由器安装

(2) OTN(光传输网) 安装。单击操作区左上角的返回箭头，返回省骨干网承载机房内部场景。单击省骨干网承载机房内部场景中的左侧机柜，进入 OTN 安装界面，如图 1.3.8 所示。省骨干网业务为 3 个城市业务的总和，因此采用大型设备。从设备池中拖动 OTN 到机柜中即可完成安装。安装成功后，设备指示图中会出现 OTN 的图标。

图 1.3.8　省骨干网承载机房 OTN 安装

2) 省骨干网承载机房设备连接

(1) RT1 与 RT2 连接。RT1 与 RT2 在同一机房中，可直接相连，不需要通过单击设备指示图中的 OTN 或 ODF 任一图标来显示线缆池，从线缆池中选择成对 LC-LC 光纤。单击设备指示图中的 RT1 图标，打开 RT1 面板，单击 1 槽位单板的 100 G 光纤端口，单击设备指示图中的 RT2 图标，打开 RT2 面板，单击 1 槽位单板的 100 G 光纤端口。连接结果如图 1.3.9 所示。

(2) 万绿市承载中心机房连接。RT1 和 RT2 均通过 OTN 和 ODF，连接到万绿市承载中心机房，如图 1.3.10 所示。

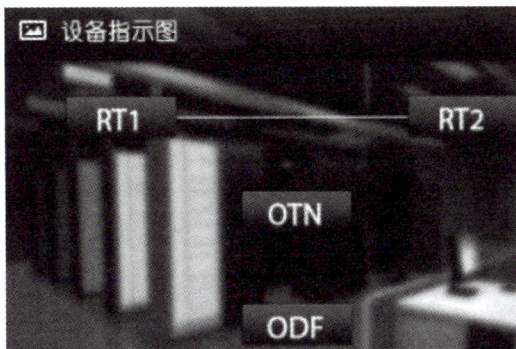

图 1.3.9　RT1 与 RT2 连接

图 1.3.10　万绿市 OTN 与承载中心机房连接

其具体步骤如下：

① 从线缆池中选择成对 LC-LC 光纤，单击设备指示图中的 RT1 图标打开 RT1 面板，单击 2 槽位单板的 100 G 光纤端口，单击设备指示图中的 OTN 图标打开 OTN 面板，单击 16 槽位 OTU(光转发单元) 单板的 C1T/C1R 端口。

② 从线缆池中选择单根 LC-LC 光纤，单击 OTN 面板 16 槽位 OTU 单板的 L1T 端口，单击 OTN 面板 12、13 槽位 OMU(光合波单元) 单板的 CH1 端口。

③ 从线缆池中选择成对 LC-LC 光纤，单击设备指示图中的 RT2 图标打开 RT2 面板，单击 2 槽位单板的 100 G 光纤端口，单击设备指示图中的 OTN 图标打开 OTN 面板，单击 16 槽位 OTU 单板的 C2T/C2R 端口。

④ 从线缆池中选择单根 LC-LC 光纤，单击 OTN 面板 16 槽位 OTU 单板的 L2T 端口，单击 OTN 面板 12、13 槽位 OMU 单板的 CH2 端口。

⑤ 从线缆池中选择单根 LC-LC 光纤，单击 OTN 面板 12、13 槽位 OMU 单板的 OUT 端口，单击 OTN 面板 11 槽位 OBA(光功率放大) 单板的 TN 端口。

⑥ 从线缆池中选单根 LC-FC 光纤，单击 OTN 面板 11 槽位 OBA 单板的 OUT 端口，单击设备指示图中的 ODF 图标打开 ODF，单击连接万绿市承载中心机房的 T 端口。

⑦ 从线缆池中选择单根 LC-FC 光纤，单击 ODF 中连接万绿市承载中心机房的 R 端口，单击设备指示图中的 OTN 图标打开 OTN 面板，单击 OTN(光偏置放大) 面板 21 槽位 OPA 单板的 IN 端口。

⑧ 从线缆池中选择单根 LC-LC 光纤，单击 OTN 面板 21 槽位 OPA 单板的 OUT 端口，单击 OTN 面板 22、23 槽位 ODU(光分波单元) 单板的 IN 端口。

⑨ 从线缆池中选择单根 LC-LC 光纤，单击 OTN 面板 22、23 槽位 ODU 单板的 CH1 端口，单击 OTN 面板 16 槽位 OTU 单板的 L1R 端口。

⑩ 从线缆池中选择单根 LC-LC 光纤；单击 OTN 面板 22、23 槽位 ODU 单板的 CH2 端口，单击 OTN 面板 16 槽位 OTU 单板的 L2R 端口。

到这里，省骨干网承载机房的设备已经安装连接完毕，操作区右上方设备指示图中会显示出当前机房的设备连接情况，如图 1.3.11 所示。

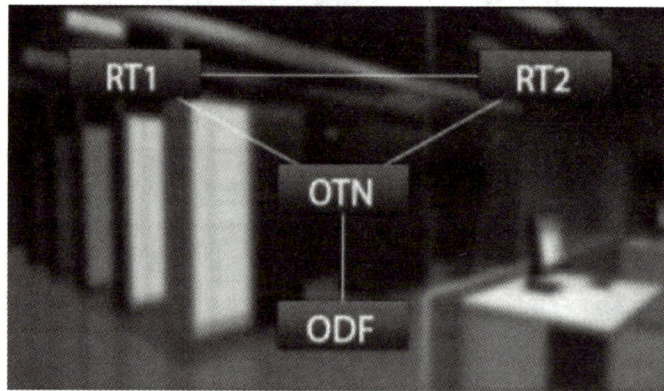

图 1.3.11　机房设备连接界面

2. 承载网核心层设备部署

从操作区右上角下拉菜单中选择"万绿市承载中心机房"菜单项，显示万绿市承载中心机房内部场景，仿真系统默认安装了光纤配线架，若在设备指示图中 ODF 图标没有显示，则可通过单击机房内部场景中的光纤配线架，使 ODF 图标出现在设备指示图中。

1) 万绿市承载中心机房设备安装

(1) RT 安装。 单击万绿市承载中心机房内部场景中的左侧机柜（黄色箭头指示区域）进入 RT 安装界面。万绿市为人口密集的大型城市,因此采用大型设备。从设备池中分别拖动 2 个大型 RT 到机柜后，设备指示图会出现 RT1 和 RT2 的图标。

(2) OTN 安装。单击操作区左上角的返回箭头，返回万绿市承载中心机房内部场景，单击万绿市承载中心机房内部场景中的右侧机柜（黄色箭头指示区域）进入 OTN 安装界面。万绿市为人口密集的大型城市,因此采用大型设备。从设备中拖动大型 OTN 到机柜中即可完成安装。安装成功后，设备指示图中会出现 OTN 的图标。

2) 万绿市承载中心机房设备连接

(1) RT1 与 RT2 连接。RT1 与 RT2 在同一机房中，可直接相连，不需要通过 OTN 和 ODF。单击设备指示图中的任一图标显示线缆池。从线缆池中选择成对 LC-LC 光纤；单击设备指示图中的 RT1 图标打开 RT1 面板，单击 1 槽位 100 G 光纤端口；单击设备指示图中的 RT2 图标打开 RT2 面板，单击 1 槽位单板的 100 G 光纤端口进行连接。

(2) 省骨干网承载机房连接。RT1 和 RT2 分通过 OTN 和 ODF 连接到省骨干网承载机房，具体步骤如下：

① 从线缆池中选择成对 LC-LC 光纤，单击设备指示图中的 RT1 图标打开 RT1 面板，单击 2 槽位单板的 100 G 光纤端口，单击设备指示图中的 OTN 图标打开 OTN 面板，单击 16 槽位 OTU 单板的 C1T/C1R 端口。

② 从线缆池中选择单根 LC-LC 光纤，单击 OTN 面板 16 槽位 OTU 单板的 L1T 端口，单击 OTN 面板 12、13 槽位 OMU 单板的 CH1 端口。

③ 从线缆池中选择成对 LC-LC 光纤，单击设备指示图中的 RT2 图标打开 RT2 面板，单击 2 槽位单板的 100 G 光纤端口；单击设备指示图中的 OTN 图标打开 OTN 面板，单击 16 槽位 OTU 单板的 C2T/C2R 端口。

④ 从线缆池中选择单根 LC-LC 光纤，单击 OTN 面板 16 槽位 OTU 单板的 L2T 端口；单击 OTN 面板 12、13 槽位 OMU 单板的 CH2 端口。

⑤ 从线缆池中选择单根 LC-LC 光纤，单击 OTN 面板 12、13 槽位 OMU 单板的 OUT 端口，单击 OTN 面板 11 槽位 OBA 单板的 IN 端口。

⑥ 从线缆池中选择单根 LC-FC 光纤，单击 OTN 面板 11 槽位 OBA 单板的 OUT 端口；单击设备指示图中的 ODF 图标打开 ODF，单击连接省骨干网承载机房的 T 端口。

⑦ 从线缆池中选择单根 LC-FC 光纤，单击 ODF 中连接省骨干网承载机房的 R 端口，单击设备指示图中的 OTN 图标打开 OTN 面板，单击 OTN 面板 21 槽位 OPA 单板的 IN 端口。

⑧ 从线缆池中选择单根 LC-LC 光纤，单击 OTN 面板 21 槽位 OPA 单板的 OUT 端口，单击 OTN 面板 22、23 槽位 ODU 单板的 IN 端口。

⑨ 从线缆池中选择单根 LC-LC 光纤，单击 OTN 面板 22、23 槽位 ODU 单板的 CH1 端口，单击 OTN 面板 16 槽位 OTU 单板的 L1R 端口。

⑩ 从线缆池中选择单根 LC-LC 光纤，单击 OTN 面板 22、23 槽位 ODU 单板的 CH2 端口；单击 OTN 面板 16 槽位 OTU 单板的 L2R 端口。

(3) 万绿市 2 区汇聚机房连接。RT1 通过 OTN 和 ODF 连接到万绿市 2 区汇聚机房，步骤如下：

① 从线缆池中选择成对 LC-LC 光纤，单击设备指示图中的 RT1 图标打开 RT1 面板，单击 16 槽位单板的 40 G 光纤端口，单击设备指示图中的 OTN 图标打开 OTN 面板，单击 15 槽位 OTU 单板的 C1T/C1R 端口。

② 从线缆池中选择单根 LC-LC 光纤，单击 OTN 面板 15 槽位 OTU 单板的 L1T 端口，单击 OTN 面板 17、18 槽位 OMU 单板的 CH1 端口。

③ 从线缆池中选择单根 LC-LC 光纤，单击 OTN 面板 17、18 槽位 OMU 单板的 OUT 端口，单击 OTN 面板 20 槽位 OBA 单板的 IN 端口。

④ 从线缆池中选择单根 LC-FC 光纤，单击 OTN 面板 20 槽位 OBA 单板的 OUT 端口，单击设备指示图中的 ODF 图标打开 ODF，单击连接万绿市 2 区汇聚机房的 T 端口。

⑤ 从线缆池中选择单根 LC-FC 光纤，单击 ODF 中连接万绿市 2 区汇聚机

房的 R 端口，单击设备指示图中的 OTN 图标打开 OTN 面板，单击 OTN 面板 30 槽位 OPA 单板 N 端口。

⑥ 从线缆池中选择单根 LC-LC 光纤，单击 OTN 面板 30 槽位 OPA 单板的 OUT 端口；单击 OTN 面板 27、28 槽位 ODU 单板的 IN 端口。

⑦ 从线缆池中选择单根 LC-LC 光纤，单击 OTN 面板 27、28 槽位 ODU 单板的 CH1 端口；单击 OTN 面板 15 槽位 OTU 单板的 L1R 端口。

(4) 万绿市 3 区汇聚机房连接。RT2 通过 OTN 和 ODF 连接到万绿市 3 区汇聚机房，步骤如下：

① 从线缆池中选择成对 LC-LC 光纤，单击设备指示图中的 RT2 图标打开 RT2 面板，单击 35 槽位单板的 40 G 光纤端口，单击设备指示图中的 OTN 图标打开 OTN 面板，单击 35 槽位 OTU 单板的 C1T/C1R 端口。

② 从线缆池中选择单根 LC-LC 光纤，单击 OTN 面板 35 槽位 OTU 单板的 L1T 端口，单击 OTN 面板 32、33 槽位 OMU 单板的 CH1 端口。

③ 从线缆池中选择单根 LC-LC 光纤，单击 OTN 面板 32、33 槽 OMU 单板的 OUT 端口，单击 OTN 面板 31 槽位 OBA 单板的 IN 端口。

④ 从线缆池中选择单根 LC-FC 光纤，单击 OTN 面板 31 槽位 OBA 单板的 OUT 端口，单击设备指示图中的 ODF 图标打开 ODF，单击连接万绿市 3 区汇聚机房的 T 端口。

⑤ 从线缆池中选择单根 LC-FC 光纤，单击 ODF 中连接万绿市 3 区汇聚机房的 R 端口，单击设备指示图中的 OTN 图标打开 OTN 面板，单击 OTN 面板 41 槽位 OPA 单板的 IN 端口。

⑥ 从线缆池中选择单根 LC-LC 光纤，单击 OTN 面板 41 槽位 OPA 单板的 OUT 端口；单击 OTN 面板 42、43 槽位 ODU 单板的 IN 端口。

⑦ 从线缆池中选择单根 LC-LC 光纤，单击 OTN 面板 42、43 槽位 ODU 单板的 CH1 端口，单击 OTN 面板 35 槽位 OTU 单板的 L1R 端口。

(5) 万绿市核心网机房连接。万绿市承载中心机房中的 RT1 与万绿市核心网机房相连，两机房距离较近，不需要使用 OTN，通过 ODF 连接即可。单击设备指示图中的任一图标显示线缆池。从线缆池中选择成对 LC-FC 光纤，单击设备指示图中的 RT1 图标打开 RT1 面板，单击 36 槽位单板的 100 G 光纤端口，单击设备指示图中的 ODF 图标打开 ODF，单击连接万绿市核心网机房的端口。

到这里，万绿市承载中心机房的设备已经安装连接完毕，操作区右上方设备指示图中会显示当前机房的设备连接情况，如图 1.3.12 所示。

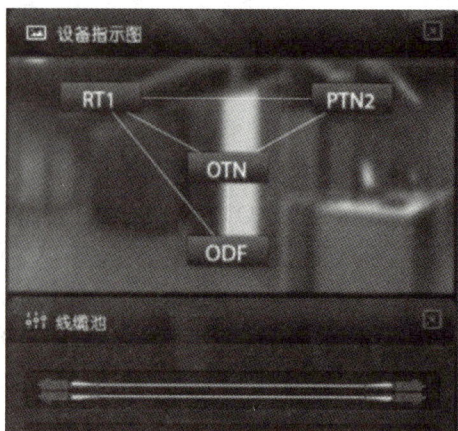

图 1.3.12　万绿市承载中心机房设备连接

3. 承载网汇聚层设备安装

万绿市承载网汇聚层包括 1 区、2 区和 3 区 3 个机房，室内设备布局相同，下面以汇聚 2 区为例，对机房内部场景进行说明。从操作区右上角下拉菜单中选择"万绿市承载 2 区汇聚机房"菜单项，显示万绿市承载 2 区汇聚机房内部场景。仿真系统默认安装了承载光纤配线架，若在设备指示图中 ODF 图标没有显示，则可通过单击机房内部场景中的光纤配线架，使 ODF 图标出现在设备指示图中。

1) 万绿市承载 2 区汇聚机房设备安装

(1) PTN 安装。单击万绿市承载 2 区汇聚机房内部场景中的左侧机柜 (黄色箭头指示区域)，进入 PTN(分组传输网) 安装界面。从设备池中拖动中型 PTN 到机柜中即可完成安装。安装成功后，设备指示图中会出现 PTN1 的图标。

(2) OTN 安装。单击操作区左上角的返回箭头，返回万绿市承载 2 区汇聚机房内部场景。单击万绿市承载 2 区汇聚机房内部场景中的右侧机柜 (黄色箭头指示区域)，进入 OTN 安装界面。从设备池中拖动中型 OTN 到机柜中即可完成安装。安装成功后，设备指示图中会出现 OTN 的图标。

2) 万绿市承载 2 区汇聚机房设备连接

(1) 万绿市承载中心机房连接。PTN1 通过 OTN 和 ODF 连接到万绿市承载中心机房，具体步骤如下：

① 从线缆池中选择成对 LC-LC 光纤，单击设备指示图中的 PTN1 图标打开 PTN1 面板，单击 1 槽位单板的 40 G 光纤端口，单击设备指示图中的 OTN 图标打开 OTN 面板 15 槽位 OTU 单板的 C1T/C1R 端口。

② 从线缆池中选择单根 LC-LC 光纤，单击 OTN 面板 15 槽位 OTU 单板的 L1T 端口，单击 OTN 面板 12、13 槽位 OMU 单板的 CH1 端口。

③ 从线缆池中选择单根 LC-LC 光纤，单击 OTN 面板 12、13 槽位 OMU 单板的 OUT 端口，单击 OTN 面板 11 槽位 OBA 单板的 IN 端口。

④ 从线缆池中选择单根 LC-FC 光纤，单击 OTN 面板 11 槽位 OBA 单板的 OUT 端口，单击设备指示图中的 ODF 图标打开 ODF，单击连接万绿市承载中心机房的 T 端口。

⑤ 从线缆池中选择单根 LC-FC 光纤，单击 ODF 中连接万绿市承载中心机房的 R 端口，单击设备指示图中的 OTN 图标打开 OTN 面板，单击 OTN 面板 21 槽位 OPA 单板的 IN 端口。

⑥ 从线缆池中选择单根 LC-LC 光纤，单击 OTN 面板 21 槽位 OPA 单板的 OUT 端口，单击 OTN 面板 22、23 槽位 ODU 单板的 IN 端口。

⑦ 从线缆池中选择单根 LC-LC 光纤，单击 OTN 面板 22、23 槽位 ODU 单板的 CH1 端口，单击 OTN 面板 15 槽位 OTU 单板的 L1R 端口。

(2) 万绿市承载 1 区汇聚机房连接。PTN1 通过 OTN 和 ODF 连接到万绿市承载 1 区汇聚机房，具体步骤如下：

① 从线缆池中选择成对 LC-LC 光纤，单击设备指示图中的 PTN1 图标打开

PTN1 面板，单击 2 槽位单板的 40 G 光纤端口，单击设备指示图中的 OTN 图标打开 OTN 面板，单击 25 槽位 OTU 单板的 C1T/C1R 端口。

② 从线缆池中选择单根 LC-LC 光纤，单击 OTN 面板 25 槽位 OTU 单板的 L1T 端口，单击 OTN 面板 17、18 槽位 OMU 单板的 CH1 端口。

③ 从线缆池中选择单根 LC-LC 光纤，单击 OTN 面板 17、18 槽 OMU 单板的 OUT 端口，单击 OTN 面板 20 槽位 OBA 单板的 IN 端口。

④ 从线缆池中选择单根 LC-FC 光纤，单击 OTN 面板 20 槽位 OBA 单板的 OUT 端口，单击设备指示图中的 ODF 图标打开 ODF，单击连接万绿市承载 1 区汇聚机房的 T 端口。

⑤ 从线缆池中选择单根 LC-FC 光纤，单击 ODF 中连接万绿市承载 1 区汇聚机房的 R 端口，单击设备指示图中的 OTN 图标打开 OTN 面板，单击 OTN 面板 30 槽位 OPA 单板的 IN 端口。

⑥ 从线缆池中选择单根 LC-LC 光纤，单击 OTN 面板 30 槽位 OPA 单板的 OUT 端口，单击 OTN 面板 27、28 槽位 ODU 单板的 IN 端口。

⑦ 从线缆池中选择单根 LC-LC 光纤，单击 OTN 面板 27、28 槽位 ODU 单板的 CH1 端口，单击 OTN 面板 25 槽位 OTU 单板的 L1R 端口。

到这里，万绿市承载 2 区汇聚机房的设备已经安装并连接完毕，操作区右上方设备指示图中会显示当前机房的设备连接情况。万绿市承载 3 区汇聚机房的设备配置与之相同，此处不再赘述。

3) 万绿市承载 1 区汇聚机房设备安装

(1) RT 和 PTN 安装。进入万绿市承载 1 区汇聚机房，单击机房内部场景中的左侧机柜 (黄色箭头指示区域)，进入 RT 和 PTN 安装界面。从设备池中分别拖动 1 个中型 RT 和 1 个中型 PTN 到机柜中即可完成安装。安装成功后，设备指示图中会出现 RT1 和 PTN2 的图标。

(2) OTN 安装。单击操作区左上角的返回箭头，返回万绿市承载 1 区汇聚机房内部场景。单击万绿市承载 1 区汇聚机房内部场景中的右侧机柜 (黄色箭头指示区域)，进入 OTN 安装界面。从设备池中拖动中型 OTN 到机柜中即可完成安装。安装成功后，设备指示图中会出现 OTN 的图标。

4) 万绿市承载 1 区汇聚机房设备连接

(1) RT1 与 PTN2 连接。RT1 与 PTN2 在同一机房中，可直接相连，不需要通过 OTN 和 ODF 连接。单击设备指示图中的任一图标显示线缆池，从线缆池中选择成对 LC-LC 光纤；单击设备指示图中的 RT1 图标打开 RT1 面板，单击 1 槽位单板的 40 G 光纤端口；单击设备指示图中的 PTN2 图标打开 PTN2 面板，单击 1 槽位单板的 40 G 光纤端口。

(2) 万绿市 2 区汇聚机房连接。RT1 通过 OTN 和 ODF 连接到万绿市 2 区汇聚机房，具体步骤如下：

① 从线缆池中选择成对 LC-LC 光纤，单击设备指示图中的 RT1 图标打开 RT1 面板，单击 2 槽位单板的 40 G 光纤端口，单击设备指示图中的 OTN 图标

打开 OTN 面板，单击 15 槽位 OTU 单板的 C1T/C1R 端口。

② 从线缆池中选择单根 LC-LC 光纤；单击 OTN 面板 15 槽位 OTU 单板的 L1T 端口，单击 OTN 面板 12、13 槽位 OMU 单板的 CH1 端口。

③ 从线缆池中选择单根 LC-LC 光纤，单击 OTN 面板 12、13 槽位 OMU 单板的 OUT 端口，单击 OTN 面板 11 槽位 OBA 单板的 IN 端口。

④ 从线缆池中选择单根 LC-FC 光纤，单击 OTN 面板 11 槽位 OBA 单板的 OUT 端口，单击设备指示图中的 ODF 图标打开 ODF，单击连接万绿市 2 区汇聚机房的 T 端口。

⑤ 从线缆池中选择单根 LC-FC 光纤，单击 ODF 中连接万绿市 2 区汇聚机房的 R 端口，单击设备指示图中的 OTN 图标打开 OTN 面板，单击 OTN 面板 21 槽位 OPA 单板的 IN 端口。

⑥ 从线缆池中选择单根 LC-LC 光纤，单击 OTN 面板 21 槽位 OPA 单板的 OUT 端口，单击 OTN 面板 22、23 槽位 ODU 单板的 IN 端口。

⑦ 从线缆池中选择单根 LC-LC 光纤，单击 OTN 面板 22、23 槽位 ODU 单板的 CH1 端口，单击 OTN 面板 15 槽位 OTU 单板的 L1R 端口。

(3) 万绿市 3 区汇聚机房连接。PTN2 通过 OTN 和 ODF 连接到 3 区汇聚机房，具体步骤如下：

① 从线缆池中选择成对 LC-LC 光纤，单击设备指示图中的 PTN2 图标打开 PTN2 面板，单击 2 槽位单板的 40 G 光纤端口，单击设备指示图中的 OTN 图标打开 OTN 面板，单击 25 槽位 OTU 单板的 C1T/C1R 端口。

② 从线缆池中选择单根 LC-LC 光纤，单击 OTN 面板 25 槽位 OTU 单板的 L1T 端口，单击 OTN 面板 17、18 槽位 OMU 单板的 CH1 端口。

③ 从线缆池中选择单根 LC-LC 光纤，单击 OTN 面板 17、18 槽位 OMU 单板的 OUT 端口；单击 OTN 面板 20 槽位 OBA 单板的 IN 端口。

④ 从线缆池中选择单根 LC-FC 光纤，单击 OTN 面板 20 槽位 OBA 单板的 OUT 端口；单击设备指示图中的 ODF 图标打开 ODF，单击连接万绿市 3 区汇聚机房的 T 端口。

⑤ 从线缆池中选择单根 LC-FC 光纤，单击 ODF 中连接万绿市 3 区汇聚机房的 R 端口，单击设备指示图中的 OTN 图标打开 OTN 面板，单击 OTN 面板 30 槽位 OPA 单板的 IN 端口。

⑥ 从线缆池中选择单根 LC-LC 光纤，单击 OTN 面板 30 槽位 OPA 单板的 OUT 端口，单击 OTN 面板 27、28 槽位 ODU 单板的 IN 端口。

⑦ 从线缆池中选择单根 LC-LC 光纤，单击 OTN 面板 27、28 槽位 ODU 单板的 CH1 端口，单击 OTN 面板 25 槽位 OTU 单板的 L1R 端口。

(4) 连接万绿市 B 站点机房。万绿市承载 1 区汇聚机房中的 RT1 与万绿市 B 站点机房相连，两机房距离较近，不需要使用 OTN，通过 ODF 连接即可。单击设备指示图中的任一图标显示线缆池。从线缆池中选择成对 LC-FC 光纤，单击设备指示图中的 RT1 图标打开 RT1 面板，单击 6 槽位单板上方的 10 G 光纤端口，单击设备指示图中的 ODF 图标打开 ODF，单击连接万绿市 B 站点机房的端口。

(5) 连接万绿市 C 站点机房。万绿市承载 1 区汇聚机房中的 PTN2 与万绿市 C 站点机房相连，两机房相距较近，不需要使用 OTN，通过 ODF 连接即可。单击设备指示图中的任一图标显示线缆池。从线缆池中选择成对 LC-FC 光纤，单击设备指示图中的 PTN2 图标打开 PTN2 面板，单击 6 槽位单板上方的 10 G 光纤端口，单击设备指示图中的 ODF 图标打开 ODF，单击连接万绿市 C 站点机房的端口。

到这里，万绿市承载 1 区汇聚机房的设备已经安装完毕，操作区右上方设备指示图中会显示当前机房的设备连接情况，如图 1.3.13 所示。

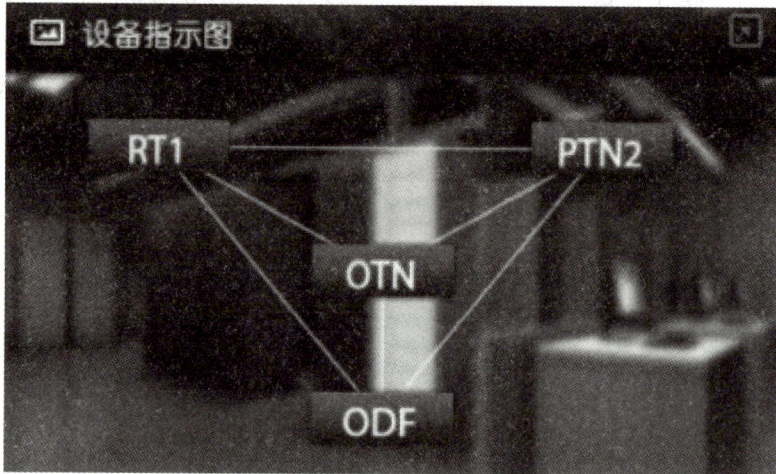

图 1.3.13　万绿市承载 1 区汇聚机房设备连接示意图

4. 承载网接入层设备安装

万绿市承载网接入层包括 A 站点、B 站点和 C 站点 3 个机房，室内设备布局相同，下面以 B 站点为例，对机房内部场景进行说明。从操作区右上角下拉菜单中选择"万绿市 B 站点机房"菜单项，显示万绿市 B 站点机房内部场景。仿真系统默认安装了光纤配线架，若在设备指示图中 ODF 图标没有显示，则可通过单击机房内部场景中的光纤配线架，使其图标出现在设备指示图中。

1) 万绿市 B 站点机房设备安装

单击万绿市 B 站点机房内部场景中的机柜，进入 PTN 安装界面，如图 1.3.14 所示。从设备池中拖动小型 PTN 到机柜中即可完成安装。安装成功后，设备指示图中会出现 PTN1 的图标。

2) 万绿市承载 1 区汇聚机房连接

万绿市 B 站点机房中的 PTN1 与万绿市承载 1 区汇聚机房相连，两机房距离较近，不需要使用 OTN，通过 ODF 连接即可。单击设备指示图中的任一图标显示线缆池。从线缆池中选择成对 LC-FC 光纤，单击设备指示图中的 PTN1 图标打开 PTN1 面板，单击端口 3(10 G)，单击设备指示图中的 ODF 图标打开 ODF，单击指向万绿市承载 1 区汇聚机房的端口。

图 1.3.14　万绿市 B 站点机房 PTN 安装

3) 连接万绿市 A 站点机房

万绿市 B 站点机房中的 PTN1 与万绿市 A 站点机房相连，两机房距离较近，不需要使用 OTN，通过 ODF 连接即可。从线缆池中选择成对 LC-FC 光纤，单击设备指示图中的 PTN1 图标打开 PTN1 面板，单击端口 4(10 G)；单击设备指示图中的 ODF 图标打开 ODF，单击去往万绿市 A 站点机房的端口。

到这里，万绿市 B 站点机房的设备已经安装连接完毕，操作区右上方设备指示图会显示当前机房的设备连接情况。万绿市 C 站点机房的设备配置与之相同，万绿市 A 站点机房的设备安装连接在无线网及核心网配置中已完成，此处不再赘述。万绿市承载网的设备也已经安装连接完毕，千湖市和百山市承载网的设备安装连接方法与万绿市相同，此处不再赘述。

任务 3　Pre5G 承载网数据配置

1. 省骨干网数据配置

启动并登录仿真软件，单击"数据配置"标签，从操作区右上角下拉菜单中选择"省骨干网承载机房"菜单项，进入省骨干网承载机房数据配置界面，它由"配置节点""命令导航"和"参数配置"3 个区域组成。"配置节点"区进行网元类别的选择；"命令导航"区可随着网元节点的切换，以树状形式显示不同的命令；"参数配置"区可根据网元节点以及命令的选择，提供对应参数的输入及修改。

1) 省骨干网承载机房中 OTN 配置

在"配置节点"区选择"OTN"，在"命令导航"区选择"频率配置"，单击"参数配置"区中的"+"可添加数据，单击"参数配置"区中的"×"可删除数据。依据规划输入参数，如图 1.3.15 所示。单击"确定"按钮保存数据。

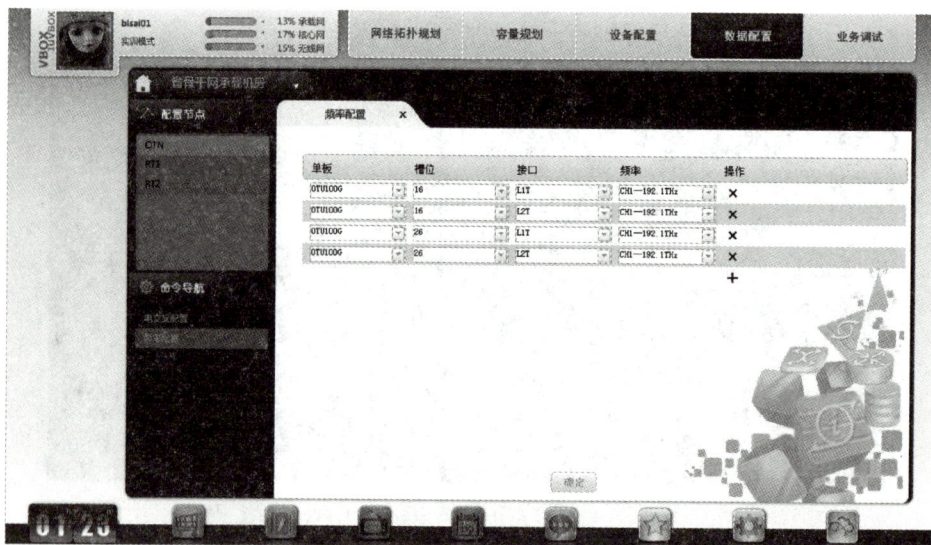

图 1.3.15　省骨干网承载机房中 OTN 频率配置

2) 省骨干网承载机房中 RT1 配置

(1) 物理接口配置。在"配置节点"区选择"RT1"，在"命令导航"区选择"物理接口配置"，在"参数配置"区输入物理接口配置参数，如图 1.3.16 所示。

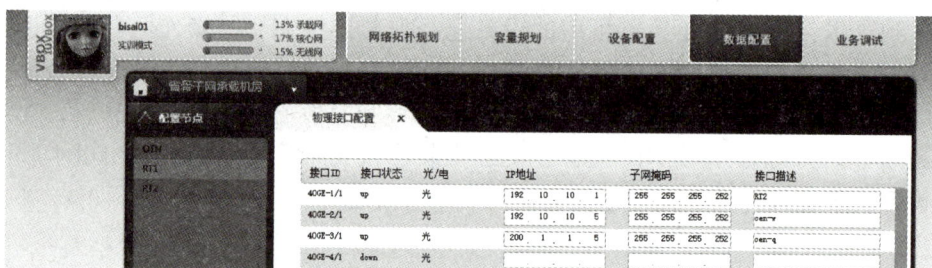

图 1.3.16　省骨干网承载机房中 RT1 物理接口配置

注意：端口连线后接口状态会显示为"up"，此时才能进行数据配置，接口状态为"down"时不能配置数据。

(2) 逻辑接口配置。在"命令导航"区选择"逻辑接口配置"，打开下一级命令菜单，选择"配置 loopback 接口"，在"参数配置"区输入 loopback 地址，如图 1.3.17 所示。

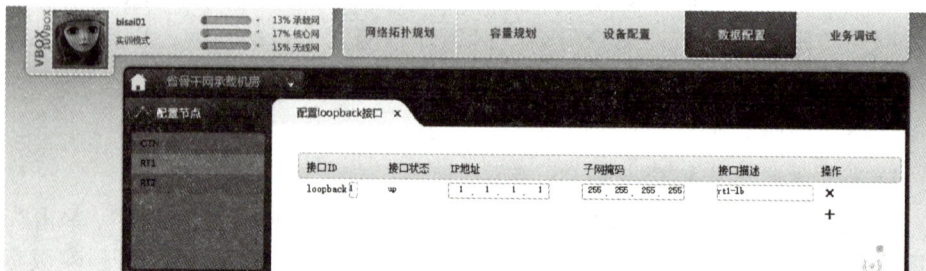

图 1.3.17　省骨干网承载机房中 RT1 的 loopback 地址

(3) OSPF 路由配置。

① OSPF 全局配置。在"命令导航"区选择"OSPF 路由配置"，打开下一级命令菜单，选择"OSPF 全局配置"，在"参数配置"区输入 OSPF 全局配置参数，如图 1.3.18 所示。其中，router-id 就是 loopback 地址，全局 OSPF 状态应设置为"启用"。

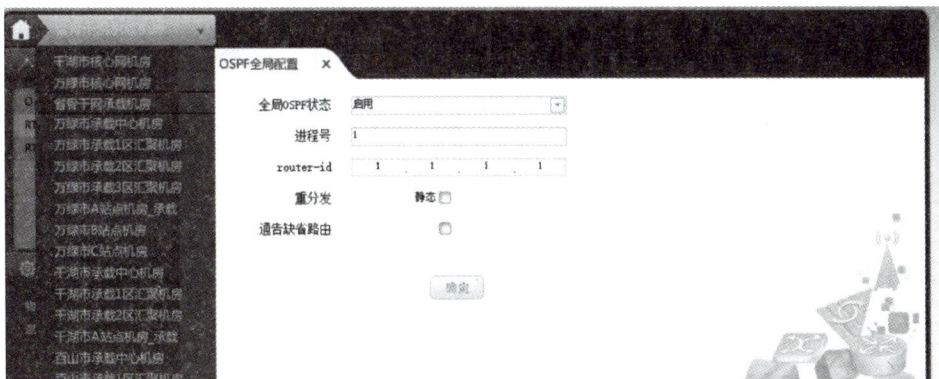

图 1.3.18　省骨干网承载机房中 RT1 的 OSPF 全局配置

② OSPF 接口配置。在"命令导航"区选择"OSPF 路由配置"，打开下一级命令菜单，选择"OSPF 接口配置"，在"参数配置"区输入 OSPF 接口配置参数，如图 1.3.19 所示。注意，所有接口的 OSPF 状态均应设置为"启用"。

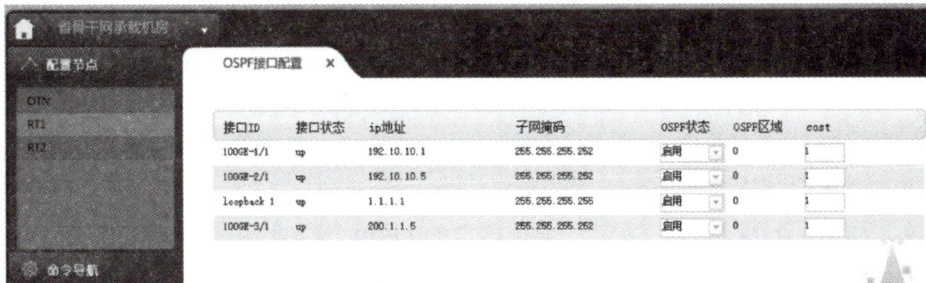

图 1.3.19　省骨干网承载机房中 RT1 的 OSPF 接口配置

3) 省骨干网承载机房中 RT2 配置

(1) 物理接口配置。在"配置节点"区选择"RT2"，在"命令导航"区选择"物理接口配置"，在"参数配置"区输入物理接口配置参数，如图 1.3.20 所示。

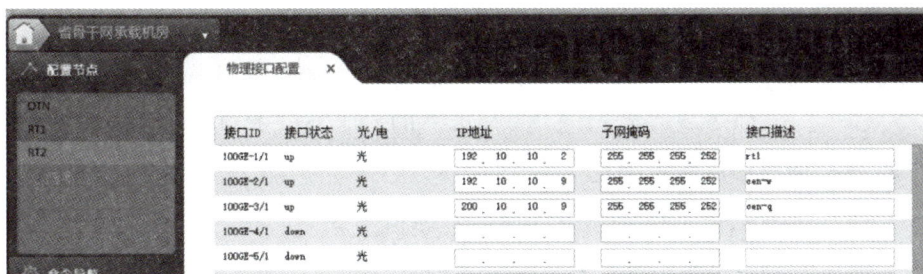

图 1.3.20　省骨干网承载机房中 RT2 的物理接口配置

（2）逻辑接口配置。在"命令导航"区选择"逻辑接口配置"，打开下一级命令菜单，选择"配置 loopback 接口"，在"参数配置"区输入 loopback 地址，如图 1.3.21 所示。

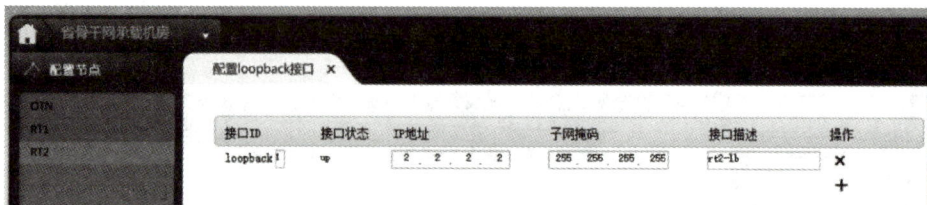

图 1.3.21　省骨干网承载机房中 RT2 的 loopback 地址

（3）OSPF 路由配置。

① OSPF 全局配置。在"命令导航"区选择"OSPF 路由配置"，打开下一级命令菜单，选择"OSPF 全局配置"，在"参数配置"区输入 OSPF 全局配置参数，如图 1.3.22 所示。其中，router-id 就是 loopback 地址；全局 OSPF 状态应设置为"启用"。

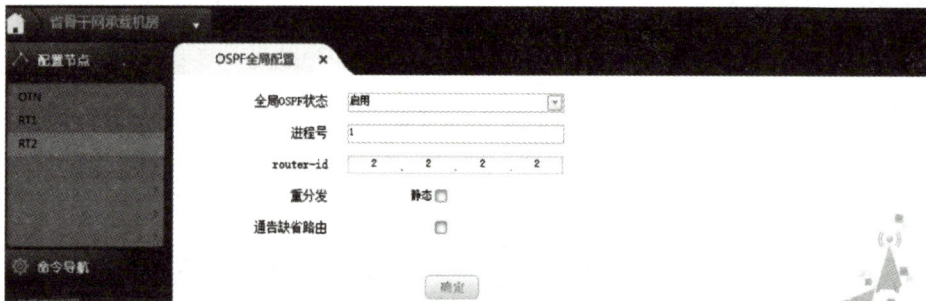

图 1.3.22　省骨干网承载机房中 RT2 的 OSPF 全局配置

② OSPF 接口配置。在"命令导航"区选择"OSPF 路由配置"，打开下一级命令菜单，选择"OSPF 接口配置"，在"参数配置"区输入 OSPF 接口配置参数，如图 1.3.23 所示。注意，所有接口的 OSPF 状态均应设置为"启用"。

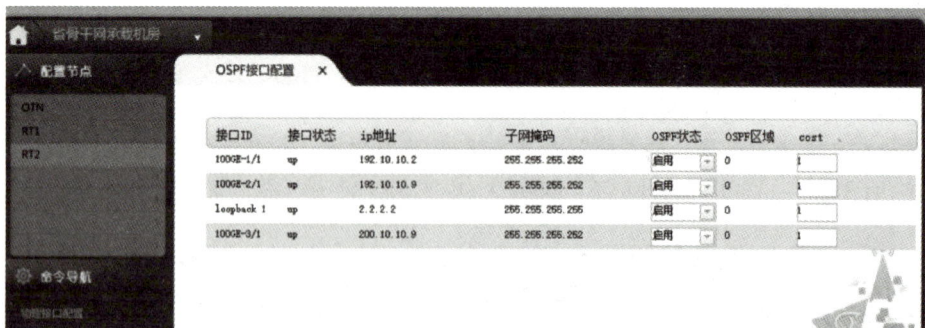

图 1.3.23　省骨干网承载机房中 RT2 的 OSPF 接口配置

2. 承载网核心层数据配置

从操作区右上角下拉菜单中选择"万绿市承载中心机房"菜单项，进入万绿市承载中心机房数据配置界面，它由"配置节点""命令导航"和"参数配置"3个区域组成，如图 1.3.24 所示。

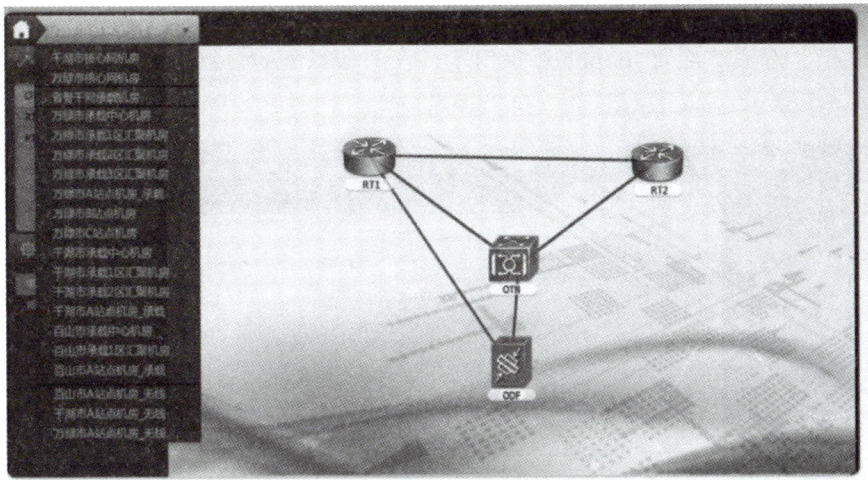

图 1.3.24 万绿市承载中心机房数据配置界面

1) 万绿市承载中心机房中 OTN 配置

在"配置节点"区选择"OTN",在"命令导航"区选择"频率配置",单击"参数配置"区中的"+"可添加数据,单击"参数配置"区中的"×"可删除数据。依据规划输入参数,如图 1.3.25 所示。

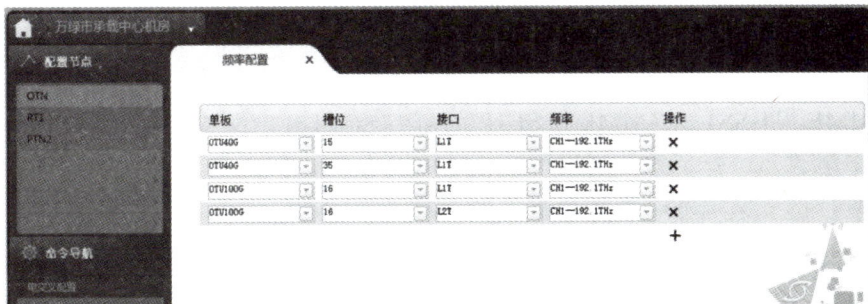

图 1.3.25 万绿市承载中心机房中 OTN 的频率配置

2) 万绿市承载中心机房中 RT1 配置

(1) 物理接口配置。在"配置节点"区选择"RT1",在"命令导航"区选择"物理接口配置",在"参数配置"区输入物理接口地址,如图 1.3.26 所示。

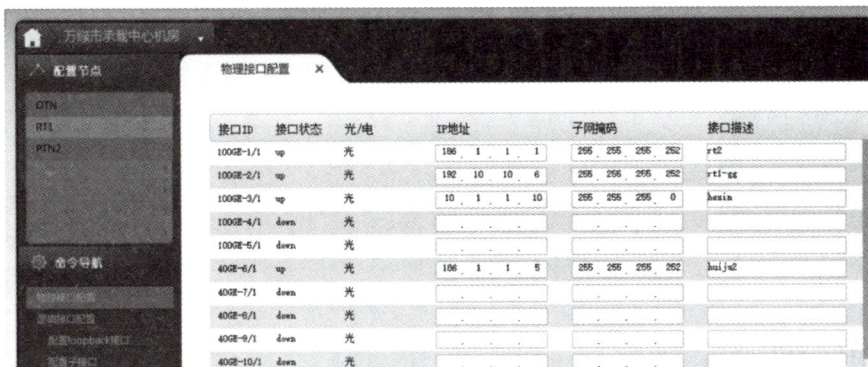

图 1.3.26 万绿市承载中心机房中 RT1 的物理接口配置

(2) 逻辑接口配置。在"命令导航"区选择"逻辑接口配置"，打开下一级命令菜单，选择"配置 loopback 接口"，在"参数配置"区输入 loopback 地址，如图 1.3.27 所示。

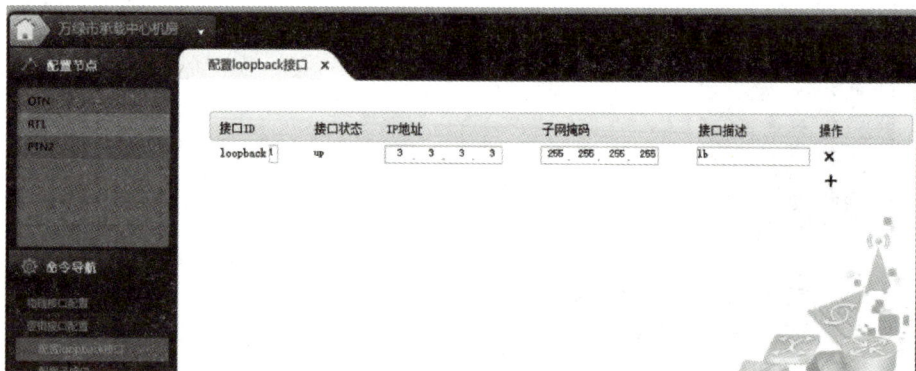

图 1.3.27　万绿市承载中心机房中 RT1 的 loopback 地址

(3) 静态路由配置。万绿市承载网通过承载中心机房中的 RT1 与万绿市核心网连接。由于核心网网元不支持 OSPF 动态路由协议，因此 RT1 应向核心网设备的协议接口配置静态路由，并在"OSPF 全局配置"中将重分发功能设置为静态，使承载网中的其他交换设备能够通过静态路由找到核心网设备的协议接口。因为承载网用于核心网 (MME 和 SGW) 与 eNodeB 之间、两核心网 MME 之间以及不同核心网 MME 与 HSS 之间，所以要在 RT1 中分别配置去往 S10、S6a(MME 和 HSS)、S1-MME 和 SI-U 接口的静态路由。在"命令导航"区选择"静态路由配置"，在"参数配置"区添加静态路由，如图 1.3.28 所示。静态路由较多时，也可使用网络地址将多个路由合并在一起。例如，可将图 1.3.28 中的前 3 个静态路由合为一个，目的地址为"3.1.1.10"。

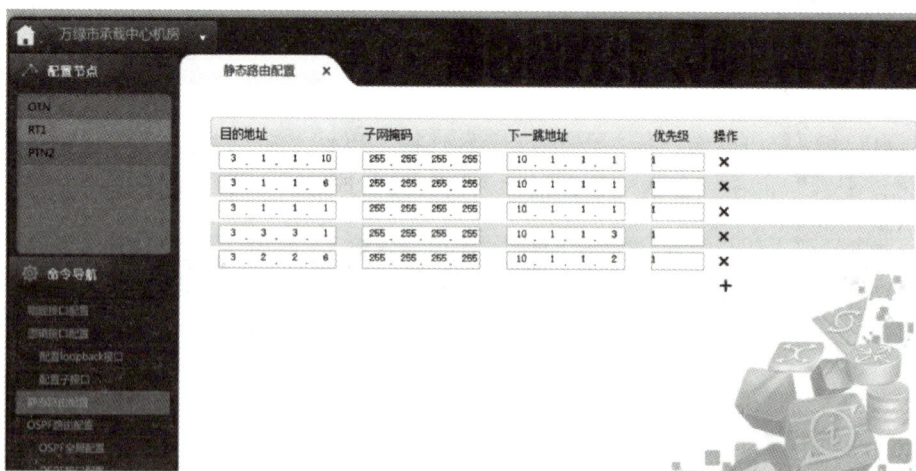

图 1.3.28　万绿市承载中心机房中 RT1 的静态路由配置

(4) OSPF 路由配置。

① OSPF 全局配置。在"命令导航"区选择"OSPF 路由配置"，打开下一

级命令菜单，选择"OSPF 全局配置"。在"参数配置"区输入 OSPF 全局配置参数，如图 1.3.29 所示。其中，router-id 就是 loopback 地址；全局 OSPF 状态应设置为"启用"；勾选重分发后面的"静态"复选框。

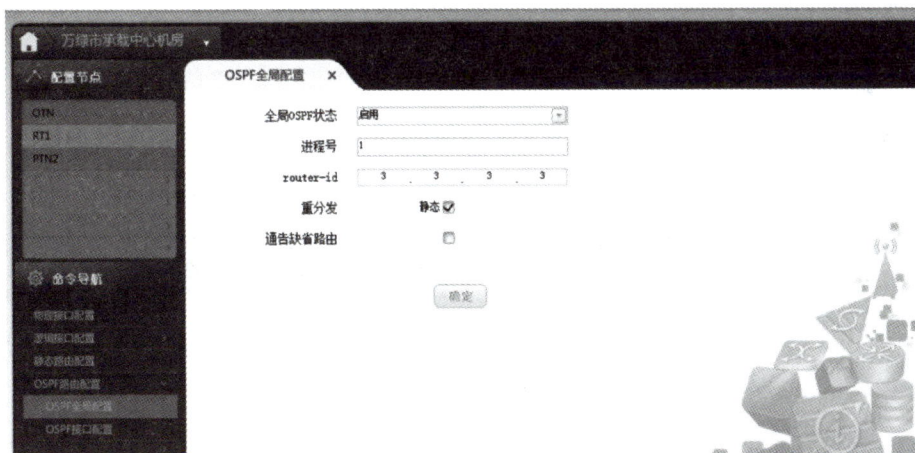

图 1.3.29　万绿市承载中心机房中 RT1 的 OSPF 全局配置

② OSPF 接口配置。在"命令导航"区选择"OSPF 路由配置"，打开下一级命令菜单，选择"OSPF 接口配置"，在"参数配置"区输入 OSPF 接口配置参数，如图 1.3.30 所示。注意，所有接口的 OSPF 状态均应设置为"启用"。

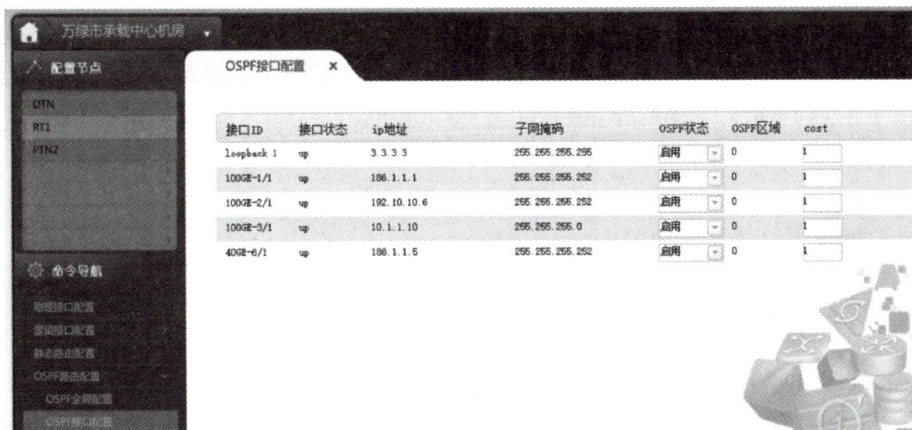

图 1.3.30　万绿市承载中心机房中 RT1 的 OSPF 接口配置

3) 万绿市承载中心机房中 RT2 配置

(1) 物理接口配置。在"配置节点"区选择"RT2"，在"命令导航"区选择"物理接口配置"，在"参数配置"区输入物理接口地址，如图 1.3.31 所示。

(2) 逻辑接口配置。在"命令导航"区选择"逻辑接口配置"，打开下一级命令菜单，选择"配置 loopback 接口"，在"参数配置"区输入 loopback 地址，如图 1.3.32 所示。

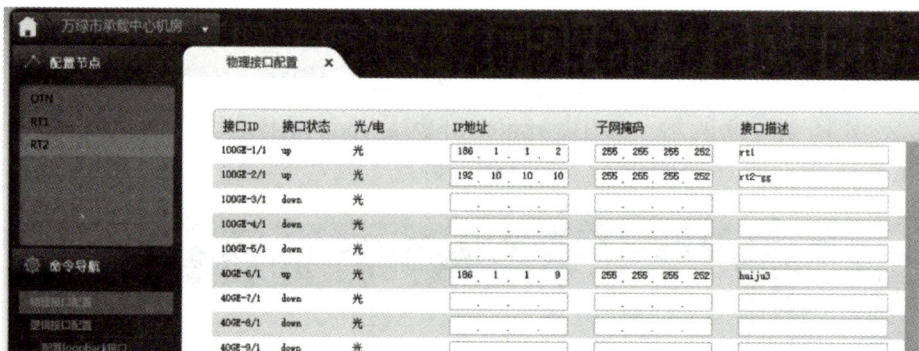

图 1.3.31　万绿市承载中心机房中 RT2 的物理接口配置

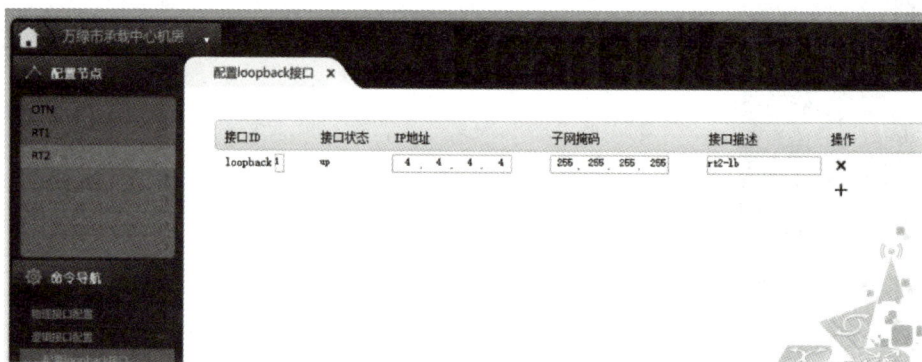

图 1.3.32　万绿市承载中心机房中 RT2 的 loopback 地址

(3) OSPF 路由配置。

① OSPF 全局配置。在"命令导航"区选择"OSPF 路由配置",打开下一级命令菜单,选择"OSPF 全局配置",在"参数配置"区输入 OSPF 全局参数,如图 1.3.33 所示。其中,router-id 就是 loopback 地址,全局 OSPF 状态应设置为"启用"。

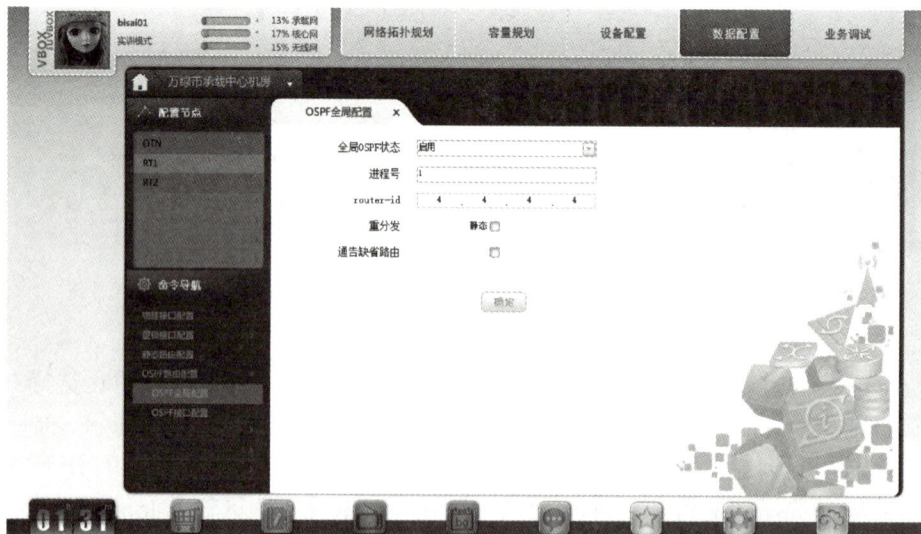

图 1.3.33　万绿市承载中心机房中 RT2 的 OSPF 全局参数

② OSPF 接口配置。在"命令导航"区选择"OSPF 路由配置",打开下一级命令菜单,选择"OSPF 接口配置",在"参数配置"区输入 OSPF 接口参数,如图 1.3.34 所示。注意,所有接口的 OSPF 状态均应设置为"启用"。

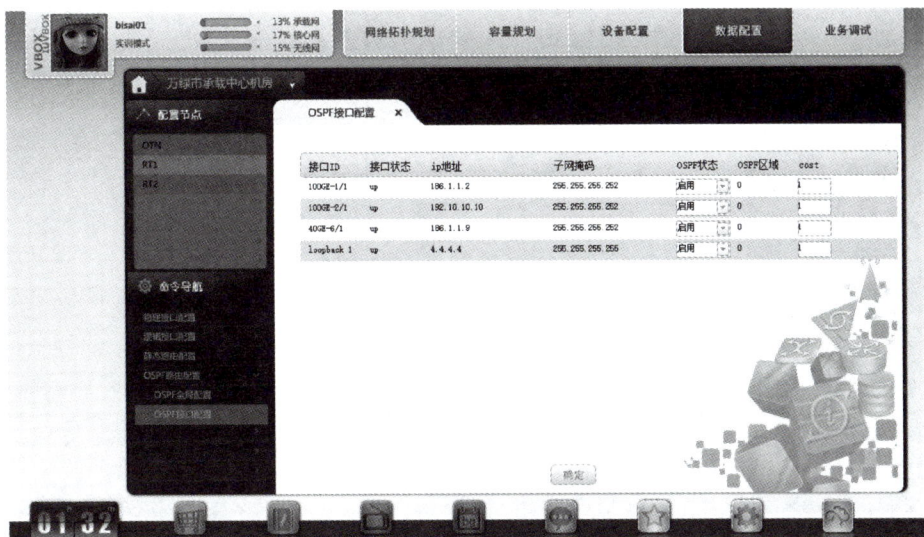

图 1.3.34　万绿市承载中心机房中 RT2 的 OSPF 接口配置

4) 承载网汇聚层数据配置

万绿市承载网汇聚层包括 1 区、2 区和 3 区 3 个机房。从操作区右上角下拉菜单中选择"万绿市承载 2 区汇聚机房"菜单项,进入万绿市承载 2 区汇聚机房数据配置界面,它由"配置节点""命令导航"和"参数配置"3 个区域组成,如图 1.3.35 所示。万绿市承载 3 区汇聚机房数据配置界面与万绿市承载 2 区的相同。

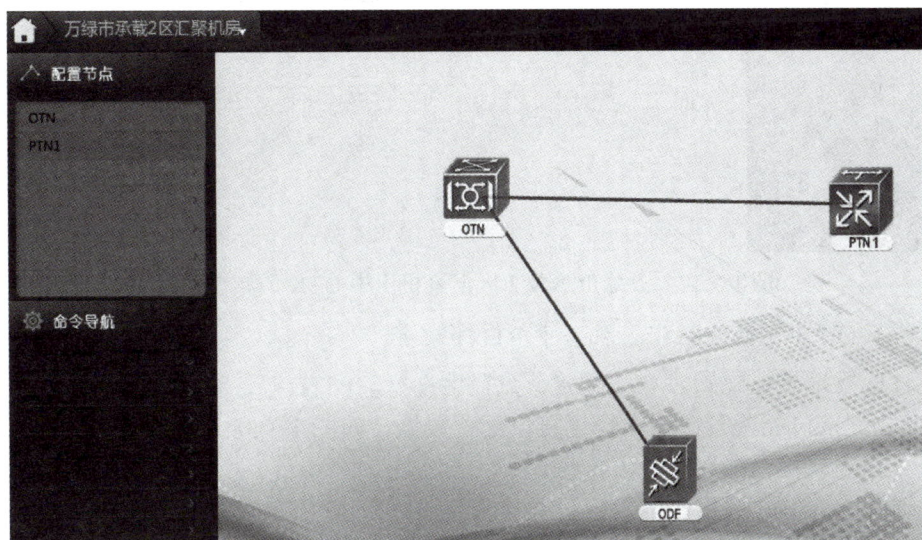

图 1.3.35　万绿市承载 2 区汇聚机房数据配置界面

若从操作区右上角下拉菜单中选择"万绿市承载 1 区汇聚机房"菜单项，则可进入万绿市承载 1 区汇聚机房数据配置界面，它也由"配置节点""命令导航"和"参数配置"3 个区域组成，如图 1.3.36 所示。

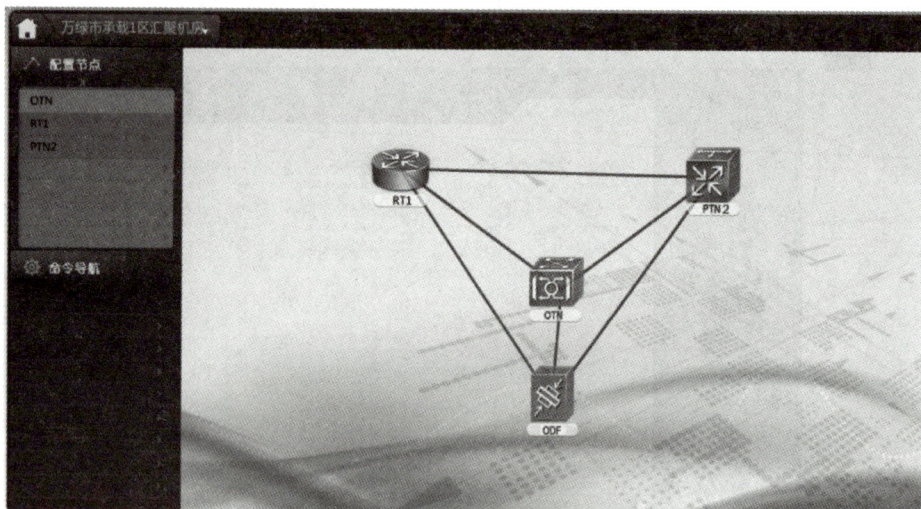

图 1.3.36　万绿市承载 1 区汇聚机房数据配置界面

5) 万绿市承载 2 区汇聚机房中 OTN 配置

在"配置节点"区选择"OTN"，进入万绿市承载 2 区汇聚机房数据配置界面，在"命令导航"区选择"频率配置"，单击"参数配置"区中的"+"号可添加数据，单击"参数配置"区中的"×"号可删除数据。依据规划输入参数，如图 1.3.37 所示。单击"确定"按钮保存数据。

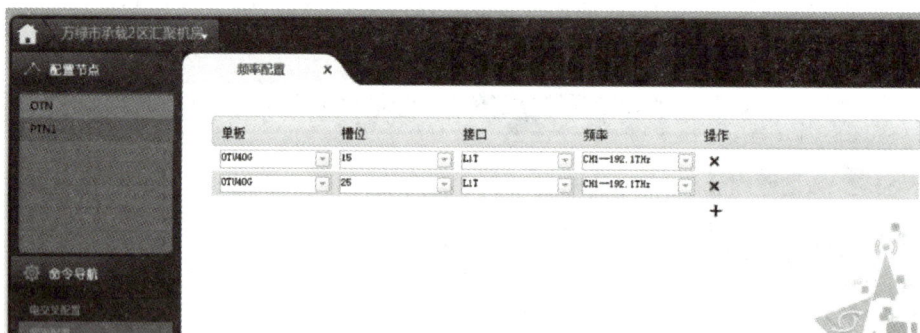

图 1.3.37　万绿市承载 2 区汇聚机房中 OTN 的频率配置

6) 万绿市承载 2 区汇聚机房中 PTN1 配置

(1) 物理接口配置。在"配置节点"区选择"PTN1"，在"命令导航"区选择"物理接口配置"，输入物理接口配置数据，如图 1.3.38 所示。

(2) 逻辑接口配置。

① loopback 接口配置。在"命令导航"区选择"逻辑接口配置"，打开下一级命令菜单，选择"配置 loopback 接口"，在"参数配置"区输入 loopback 地址，如图 1.3.39 所示。

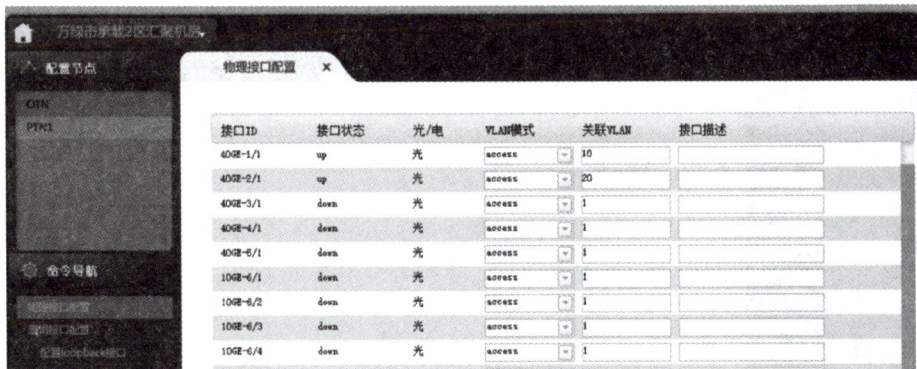

图 1.3.38　万绿市承载 2 区汇聚机房中 PTN1 的物理接口配置

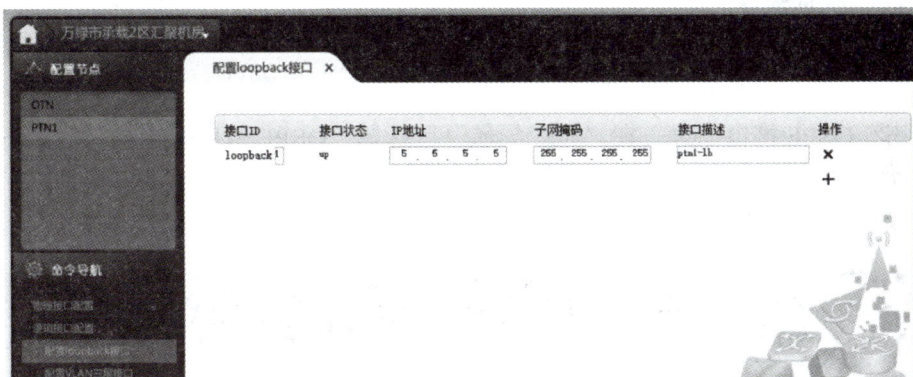

图 1.3.39　万绿市承载 2 区汇聚机房中 PTN1 的 loopback 地址

②　配置 VLAN 三层接口。在"命令导航"区选择"逻辑接口配置"，打开下一级命令菜单，选择"配置 VLAN 三层接口"，在"参数配置"区输入 VLAN 三层接口的 IP 地址，如图 1.3.40 所示。

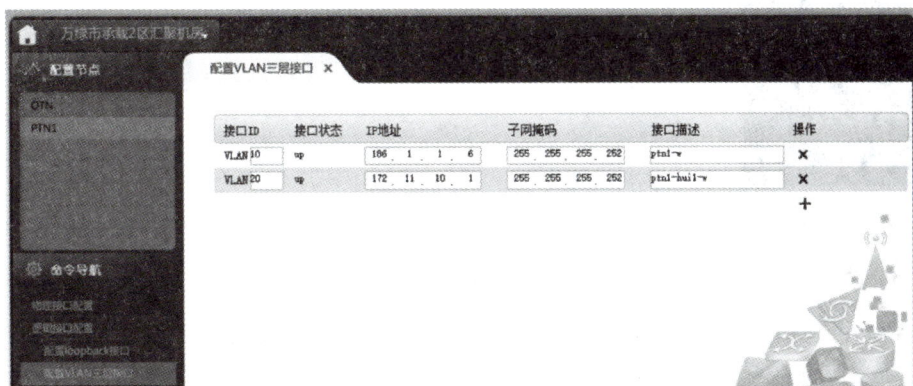

图 1.3.40　万绿市承载 2 区汇聚机房中 PTN1 的 VLAN 三层接口

(3) OSPF 路由配置。

①　OSPF 全局配置。在"命令导航"区选择"OSPF 路由配置"，打开下一级命令菜单，选择"OSPF 全局配置"，在"参数配置"区输入 OSPF 全局参数，如图 1.3.41 所示。其中，router_id 就是 loopback 地址；全局 OSPF 状态应设置为"启用"。

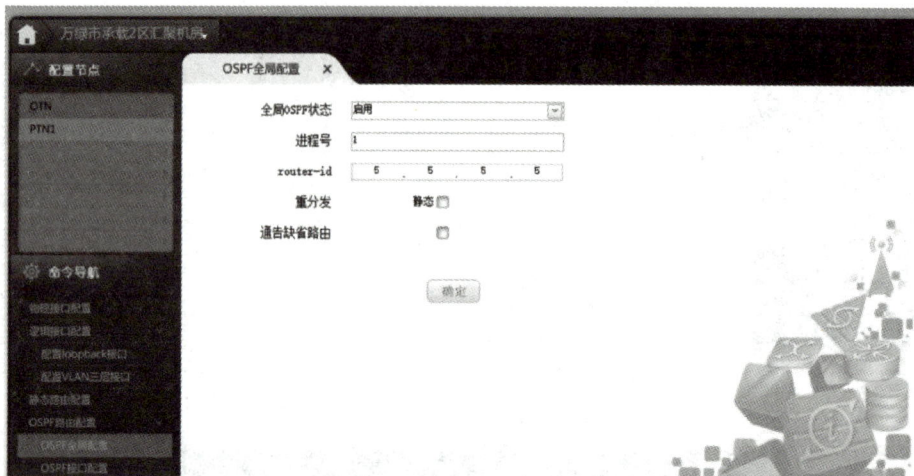

图 1.3.41　万绿市承载 2 区汇聚机房中 PTN1 的 OSPF 全局配置

② OSPF 接口配置。在"命令导航"区选择"OSPF 路由配置"，打开下一级命令菜单，选择"OSPF 接口配置"，在"参数配置"区输入 OSPF 接口配置参数，如图 1.3.42 所示。注意，所有接口的 OSPF 状态均应设置为"启用"。

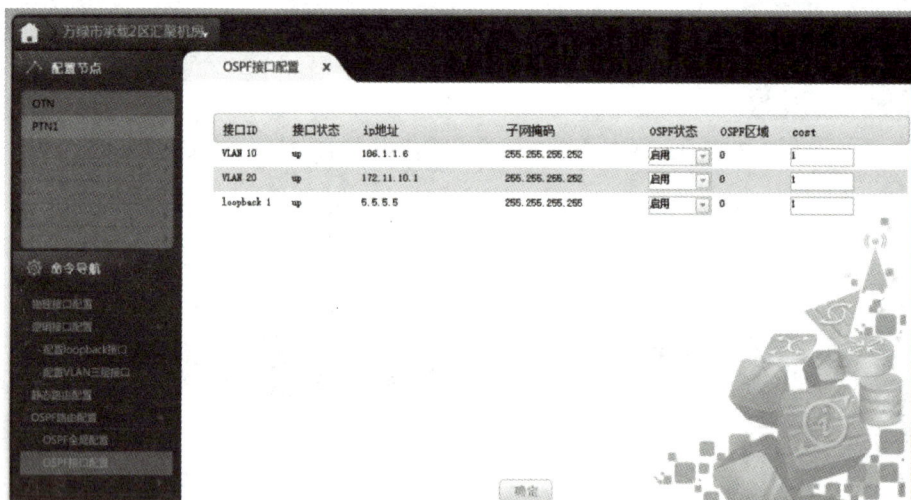

图 1.3.42　万绿市承载 2 区汇聚机房中 PTN1 的 OSPF 接口配置

7) 万绿市承载 3 区汇聚机房中 OTN 配置

进入万绿市承载 3 区汇聚机房数据配置界面，在"配置节点"区选择"OTN"，在"命令导航"区选择"频率配置"，单击"参数配置"区中的"+"可添加数据，单击"参数配置"区中的"×"可删除数据。依据规划输入参数，如图 1.3.43 所示。单击"确定"按钮保存数据。

8) 万绿市承载 3 区汇聚机房中 PTN1 配置

(1) 物理接口配置。在"配置节点"区选择"PTN1"，在"命令导航"区选择"物理接口配置"，在"参数配置"区输入物理接口配置参数，如图 1.3.44 所示。

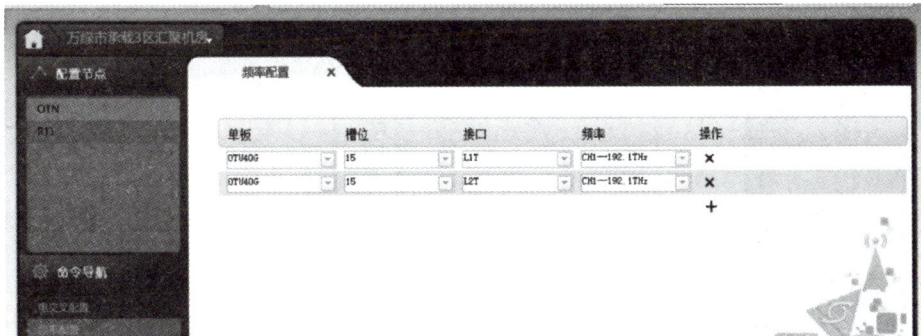

图 1.3.43 万绿市承载 3 区汇聚机房中 OTN 的频率配置

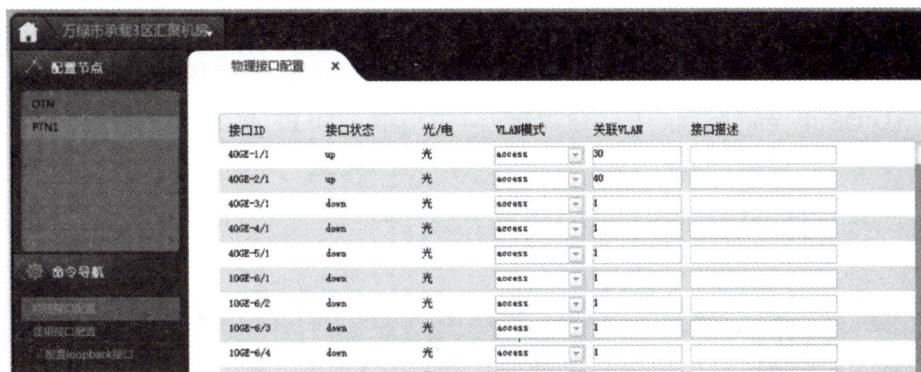

图 1.3.44 万绿市承载 3 区汇聚机房中 PTN1 的物理接口配置

(2) 逻辑接口配置。

① 配置 loopback 接口。在"命令导航"区选择"逻辑接口配置",打开下一级命令菜单,选择"配置 loopback 接口",在"参数配置"区输入 loopback 地址,如图 1.3.45 所示。

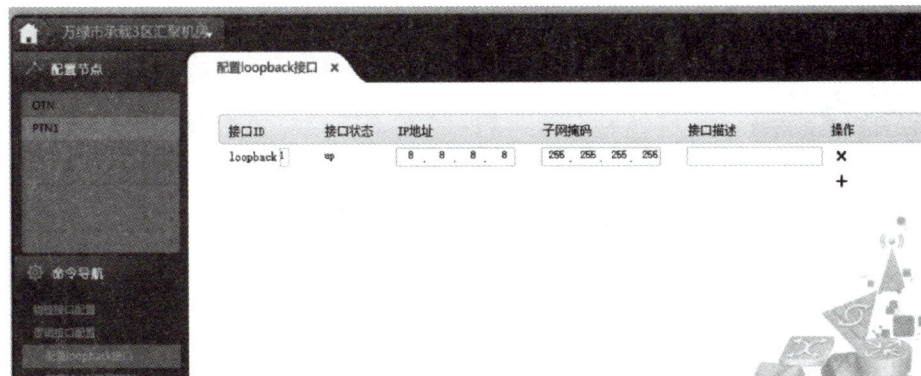

图 1.3.45 万绿市承载 3 区汇聚机房中 PTN1 的 loopback 地址

② 配置 VLAN 三层接口。在"命令导航"区选择"逻辑接口配置",打开下一级命令菜单,选择"配置 VLAN 三层接口",在"参数配置"区输入 VLAN 三层接口的 IP 地址,如图 1.3.46 所示。

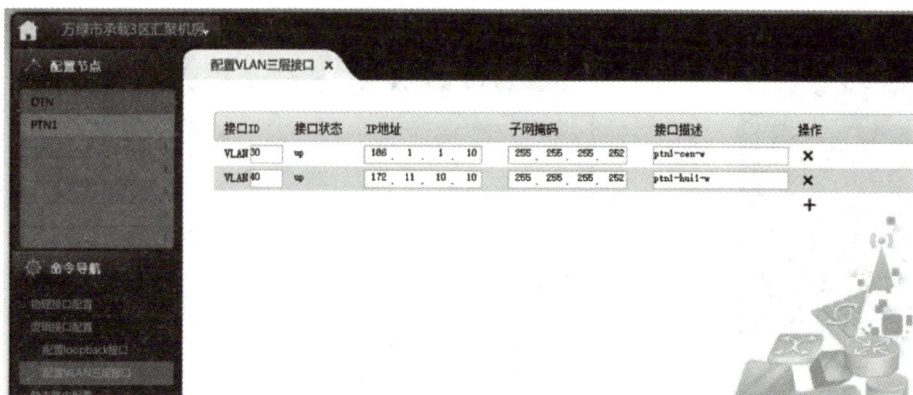

图 1.3.46　万绿市承载 3 区汇聚机房中 PTN1 的 VLAN 三层接口配置

(3) OSPF 路由配置。

① OSPF 全局配置。在"命令导航"区选择"OSPF 路由配置",打开下一级命令菜单,选择"OSPF 全局配置",在"参数配置"区输入 OSPF 全局配置参数,如图 1.3.47 所示。其中,router-id 就是 loopback 地址;全局 OSPF 状态应设置为"启用"。

图 1.3.47　万绿市承载 3 区汇聚机房中 PTN1 的 OSPF 全局配置

② OSPF 接口配置。在"命令导航"区选择"OSPF 路由配置",打开下一级命令菜单,选择"OSPF 接口配置",在"参数配置"区输入 OSPF 接口配置参数,如图 1.3.48 所示。注意,所有接口的 OSPF 状态均应设置为"启用"。

9) 万绿市承载 1 区汇聚机房中 OTN 配置

进入万绿市承载 1 区汇聚机房数据配置界面,在"配置节点"区选择"OTN",在"命令导航"区选择"频率配置",单击"参数配置"区中的"+"可添加数据,单击"参数配置"区中的"×"可删除数据。依据规划输入参数,如图 1.3.49 所示。单击"确定"按钮保存数据。

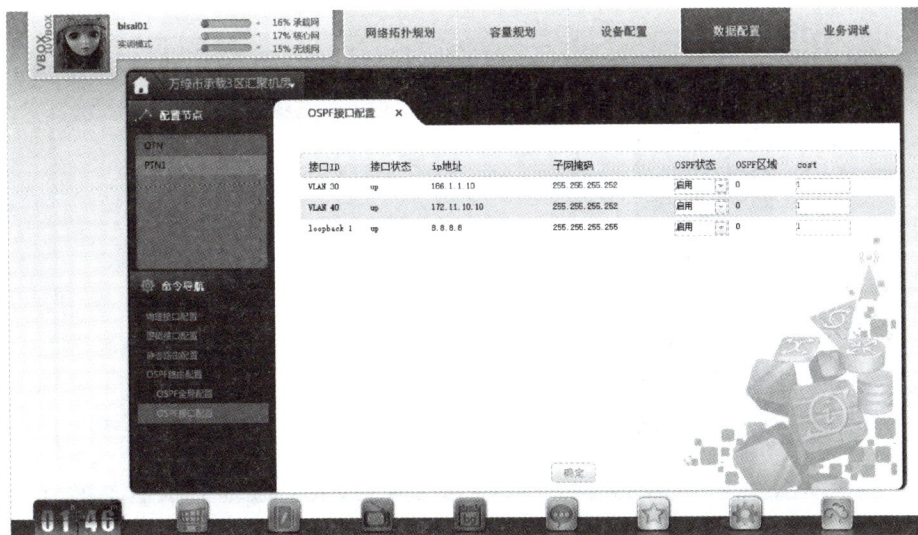

图 1.3.48　万绿市承载 3 区汇聚机房中 PTN1 的 OSPF 接口配置

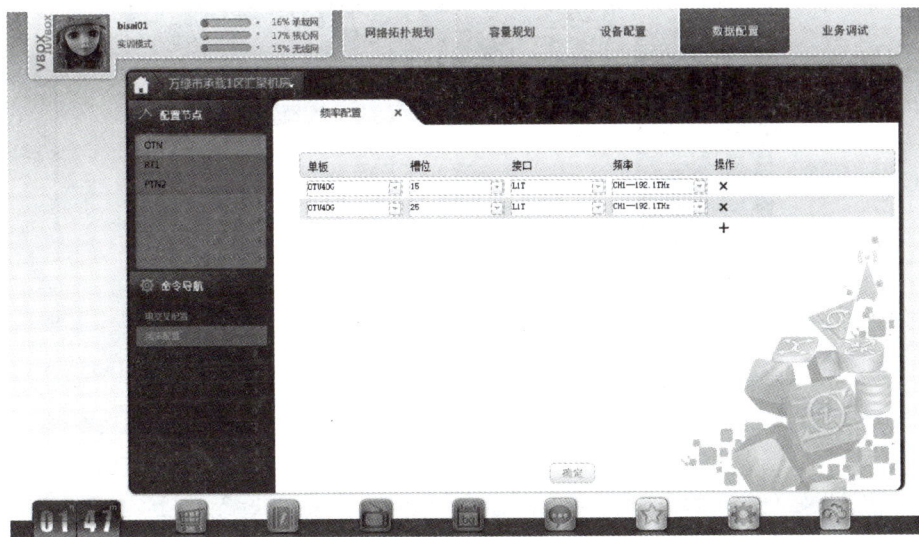

图 1.3.49　万绿市承载 1 区汇聚机房中 OTN 的频率配置

10) 万绿市承载 1 区汇聚机房中 RT1 配置

(1) 物理接口配置。在"配置节点"区选择"RT1"，在"命令导航"区选择"物理接口配置"，在"参数配置"区输入物理接口地址，如图 1.3.50 所示。

(2) 逻辑接口配置。在"配置节点"区选择 RT1，在"命令导航"区选择"逻辑接口配置"，打开下一级命令菜单，选择"配置 loopback 接口"，在"参数配置"区输入 loopback 地址，如图 1.3.51 所示。

(3) OSPF 路由配置。

① OSPF 全局配置。在"命令导航"区选择"OSPF 路由配置"，打开下一级命令菜单，选择"OSPF 全局配置"，在"参数配置"区输入 OSPF 全局参数，如图 1.3.52 所示。其中，router-id 就是 loopback 地址；全局 OSPF 状态应设置为"启用"。

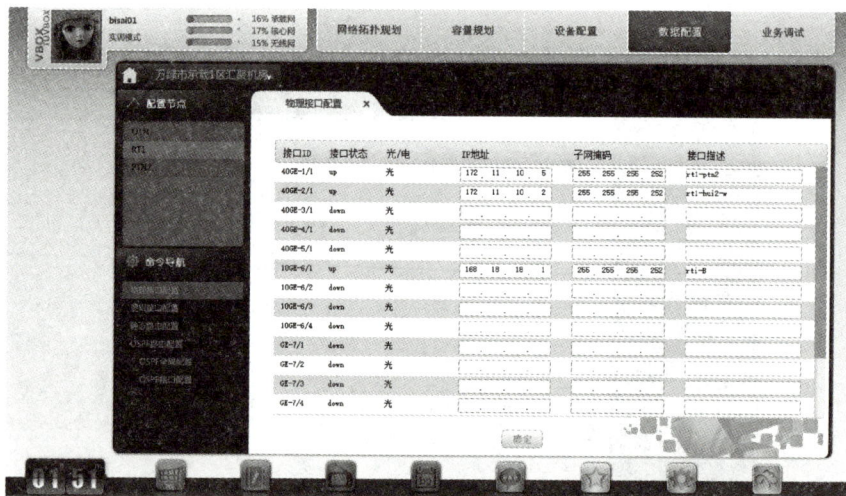

图 1.3.50　万绿市承载 1 区汇聚机房中 RT1 的物理接口配置

图 1.3.51　万绿市承载 1 区汇聚机房中 RT1 的 loopback 地址

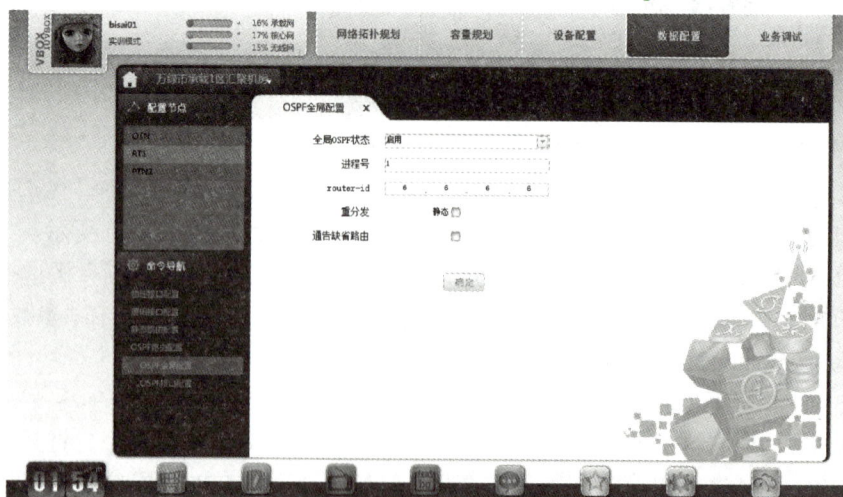

图 1.3.52　万绿市承载 1 区汇聚机房中 RT1 的 OSPF 全局参数

② 在"命令导航"区选择"OSPF路由配置",打开下一级命令菜单,选择"OSPF接口配置",在"参数配置"区输入 OSPF 接口参数,如图 1.3.53 所示。注意,所有接口的 OSPF 状态均应设置为"启用"。

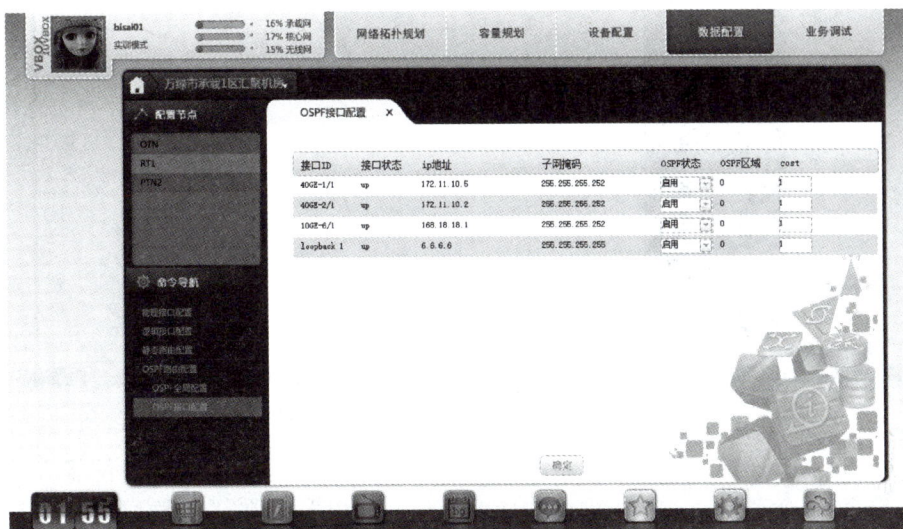

图 1.3.53　万绿市承载 1 区汇聚机房中 RT1 的 OSPF 接口配置

11) 万绿市承载 1 区汇聚机房中 PTN2 配置

(1) 物理接口配置。在"配置节点"区选择"PTN2",在"命令导航"区选择"物理接口配置",在"参数配置"区输入物理接口地址,如图 1.3.54 所示。

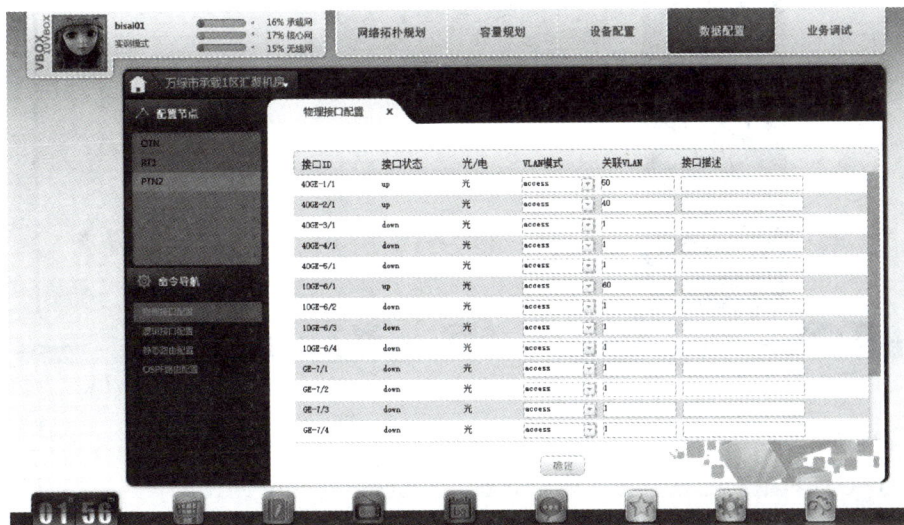

图 1.3.54　万绿市承载 1 区汇聚机房中 PTN2 的物理接口配置

(2) 逻辑接口配置。

① 在"命令导航"区选择"逻辑接口配置",打开下一级命令菜单,选择"配置 loopback 接口",在"参数配置"区输入 loopback 地址,如图 1.3.55 所示。

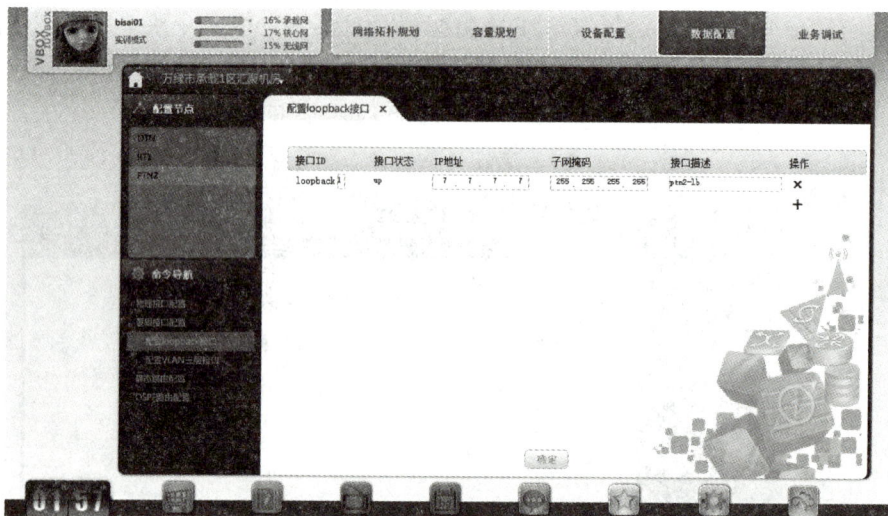

图 1.3.55　万绿市承载 1 区汇聚机房中 PTN2 的 loopback 地址

② VLAN 三层接口配置。在"命令导航"区选择"逻辑接口配置"，打开下一级命令菜单，选择"配置 VLAN 三层接口"，在"参数配置"区输入 VLAN 三层接口的 IP 地址，如图 1.3.56 所示。

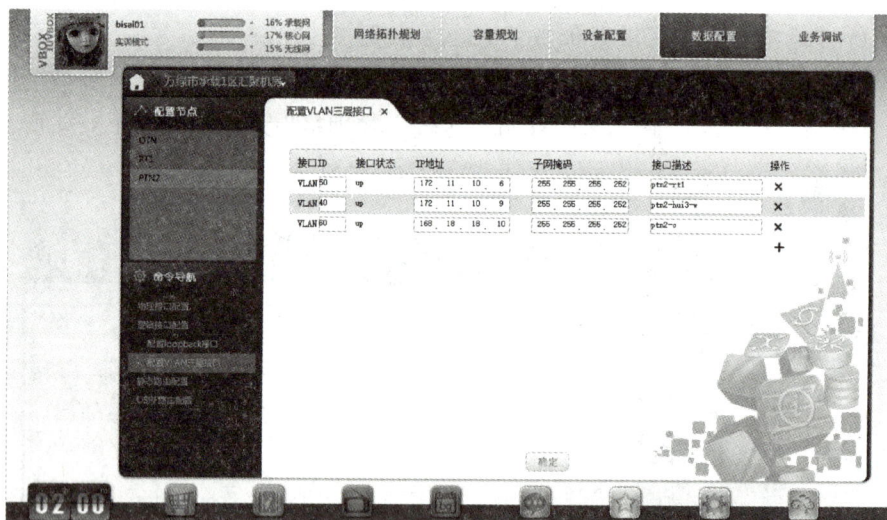

图 1.3.56　万绿市承载 1 区汇聚机房中 PTN2 的 VLAN 三层接口配置

(3) OSPF 路由配置。

① OSPF 全局配置。在"命令导航"区选择"OSPF 路由配置"，打开下一级命令菜单，选择"OSPF 全局配置"，在"参数配置"区输入 OSPF 全局参数，如图 1.3.57 所示。其中，router-id 就是 loopback 地址；全局 OSPF 状态应设置为"启用"。

② OSPF 接口配置。在"命令导航"区选择"OSPF 路由配置"，打开下一级命令菜单，选择"OSPF 接口配置"，在"参数配置"区输入 OSPF 接口参数，如图 1.3.58 所示。注意，所有接口的 OSPF 状态均应设置为"启用"。

图 1.3.57 万绿市承载 1 区汇聚机房中 PTN2 的 OSPF 全局配置

图 1.3.58 万绿市承载 1 区汇聚机房中 PTN2 的 OSPF 接口配置

3. 承载网接入层数据配置

万绿市承载网接入层包括 A 站点、B 站点和 C 站点 3 个机房。从操作区右上角下拉菜单中选择"万绿市 B 站点机房"菜单项,进入万绿市 B 站点机房数据配置界面,它由"配置节点""命令导航"和"参数配置"3 个区域组成,如图 1.3.59 所示。万绿市 A 站点和 C 站点机房数据配置界面与 B 站点相同。

1) 万绿市 B 站点机房中 PTN1 配置

(1) 物理接口配置。在"配置节点"区选择"PTN1",在"命令导航"区选择"物理接口配置",在"参数配置"区输入物理接口地址,如图 1.3.60 所示。注意,端口连线后会显示为"up"状态,此时才能进行数据配置,端口为"down"状态时不能进行数据配置。

图 1.3.59　万绿市 B 站点机房数据配置界面

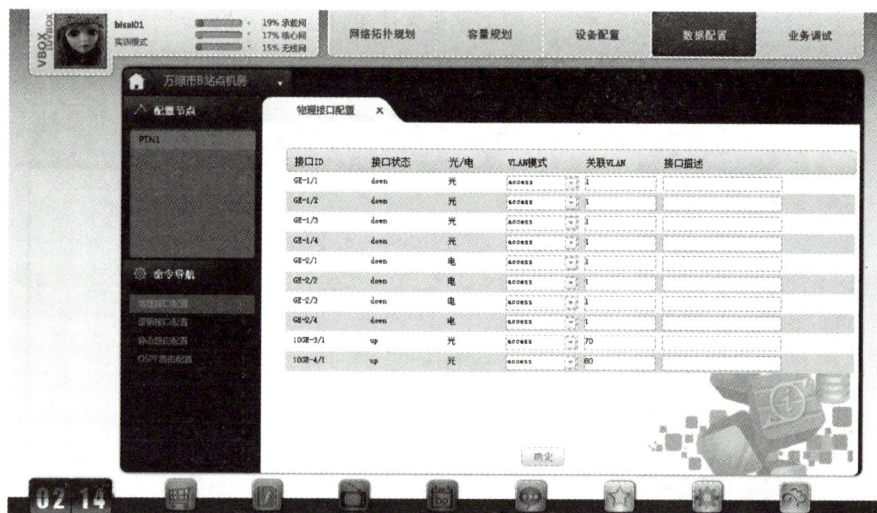

图 1.3.60　万绿市 B 站点机房中 PTN1 的物理接口配置

(2) 逻辑接口配置。

① loopback 接口配置。在"命令导航"区选择"逻辑接口配置",打开下一级命令菜单,选择"配置 loopback 接口",在"参数配置"区输入 loopback 地址,如图 1.3.61 所示。

② VLAN 三层接口配置。在"命令导航"区选择"逻辑接口配置",打开下一级命令菜单,选择"配置 VLAN 三层接口",在"参数配置"区输入 VLAN 三层接口的 IP 地址,如图 1.3.62 所示。

(3) OSPF 路由配置。

① OSPF 全局配置。在"命令导航"区选择"OSPF 路由配置",打开下一级命令菜单,选择"OSPF 全局配置"。在"参数配置"区输入 OSPF 全局参数,如图 1.3.63 所示。其中,router-id 就是 loopback 地址;全局 OSPF 状态应设置为"启用"。

图 1.3.61　万绿市 B 站点机房中 PTN1 的 loopback 地址配置

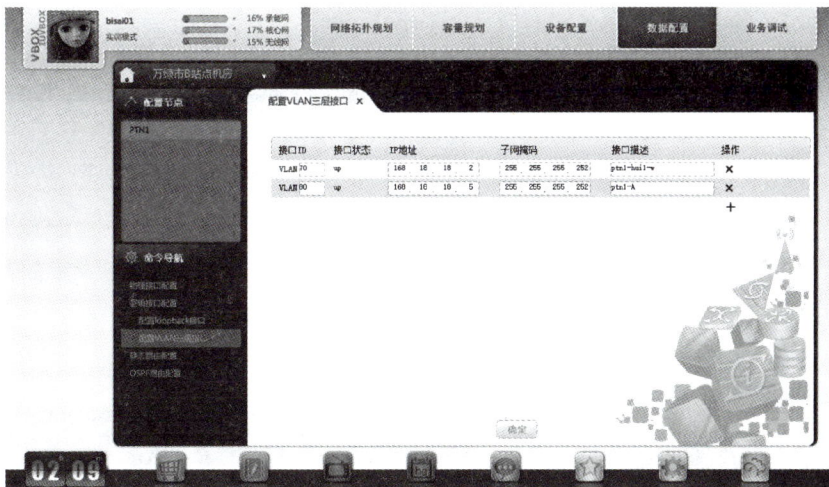

图 1.3.62　万绿市 B 站点机房中 PTN1 的 VLAN 三层接口配置

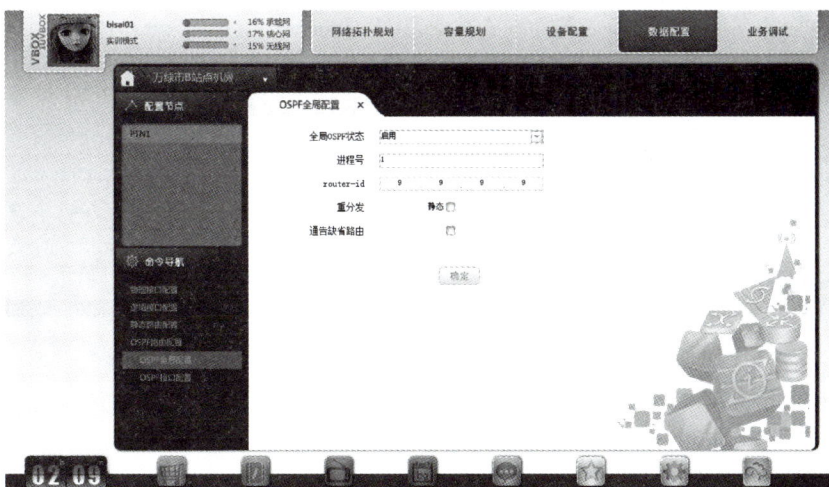

图 1.3.63　万绿市 B 站点机房中 PTN1 的 OSPF 全局配置

② OSPF 接口配置。在"命令导航"区选择"OSPF 路由配置",打开下一级命令菜单,选择"OSPF 接口配置",在"参数配置"区输入 OSPF 接口参数,如图 1.3.64 所示。注意,所有接口的 OSPF 状态均应设置为"启用"。

图 1.3.64　万绿市 B 站点机房中 PTN1 的 OSPF 接口配置

2) 万绿市 C 站点机房中 PTN1 配置

(1) 物理接口配置。进入万绿市 C 站点机房数据配置界面,在"配置节点"区选择"PTN1",在"命令导航"区选择"物理接口配置",在"参数配置"区输入物理接口地址,如图 1.3.65 所示。

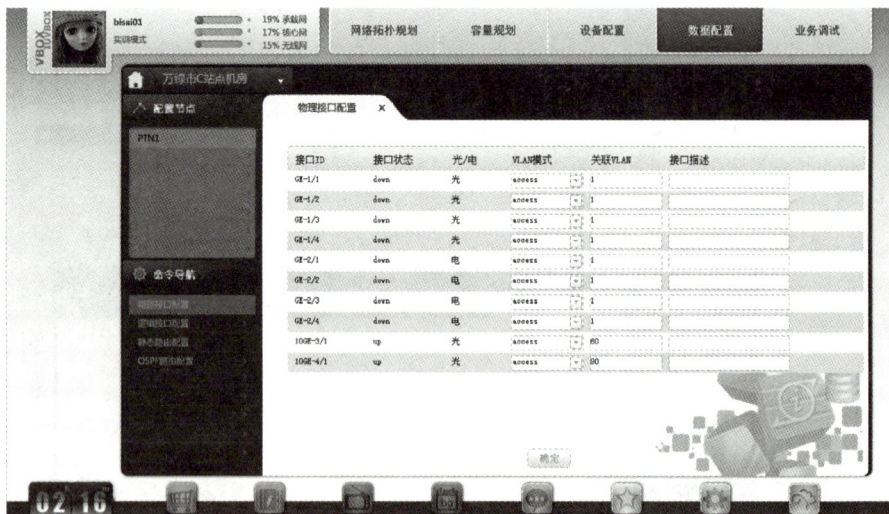

图 1.3.65　万绿市 C 站点机房中 PTN1 的物理接口配置

(2) 逻辑接口配置。

① 配置 loopback 接口。在"命令导航"区选择"逻辑接口配置",打开下一级命令菜单,选择"配置 loopback 接口",在"参数配置"区输入 loopback 地址,如图 1.3.66 所示。

图 1.3.66　万绿市 C 站点机房中 PTN1 的 loopback 地址配置

②　配置 VLAN 三层接口。在"命令导航"区选择"逻辑接口配置"，打开下一级命令菜单，选择"配置 VLAN 三层接口"，在"参数配置"区输入 VLAN 三层接口的 IP 地址，如图 1.3.67 所示。

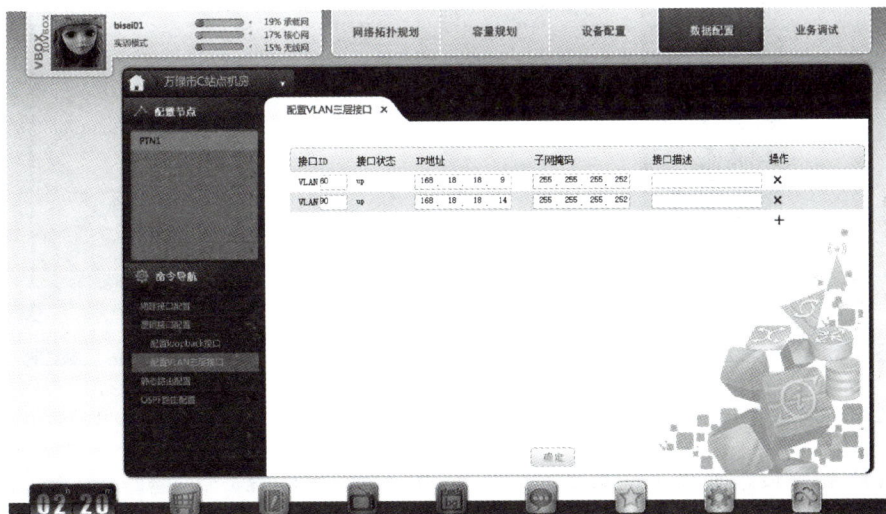

图 1.3.67　万绿市 C 站点机房中 PTN1 的 VLAN 三层接口配置

(3) OSPF 路由配置。

①　OSPF 全局配置。在"命令导航"区选择"OSPF 路由配置"，打开下一级命令菜单，选择"OSPF 全局配置"。在"参数配置"区输入 OSPF 全局参数，如图 1.3.68 所示。其中，router-id 就是 loopback 地址；全局 OSPF 状态应设置为"启用"。

②　OSPF 接口配置。在"命令导航"区选择"OSPF 路由配置"，打开下一级命令菜单，选择"OSPF 接口配置"，在"参数配置"区输入 OSPF 接口参数，如图 1.3.69 所示。注意，所有接口的 OSPF 状态均应设置为"启用"。

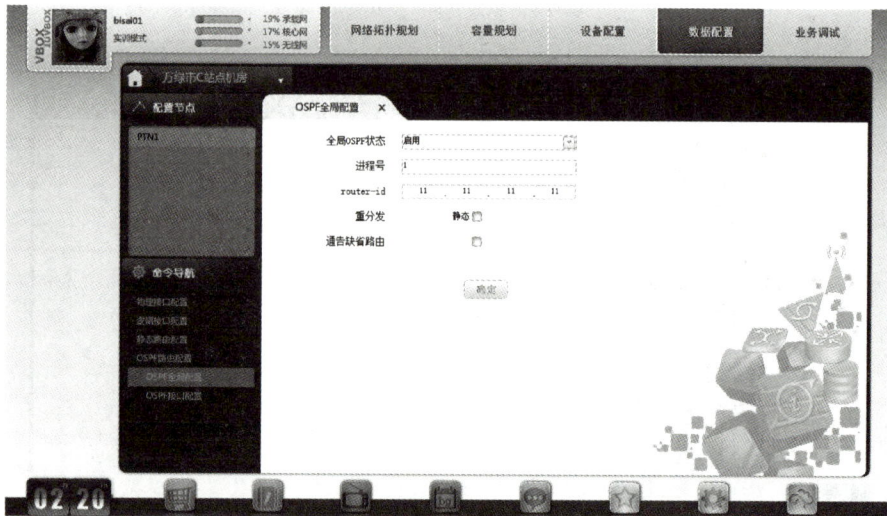

图 1.3.68　万绿市 C 站点机房中 PTN1 的 OSPF 全局配置

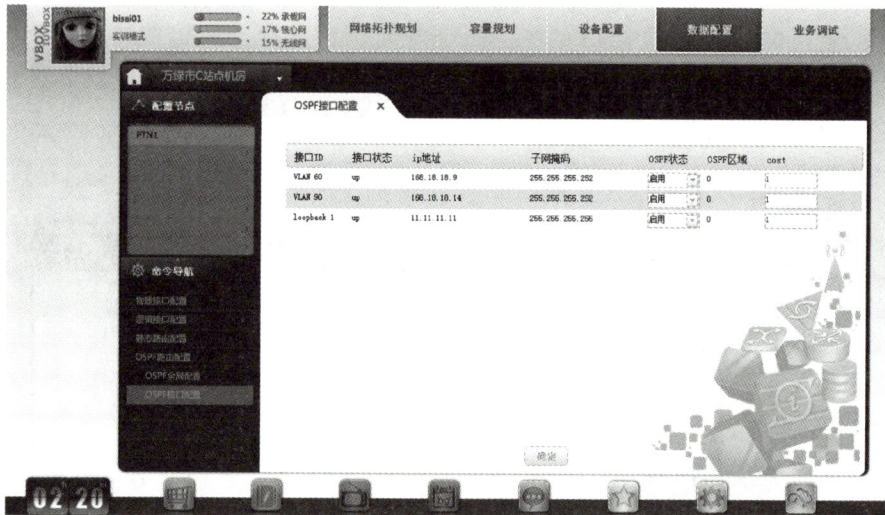

图 1.3.69　万绿市 C 站点机房中 PTN1 的 OSPF 接口配置

3) 万绿市 A 站点机房中 PTN1 配置

(1) 物理接口配置。进入万绿市 A 站点机房数据配置界面，在"配置节点"区选择"PTN1"，在"命令导航"区选择"物理接口配置"，在"参数配置"区输入物理接口地址，如图 1.3.70 所示。注意，端口连线后会显示为"up"状态，此时才能进行数据配置，端口为"down"状态时不能配置数据。

(2) 逻辑接口配置。

① loopback 接口配置。在"命令导航"区选择"逻辑接口配置"，打开下一级命令菜单，选择"配置 loopback 接口"，在"参数配置"区输入 loopback 地址，如图 1.3.71 所示。

② VLAN 三层接口配置。在"命令导航"区选择"逻辑接口配置"，打开下一级命令菜单，选择"配置 VLAN 三层接口"，在"参数配置"区输入 VLAN 三层接口的 IP 地址，如图 1.3.72 所示。

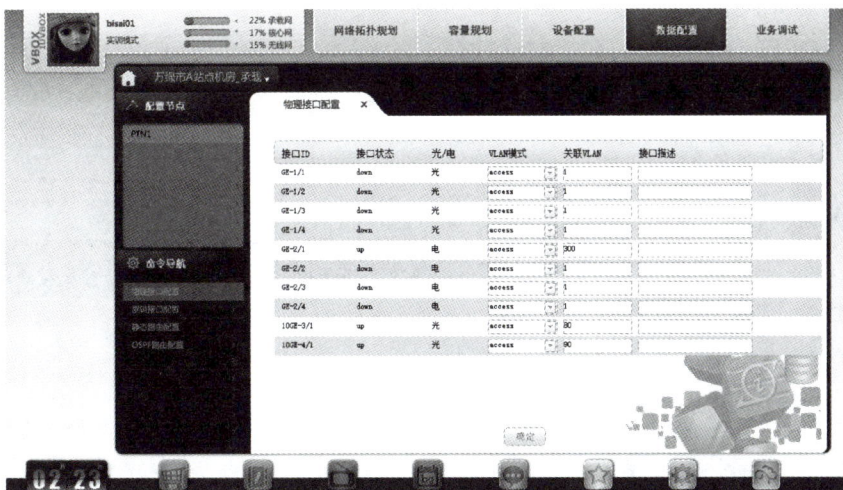

图 1.3.70　万绿市 A 站点机房中 PTN1 的物理接口配置

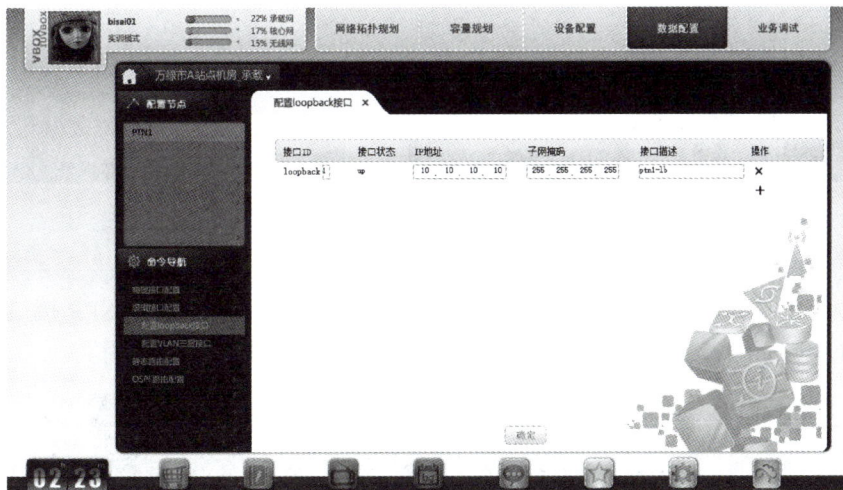

图 1.3.71　万绿市 A 站点机房中 PTN1 的 loopback 地址配置

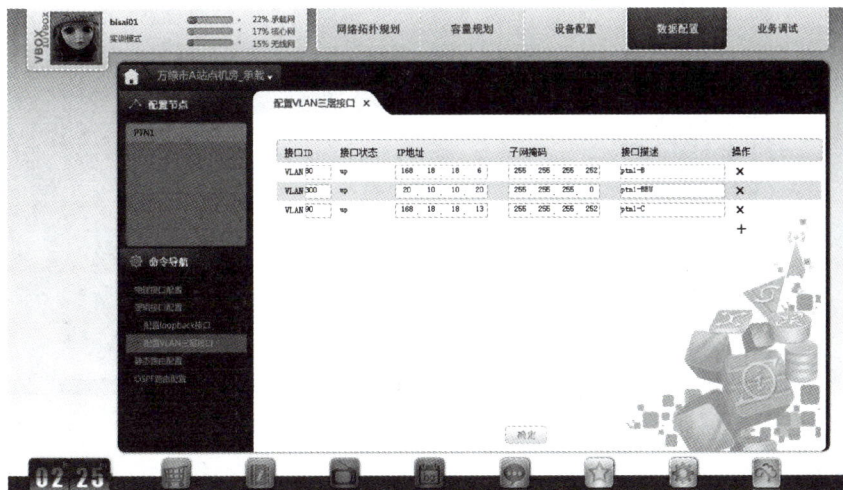

图 1.3.72　万绿市 A 站点机房中 PTN1 的 VLAN 三层接口配置

(3) OSPF 路由配置。

① OSPF 全局配置。在"命令导航"区选择"OSPF 路由配置",打开下一级命令菜单,选择"OSPF 全局配置"。在"参数配置"区输入 OSPF 全局参数,如图 1.3.73 所示。其中,router-id 就是 loopback 地址;全局 OSPF 状态应设置为"启用"。

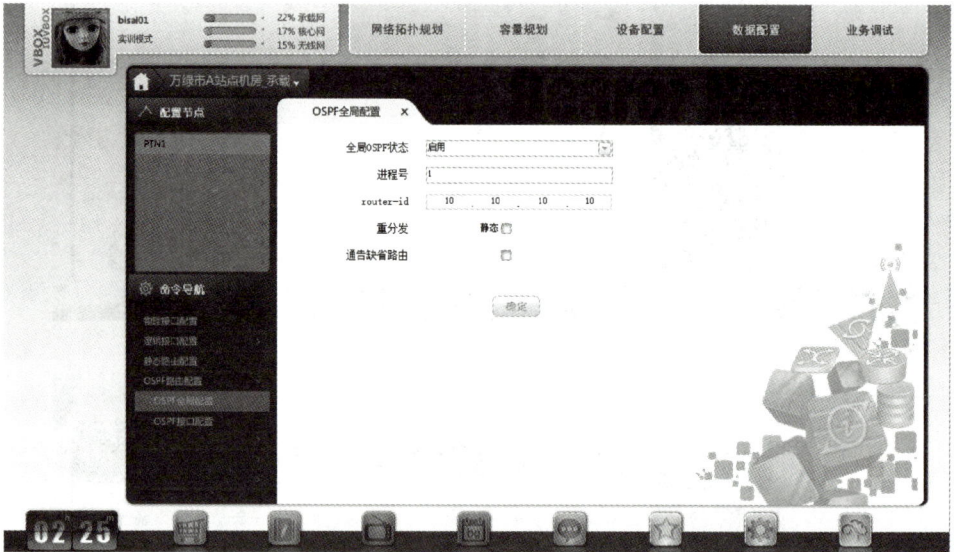

图 1.3.73　万绿市 A 站点机房中 PTN1 的 OSPF 全局配置

② OSPF 接口配置。在"命令导航"区选择"OSPF 路由配置",打开下一级命令菜单,选择"OSPF 接口配置",在"参数配置"区输入 OSPF 接口参数,如图 1.3.74 所示。注意,所有接口的 OSPF 状态均应设置为"启用"。

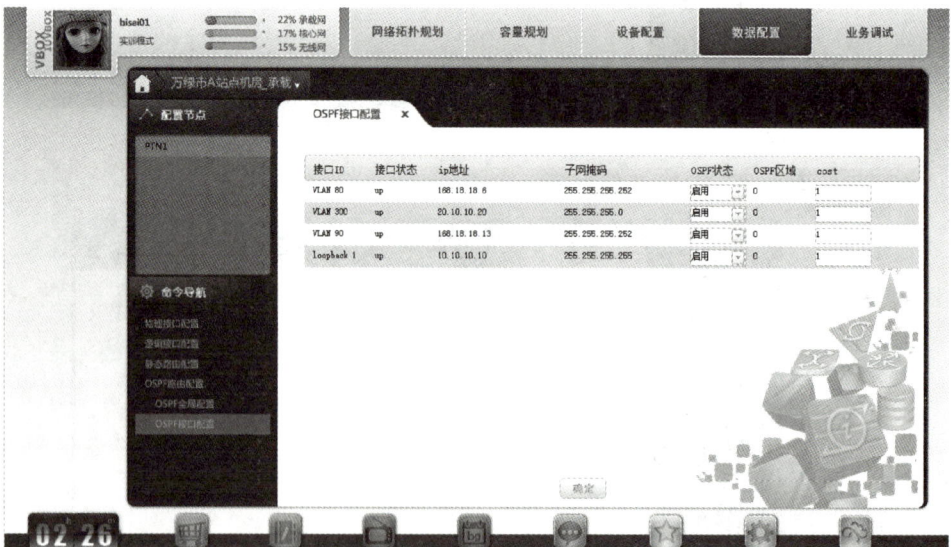

图 1.3.74　万绿市 A 站点机房中 PTN1 的 OSPF 接口配置

至此,万绿市承载网的数据已经配置完毕。千湖市和百山市承载网的数据设置方法与万绿市相同,此处不再赘述。

可扫描二维码观看承载网搭建演示视频。第一个二维码是万绿 A 站点到汇聚 1 区的 IP 承载搭建。第二个二维码是万绿承载中心到汇聚 1 区的光承载搭建。

另外，Pre5G 移动通信系统核心网中的各个网元要通过交换设备连接在一起，可以使用二层交换机，也可使用三层交换机。由于核心网网元不支持 OSPF 动态路由协议，因此使用三层交换机时，应在交换机上配置去往核心网设备协议接口的静态路由，并在"OSPF 全局配置"中启用静态重分发功能，以使承载网中的交换设备能通过核心网中的三层交换机找到核心网网元。三层交换机的配置方法与 PTN 相同。

任务 4　承载网测试

1. 业务调试

启动并登录仿真软件，选择"业务调试"标签，单击操作区左上角的"承载"标签，进入承载网测试界面，如图 1.3.75 所示。

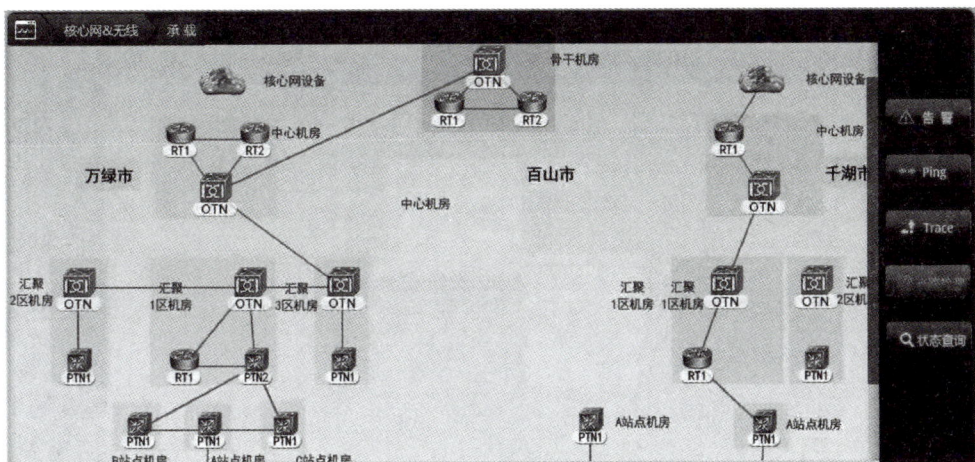

图 1.3.75　承载网测试界面

1) 连通性检测

单击测试界面右侧的"Ping"按钮。将鼠标箭头移动到起始设备，单击"设为源"菜单下的某 IP 地址；将鼠标箭头移动到终点设备，单击"设为目的"菜单下的某 IP 地址。单击左下方"当前结果"窗体中的"执行"按钮，检查起始设备与终点设备的 IP 连通性情况，如图 1.3.76 所示。放大"当前结果"窗体，可显示连通性检测的详细结果。

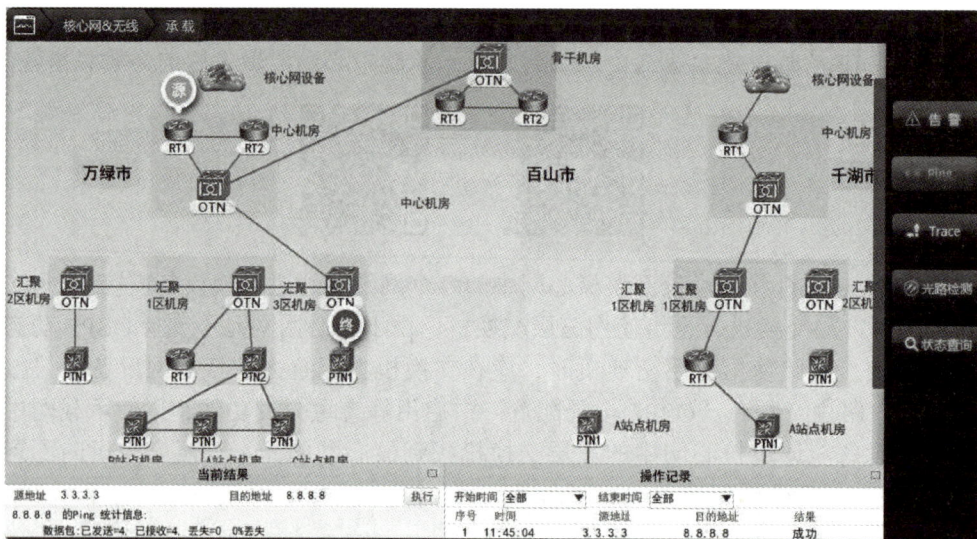

图 1.3.76 连通性检测

2) 路由检测

单击测试界面右侧的"Trace"按钮。将鼠标箭头移动到起始设备，单击"设为源"菜单下的某 IP 地址；将鼠标箭头移动到终点设备，单击"设为目的"菜单下的某 IP 地址。单击左下方"当前结果"窗体中的"执行"按钮，检查起始设备到终点设备的路由情况。放大"当前结果"窗体，可显示路由检测的详细结果，如图 1.3.77 所示。

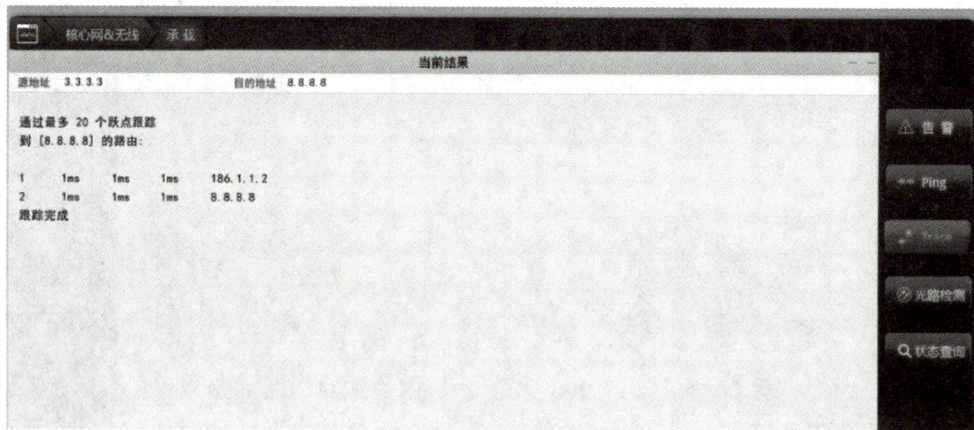

图 1.3.77 路由检测

3) 光路检测

单击测试界面右侧的"光路检测"按钮。将鼠标箭头移动到起始设备，单击"设为源"菜单下的某个单板的某条光路；将鼠标箭头移动到终点设备，单击"设为目的"菜单下的某个单板的某条光路。单击左下方"当前结果"窗体中的"执行"按钮，检查起始设备与终点设备的光路连通情况，如图 1.3.78 所示。

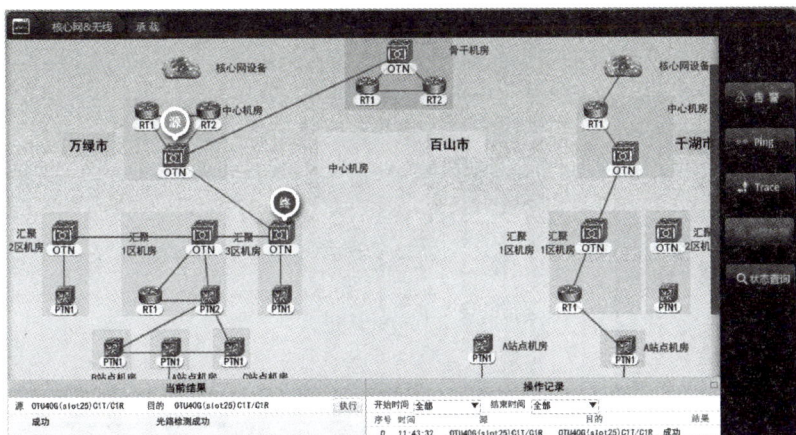

图 1.3.78　光路检测

4) 工程模式下的业务验证

单击操作区左上角的"核心网 & 无线"标签，并从操作区右上角下拉菜单中选择"工程模式"菜单项。单击测试界面右侧的"业务验证"按钮，显示业务验证界面，如图 1.3.79 所示。设置移动终端参数，单击终端屏幕中的视频或下载按钮，观察视频播放或数据下载的情况。

图 1.3.79　工程模式下的业务验证

2. 知识储备

1) 电交叉配置

OTN 不仅提供了光转换单元，还提供了电交叉子系统，以实现大颗粒用户业务的接入和承载。下面以万绿市承载中心机房连接到万绿市承载 2 区汇聚机房的操作为例，说明配置电交叉的过程和方法。在配置电交叉之前，首先要拔除万绿市承载中心机房和万绿市承载 2 区汇聚机房中 OTN 设备 15 槽位 OUT 单板上所有端口的光纤。使用鼠标拖动单板端口上的光纤到端口区域以外即可完成拔除。

(1) 万绿市承载中心机房电交叉设备连接。单击仿真软件"设备配置"标签，从操作区右上角下拉菜单中选择"万绿市承载中心机房"菜单项，显示万绿市承载中心机房内部场景。单击设备指示图中的任一图标显示线缆池。RT1 通过 OTN 的电交叉子系统和 ODF 连接到万绿市承载 2 区汇聚机房，如图 1.3.80 所示。

图 1.3.80　承载中心机房电交叉

其具体步骤如下：

① 从线缆池中选择成对 LC-LC 光纤，单击设备指示图中的 RT1 图标打开 RT1 面板，单击 6 槽位单板的 40 G 光纤端口，单击设备指示图中的 OTN 图标打开 OTN 面板，单击 2 槽位 CQ3 单板的 C1T/C1R 端口。

② 从线缆池中选择单根 LC-LC 光纤，单击 OTN 面板 6 槽位 LD3 单板的 L1T 端口，单击 OTN 面板 17、18 槽位 OMU 单板的 CH1 端口。

③ 从线缆池中选择单根 LC-LC 光纤，单击 OTN 面板 27、28 槽位 ODU 单板的 CH1 端口；单击 OTN 面板 6 槽位 LD3 单板的 L1R 端口。

(2) 万绿市承载 2 区汇聚机房电交叉设备连接。从操作区右上角下拉菜单中选择"万绿市承载 2 区汇聚机房"菜单项，显示万绿市承载中心机房内部场景。单击设备指示图中的任一图标显示线缆池。PTN1 通过 OTN 的电交叉子系统和 ODF，连接到万绿市承载中心机房，如图 1.3.81 所示。

其具体步骤如下：

① 从线缆池中选择成对 LC-LC 光纤，单击设备指示图中的 PTN1 图标打开 PTN1 面板，单击 1 槽位单板的 40 G 光纤端口，单击设备指示图中的 OTN 图标打开 OTN 面板，单击 2 槽位 CQ3 单板的 C1T/C1R 端口。

② 从线缆池中选择单根 LC-LC 光纤，单击 OTN 面板 6 槽位 LD3 单板的 L1T 端口，单击 OTN 面板 12、13 槽位 OMU 单板的 CH1 端口。

③ 从线缆池中选择单根 LC-LC 光纤，单击 OTN 面板 22、23 槽位 ODU 单板的 CH1 端口，单击 OTN 面板 6 槽位 LD3 单板的 L1R 端口。

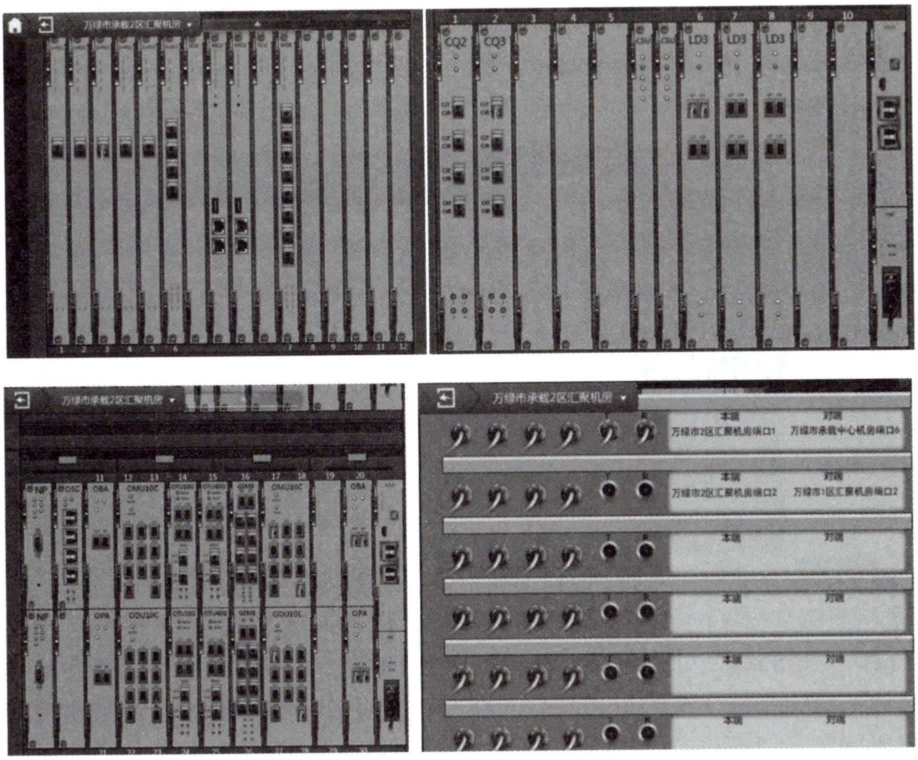

图 1.3.81　万绿 2 区汇聚机房电交叉

(3) 万绿市承载中心机房电交叉数据配置。单击仿真软件"数据配置"标签，从操作区右上角下拉菜单中选择"万绿市承载中心机房"菜单项，进入万绿市承载中心机房数据配置界面。在"配置节点"区选择"OTN"，在"命令导航"区选择"电交叉配置"，单击"参数配置"区中的"+"可添加数据，单击"参数配置"区中的"×"可删除数据。依据规划输入参数，如图 1.3.82 所示。

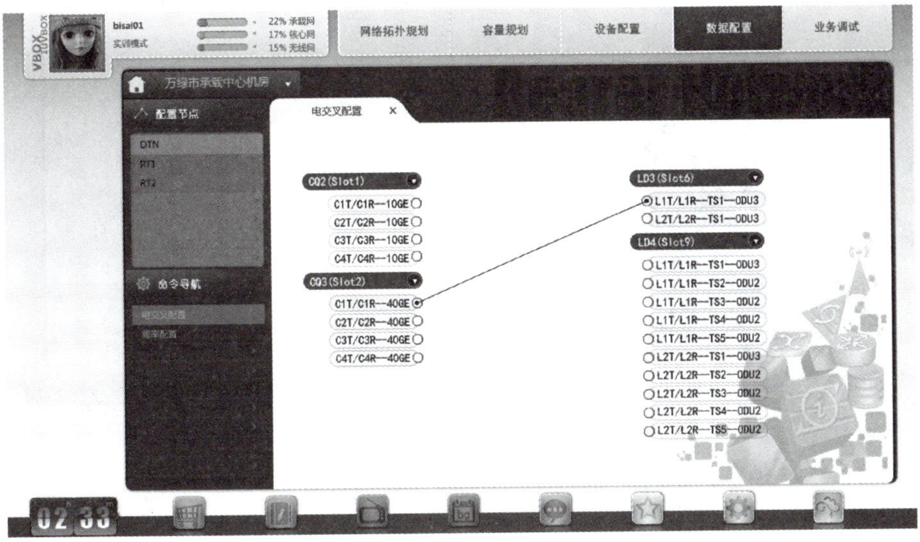

图 1.3.82　万绿市承载中心机房中 OTN 的电交叉配置

在"命令导航"区选择"频率配置"，删除"参数配置"区中 15 槽位的单板数据，添加 6 槽位的单板数据，如图 1.3.83 所示。

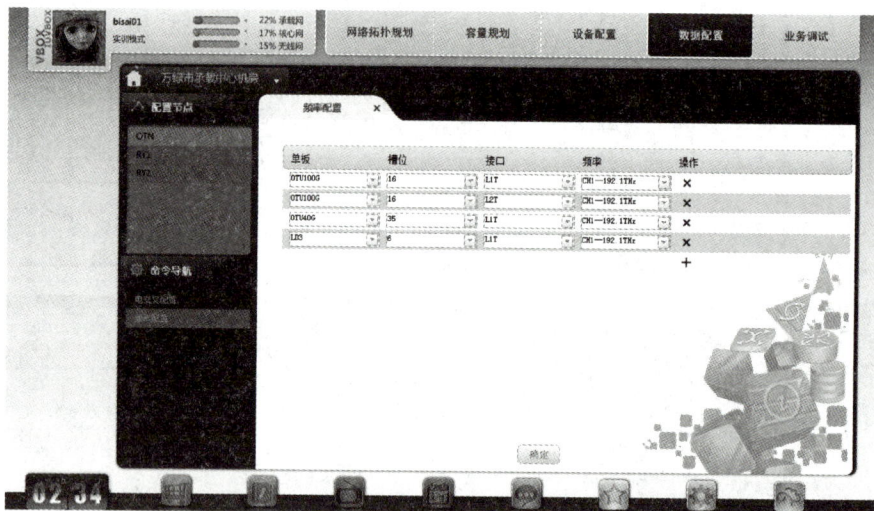

图 1.3.83　万绿市承载中心机房中 OTN 的频率配置

(4) 万绿市承载 2 区汇聚机房电交叉数据配置。从操作区右上角下拉菜单中选择"万绿市承载 2 区汇聚机房"菜单项，进入万绿市承载 2 区汇聚机房数据配置界面。在"配置节点"区选择"OTN"，在"命令导航"区选择"电交叉配置"，单击"参数配置"区中的"+"可添加数据，单击"参数配置"区中的"×"可删除数据。

在"命令导航"区选择"频率配置"，删除"参数配置"区中 15 槽位的单板数据，添加 6 槽位的单板数据，如图 1.3.84 所示。

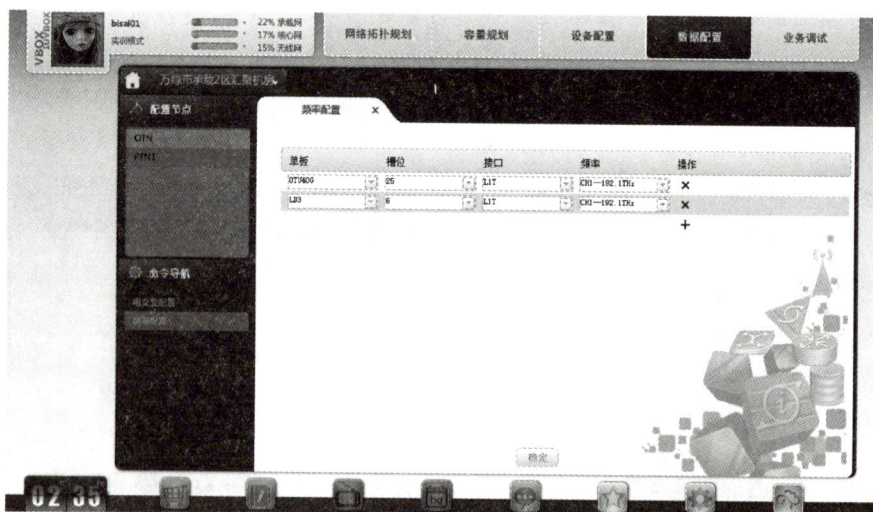

图 1.3.84　万绿市承载 2 区汇聚机房中 OTN 的频率配置

2) OTN 穿通配置

OTN 穿通是指在电交叉和光交叉点对点配置的基础上，实现 3 个 OTN 设备之间的连接。OTN 穿通配置示例界面如图 1.3.85 所示。

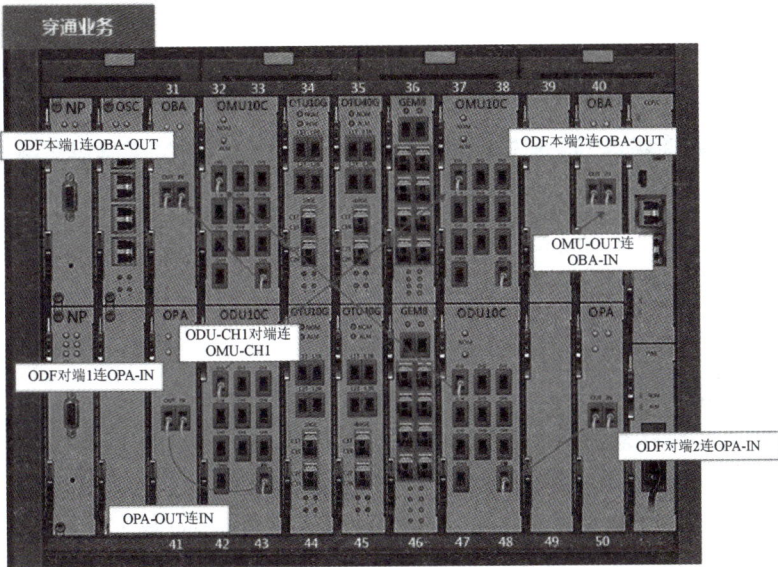

图 1.3.85　OTN 穿通配置示例

项目实践

1. 利用电交叉方式完成千湖市承载网配置。
2. 尝试应用 OTN 穿通方式进行承载配置。

项目四　　Pre5G 网络维护

任务 1　　Pre5G 业务验证

1. 越区切换配置

越区切换是指移动台从一小区进入另一新小区时，移动网监测移动台信号，在新的小区为其分配一个新的信道，保证通信时连续的处理过程。要实现小区间的切换，就必须正确配置小区间的邻接关系。当相邻的两个小区属于同一基站时，这两个小区互为"内部邻区"，否则互为"外部邻区"。互为外部邻区的两个小区可以属于同一个核心网，也可以位于不同的核心网中。属于不同核心网的外部邻区间的切换既需考虑邻接关系，还需要正确配置两核心网 MME 之间的地址解析和路由。

增加千湖市和百山市 A 站点后，系统中 9 个小区的邻接关系已经确定，如表 1.4.1 所示。

表 1.4.1　各小区的邻接关系

当前小区		万绿 1	万绿 2	万绿 3	千湖 1	千湖 2	千湖 3	百山 1	百山 2	百山 3
内部邻区		万绿 2	万绿 1	万绿 1	千湖 2	千湖 1	千湖 2	百山 2	百山 1	百山 1
		万绿 3	万绿 3	万绿 2	千湖 3	千湖 3	千湖 3	百山 3	百山 3	百山 2
外部邻区		千湖 1	千湖 3	百山 3	万绿 1		万绿 1		万绿 1	万绿 1
		千湖 3			百山 2		万绿 2		千湖 1	万绿 3
		百山 1								
		百山 2								

各小区的内部邻区及万绿、千湖两核心网 MME 之间的地址解析与路由在前面已完成配置，下面以万绿 1 小区为例，对外部邻区的配置进行说明，其他小区的配置方法与之相同。万绿 1 小区共有 4 个外部邻区，其中，千湖 1 和千湖 3 为 TDD 模式，百山 1 和百山 2 为 FDD 模式。特别注意的是，配置的外部邻区参数必须与其所属站点中的参数一致。

1) 增加外部邻区

(1) TDD 邻接小区配置。进入万绿市 A 站点机房，在"配置节点"区选择"无线参数"，在"命令导航"区选择"TDD 邻接小区配置"，单击"参数配置"区中的"+"，添加"小区 1"，输入小区参数，如图 1.4.1 所示。

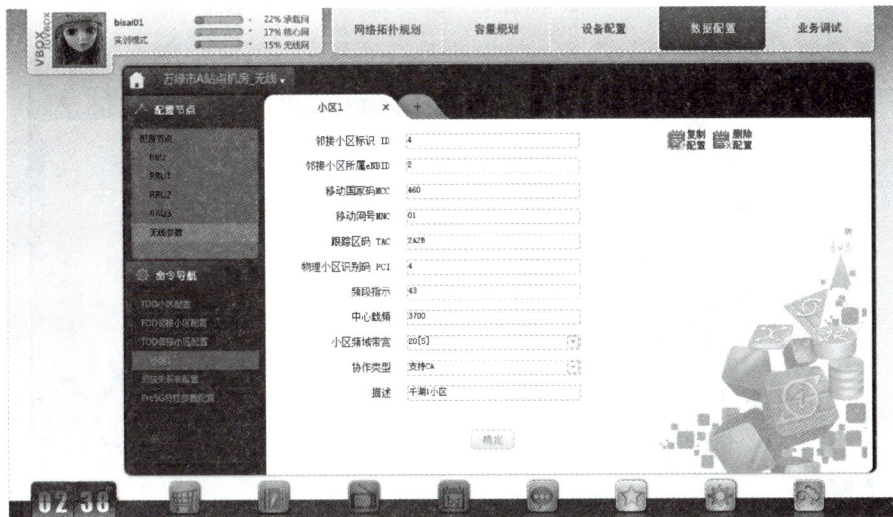

图 1.4.1 万绿市 A 站点 TDD 外部邻接小区数据配置

单击"确定"按钮保存数据。用同样的方法添加"小区 2",即千湖 3 小区。

(2) FDD 邻接小区配置。在"命令导航"区选择"FDD 邻接小区配置",单击"参数配置"区中的符号"+",添加"小区 1",输入小区参数,如图 1.4.2 所示。

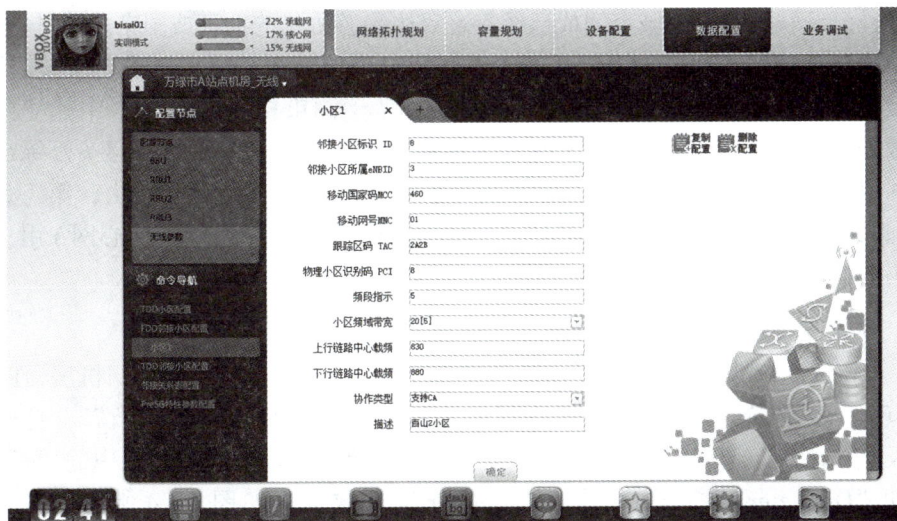

图 1.4.2 万绿市 A 站点 FDD 外部邻接小区数据配置

单击"确定"按钮保存数据。用同样的方法添加"小区 2",即百山 2 小区。

2) 修改邻接关系

在"命令导航"区选择"邻接关系表配置",打开下一级菜单,单击"关系 1",在"参数配置"区中勾选"FDD 邻接小区"和"TDD 邻接小区"内的所有复选框,如图 1.4.3 所示。

单击"确定"按钮保存数据。用同样的方法添加"关系 2"和"关系 3",即"万绿 2 小区邻区""万绿 3 小区邻区"。以上就是万绿市 A 站点的小区对外部邻区的配置,再根据前面各小区的邻接关系图完成千湖市 A 站点和百山市 A 站点的小区对外部邻区的配置。

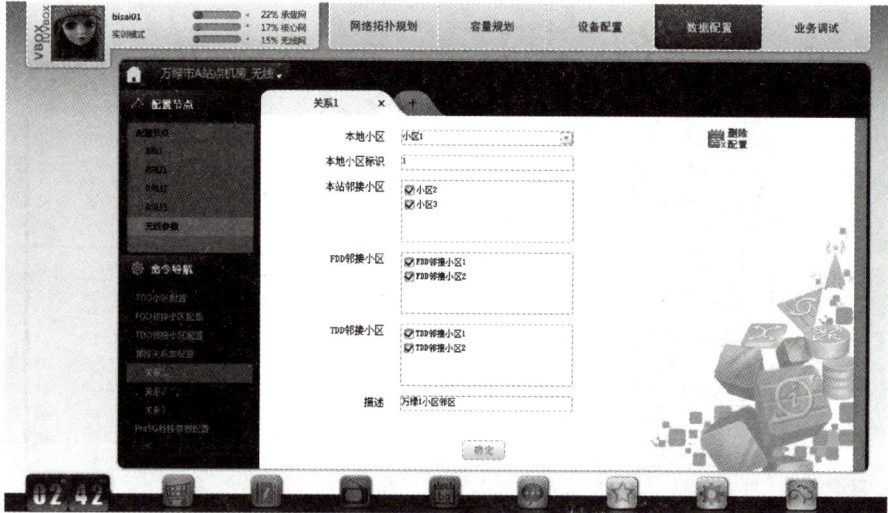

图 1.4.3　万绿市 A 站点邻接小区关系数据配置

2. 漫游功能配置

漫游又称"越局切换"，指移动台离开归属服务区 (核心网)，移动到访问服务区 (核心网) 后，移动通信系统仍可向其提供服务功能。漫游只能在网络制式兼容且已经联网的国内城市间或已经签署双边漫游协议的地区或国家之间进行。

配置归属服务区 (如万绿市核心网) 用户到访问服务区 (如千湖市核心网) 的漫游包括 3 个步骤：第一是在访问服务区 (千湖市核心网)MME 中建立到归属服务区 (万绿市核心网)HSS 的连接和路由；第二是在归属服务区 (万绿市核心网)HSS 中建立到访问服务区 (千湖市核心网)MME 的连接和路由；第三是在访问服务区 (千湖市核心网)MME 中建立对归属服务区 (万绿市核心网) 用户的号码分析。

1) 万绿市用户到千湖市漫游

(1) 增加千湖 MME 到万绿 HSS 的连接和路由。进入千湖市核心网机房，在"配置节点"区选择 MME，在"命令导航"区选择"与 HSS 对接配置"，打开下一级命令菜单，选择"增加 Diameter 连接"，单击"参数配置"区中的"+"，添加"Diameter 连接 2"，输入 Diameter 连接数据，如图 1.4.4 所示。其中，Diameter 偶联本端 IP 是千湖 MME 的 S6a 接口地址，Diameter 偶联对端 IP 是万绿 HSS 的 S6a 接口地址。

进入千湖市核心网机房，在"配置节点"区选择"MME"，在"命令导航"区选择"路由配置"，单击"参数配置"区中的"+"，添加"路由 6"并输入路由数据，如图 1.4.5 所示。其中，目的地址是万绿 HSS 的 S6a 接口地址，下一跳是与千湖核心网相连的承载网设备的 IP 地址。

(2) 增加万绿 HSS 到千湖 MME 的连接和路由。进入万绿市核心网机房，在"配置节点"区选择"HSS"，在"命令导航"区选择"与 MME 对接配置"，单击"参数配置"区中的"+"，添加"与 MME 对接 2"并输入对接数据，如图 1.4.6 所示。

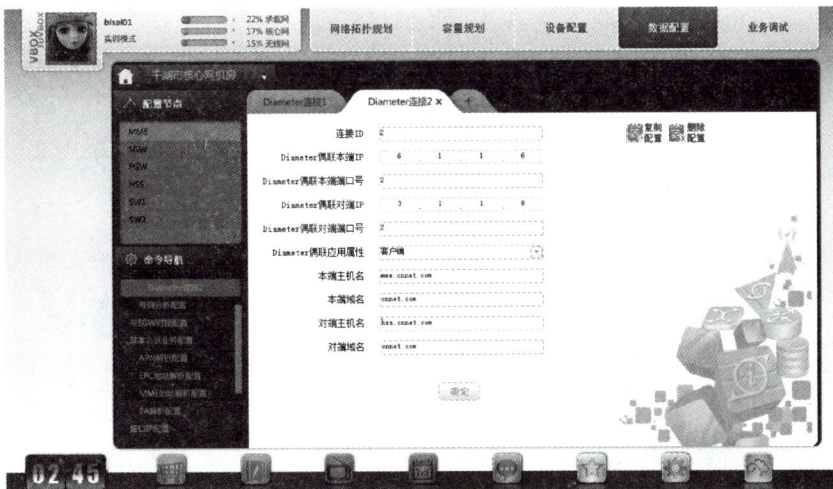

图 1.4.4 千湖 MME 到万绿 HSS 的对接数据

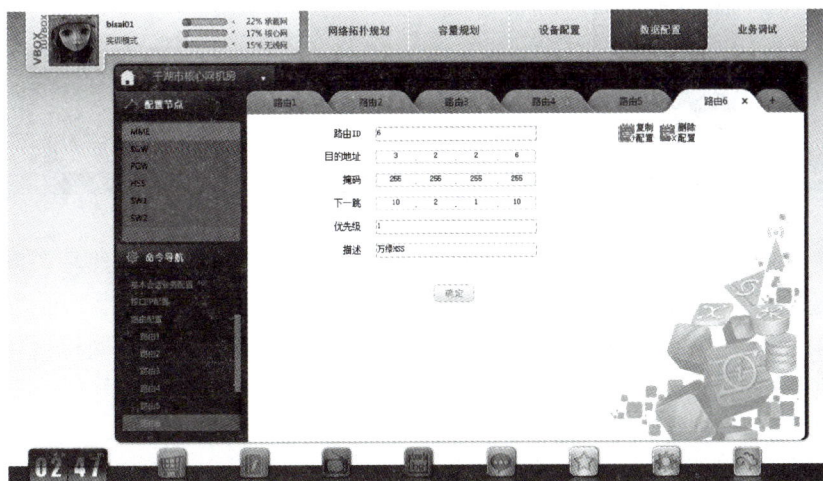

图 1.4.5 千湖 MME 到万绿 HSS 的路由数据

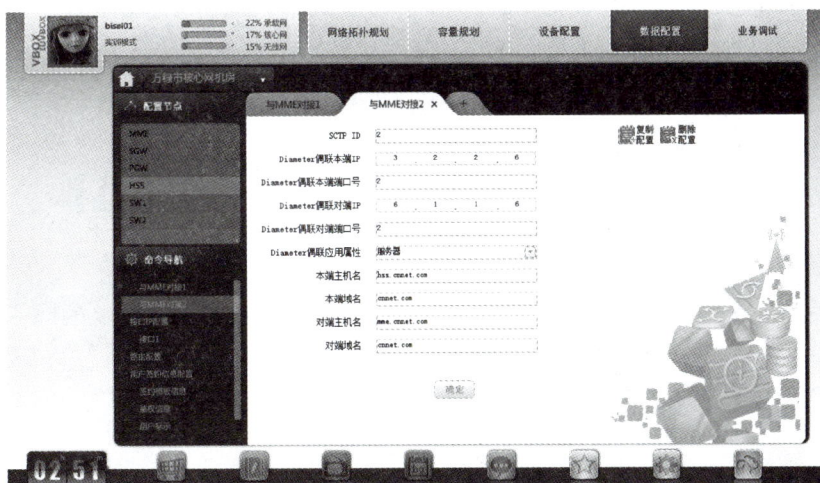

图 1.4.6 万绿 HSS 到千湖 MME 的对接数据

其中，Diameter 偶联本端 IP 是万绿 HSS 的 S6a 接口地址，Diameter 偶联对端 IP 是千湖 MME 的 S6a 接口地址。

进入万绿市核心网机房，在"配置节点"区选择"HSS"，在"命令导航"区选择"路由配置"，单击"参数配置"区中的"+"，添加"路由 2"并输入路由数据，如图 1.4.7 所示。

图 1.4.7　万绿 HSS 到千湖 MME 的路由数据

其中，目的地址是千湖 MME 的 S6a 接口地址，下一跳是万绿核心网连接的承载网设备的 IP 地址。

(3) 增加对万绿市核心网用户的号码分析。进入千湖市核心网机房，在"命令导航"区选择"与HSS对接配置"，打开下一级命令菜单，选择"号码分析配置"，单击"参数配置"区中的"+"，添加"号码分析 2"，输入分析号码"46000"，如图 1.4.8 所示。

图 1.4.8　增加对万绿市核心网用户的号码分析

2) 千湖市用户到万绿市漫游

(1) 增加万绿 MME 到千湖 HSS 的连接和路由。进入万绿市核心网机房，在"配置节点"区选择 MME，在"命令导航"区选择"与 HSS 对接配置"，打开下一级命令菜单，选择"增加 Diameter 连接"，单击"参数配置"区中的"+"，添加"Diameter 连接 2"，输入 Diameter 连接数据，如图 1.4.9 所示。

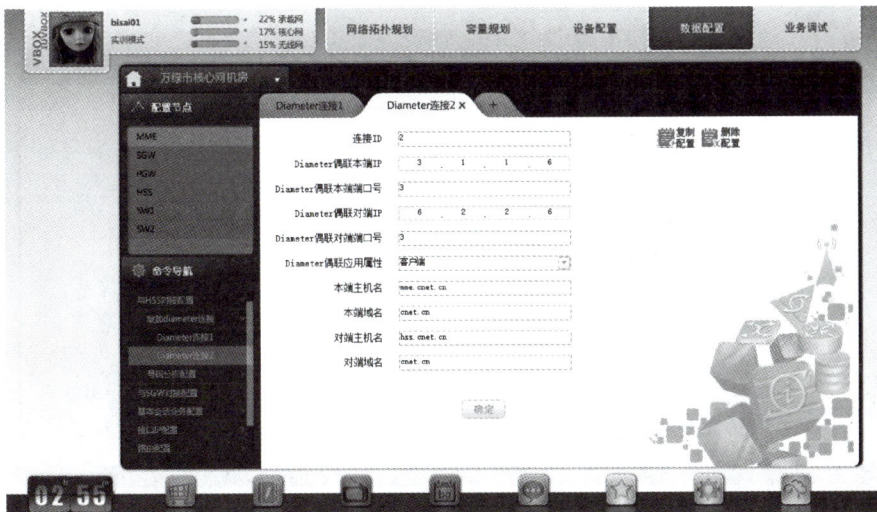

图 1.4.9　万绿 MME 到千湖 HSS 的对接数据

Diameter 偶联本端 IP 是万绿 MME 的 S6a 接口地址，Diameter 偶联对端 IP 是千湖 HSS 的 S6a 接口地址。

进入万绿市核心网机房，在"配置节点"区选择"MME"，在"命令导航"区选择"路由配置"，单击"参数配置"区中的"+"，添加"路由 5"并输入路由数据，如图 1.4.10 所示。

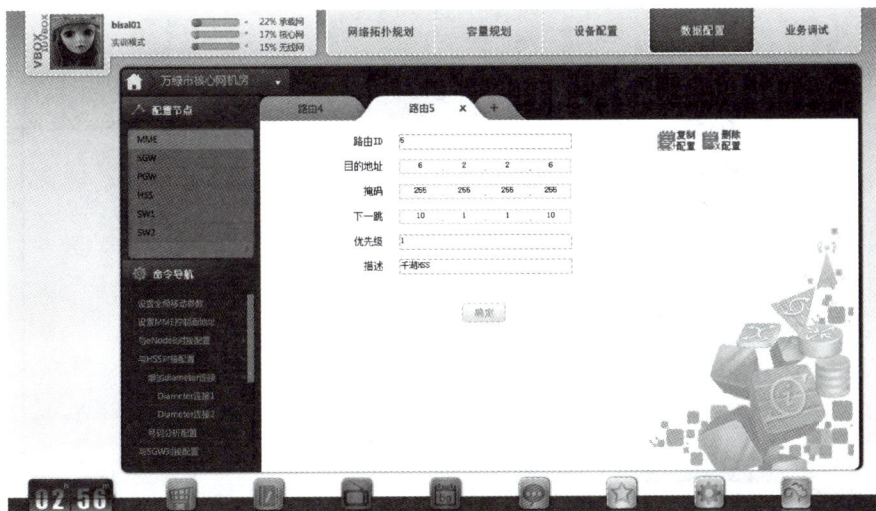

图 1.4.10　万绿 MME 到千湖 HSS 的路由数据

其中，目的地址是千湖 HSS 的 S6a 接口地址，下一跳是与万绿核心网连接的承载网设备的 IP 地址。

(2) 增加千湖 HSS 到万绿 MME 的连接和路由。进入千湖市核心网机房，在"配置节点"区选择"HSS"，在"命令导航"区选择"与 MME 对接配置"，单击"参数配置"区中的"+"，添加"与 MME 对接 2"并输入对接数据，如图 1.4.11 所示。

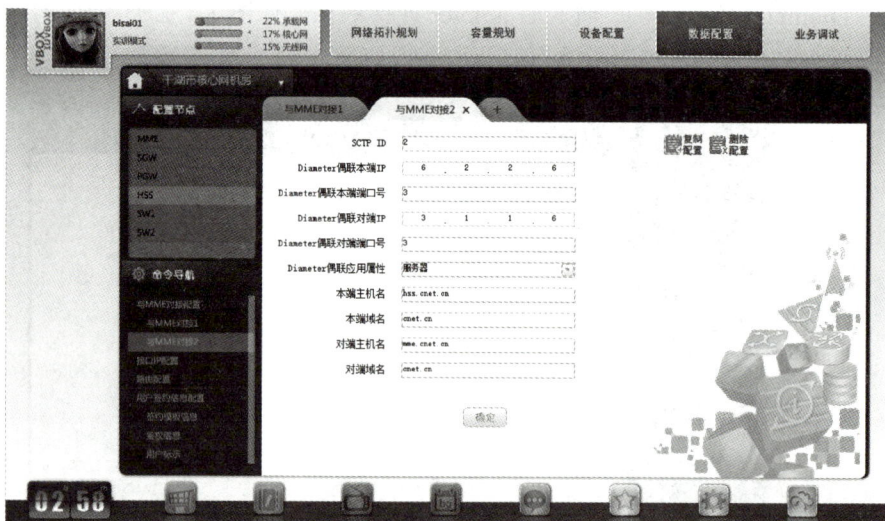

图 1.4.11   千湖 HSS 到万绿 MME 的对接数据

其中，Diameter 偶联本端 IP 是千湖 HSS 的 S6a 接口地址，Diameter 偶联对端 IP 是万绿 MME 的 S6a 接口地址。

进入千湖市核心网机房，在"配置节点"区选择"HSS"，在"命令导航"区选择"路由配置"，单击"参数配置"区中的"+"，添加"路由 2"并输入路由数据，如图 1.4.12 所示。

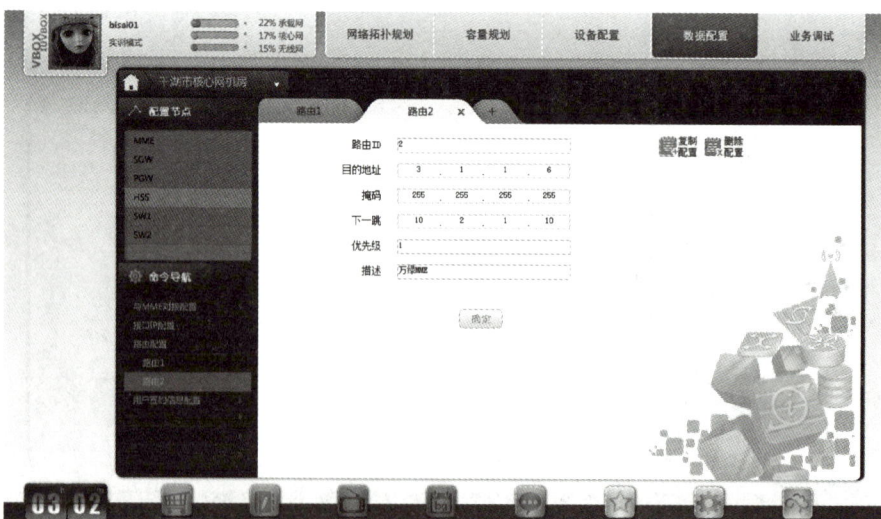

图 1.4.12   千湖 HSS 到万绿 MME 的路由数据

(3) 增加对千湖市核心网用户的号码分析。进入万绿市核心网机房，在"命令导航"区选择"与 HSS 对接配置"，打开下一级命令菜单，选择"号码分析配置"，单击"参数配置"区中的"+"，添加"号码分析 2"，输入分析号码"46001"，如图 1.4.13 所示。

图 1.4.13　增加对千湖市核心网用户的号码分析

需要注意的是：实现漫游的条件包括硬件和软件两个方面。从硬件上讲，漫游双方的设备制式要兼容且已连接；从软件上讲，漫游双方应签署双边漫游协议。漫游可以在同一运营商内实现，也可以在不同运营商间实现。漫游双方属于不同运营商时号码分析为 5 位，属于同一运营商时号码分析需要增加 1 位，以示区别。例如，当万绿 MNC 为"00"，千湖 MNC 为"01"时，万绿 MME 号码分析为"46000"和"46001"，千湖 MME 号码分析为"46001"和"46000"；当万绿和千湖 MNC 都为"00"时，万绿 MME 号码分析为"460001"和"460002"，千湖 MME 号码分析为"460002"和"460001"。本例中万绿和千湖核心网为不同运营商。

3. 无线及核心网验证

1) 实验模式下的业务验证

选择"业务调试"标签，单击操作区左上角"核心网 & 无线"标签，从操作区右上角下拉菜单中选择"实验模式"菜单选项，进入无线网及核心网测试界面，如图 1.4.14 所示 (实验模式下系统假设承载网已经配通，使用者可以集中精力调试无线网及核心网)。

单击调试界面右侧的"业务验证"按钮，进入业务验证界面，如图 1.4.15 所示。

单击对应的城市，设置移动终端参数，并单击终端屏幕中的腾讯视频按钮或迅雷按钮，观察视频播放或数据下载的情况。下面以万绿市为例，单击 W1(或 W2、W3)，打开手机里面的设置按钮，配置相应的数据，如图 1.4.16 所示。

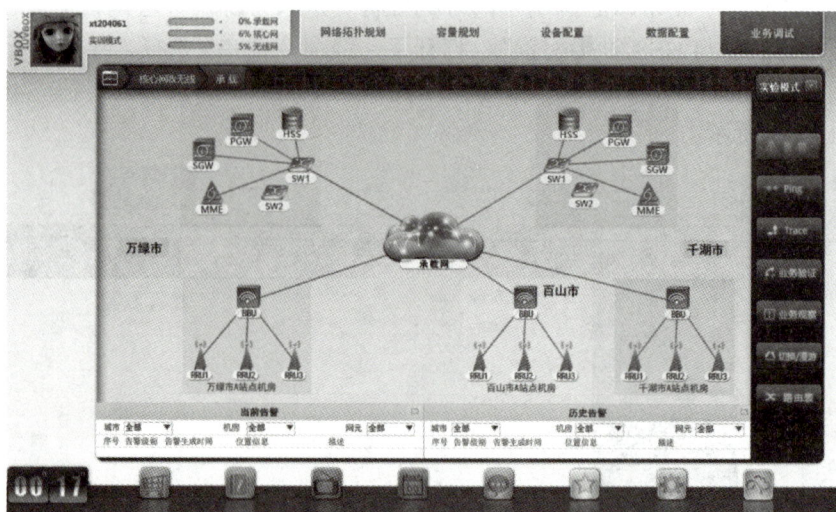

图 1.4.14　无线网和核心网调试界面

图 1.4.15　实验模式下的业务验证

图 1.4.16　实验模式下的数据配置

可扫描二维码观看实验模式业务开通演示视频。

2) 越区切换验证

(1) 同一核心网同一个城市之间的切换。单击测试界面右侧的"切换 / 漫游"按钮，进入"切换 / 漫游"测试界面，将左上角的转换按钮变成"切换"，下面测试同一核心网同一个城市之间的切换，先按界面上的顺序依次单击小区 W1、W2、W3、W1、W3、W2、W1，再单击"确定"按钮，观察小区的切换情况，如图 1.4.17 所示。

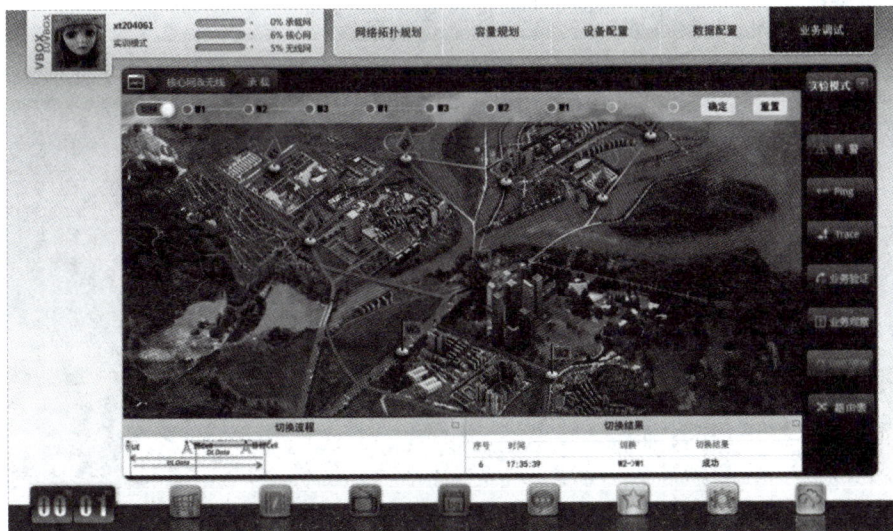

图 1.4.17　同一个城市之间切换

(2) 同一核心网不同城市之间的切换。单击测试界面右侧的"切换 / 漫游"按钮，进入"切换 / 漫游"测试界面，将左上角的转换按钮变成"切换"，下面测试同一核心网不同城市之间的切换，先按界面上的顺序依次单击小区 Q1、Q2、Q3、Q1、B2、B2、B3、B1、B2、Q1(B1、B3、B2、Q1、Q3、Q2、Q1、B2、B1)，再单击"确定"按钮，观察小区的切换情况，如图 1.4.18 所示。

3) 漫游测试

单击测试界面右侧的"切换 / 漫游"按钮，进入"切换 / 漫游"测试界面，将左上角的转换按钮切换成"漫游"，显示漫游测试界面，如图 1.4.19 所示。

使用下拉列表选择归属核心网小区和访问核心网小区，单击"确定"按钮，观察漫游情况。

若依次选择 B1、B2(或者 B1、Q1)，将归属核心网小区和访问核心网小区选择为同一核心网，则会出现告警："错误！ S 小区到 D 小区不是漫游！"，说明同一核心网内不能漫游。

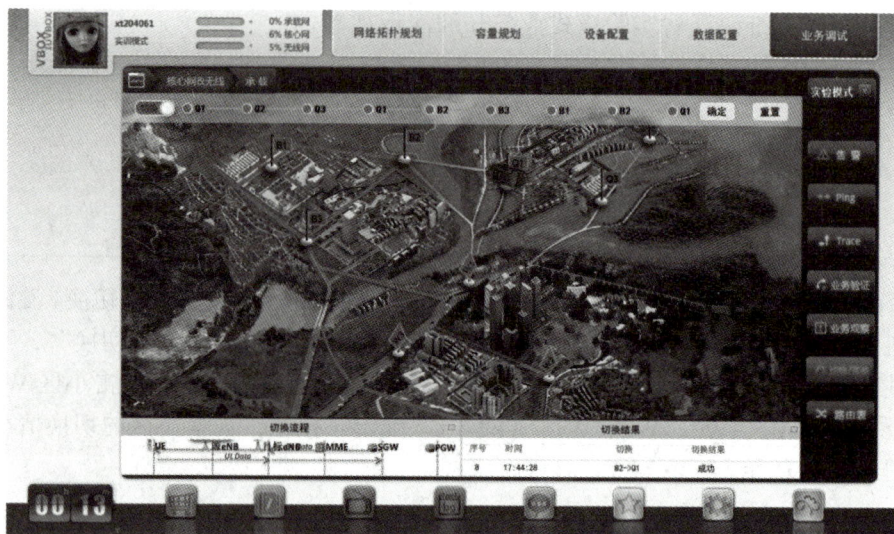

图 1.4.18　同一核心网不同城市之间的切换

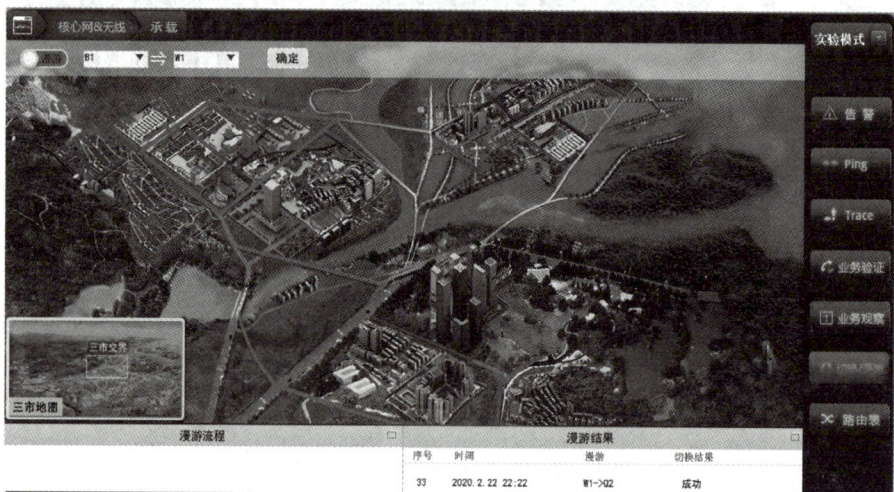

图 1.4.19　漫游测试界面

任务 2　Pre5G 网络维护

1. 故障告警观察

单击测试界面右侧的"告警"按钮，并将左下角"当前告警"窗口放大，即可观察当前系统存在的故障，如图 1.4.20 所示。

2. 无线侧与核心侧的故障告警

当在实验模式下存在故障时，请单击当前告警，观察哪一侧出现了故障。若是核心侧，就在核心网里面找对应的网元；若是无线网侧，就在无线网里面找对应的网元。

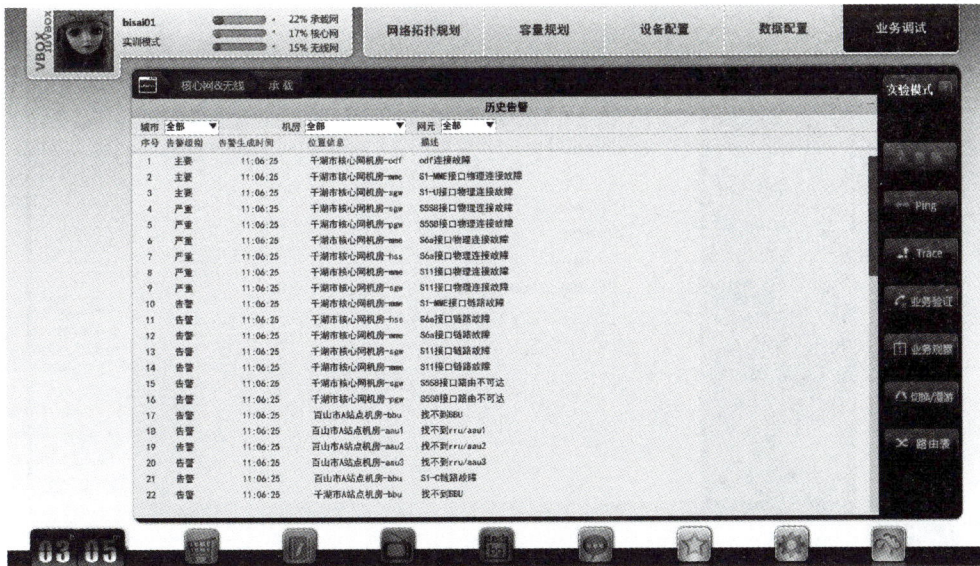

图 1.4.20 故障告警观察

下面具体用一些可能出现的问题来展示故障告警，并指出有可能出现错误的地方以及解决办法。

1) S11 接口和 S5/S8 接口同时发生故障

因为在核心网中同时具有 S11 和 S5/S8 协议的网元只有 SGW 网元，所以我们就只在 SGW 中找错就行。解决办法：检查 SGW 物理接口 IP 是否错误，以及 SGW 路由是否错误，如图 1.4.21 所示。

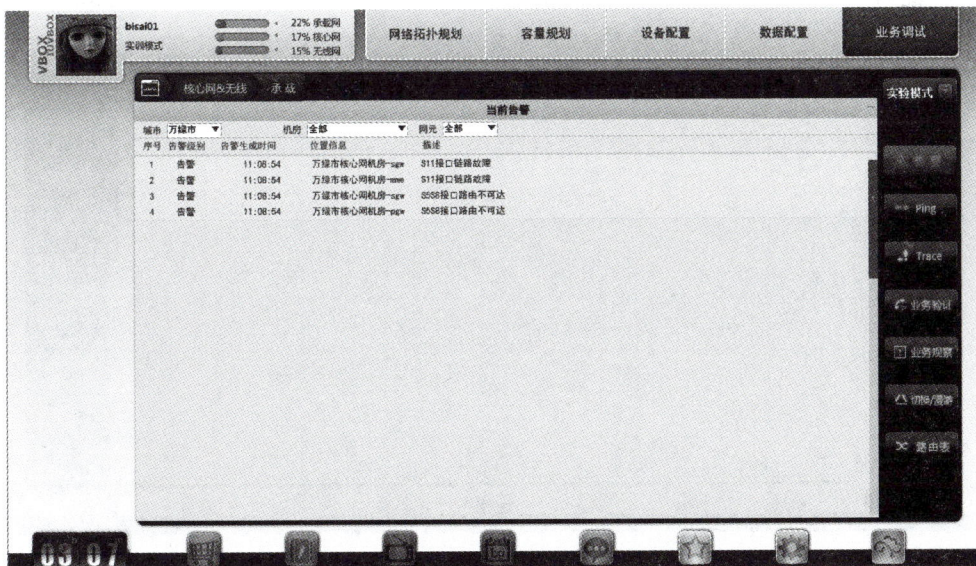

图 1.4.21 S11 接口和 S5/S8 接口故障告警

经检验发现，SGW 物理接口中接口槽位错了，接口槽位与设备连线不对应导致 S11 接口和 S5/S8 接口同时发生故障，如图 1.4.22 所示。

图 1.4.22　SGW 物理接口配置

2) S6a 接口故障

在核心网中具有 S6a 接口协议的有 MME 和 HSS 两个网元，当出现 S6a 接口故障时，先确定是哪一个网元，然后再去对应网元的数据配置里面找问题。

解决办法：检查本端网元与对端网元的链路是否错误，以及本端网元的物理接口是否错误，如图 1.4.23 所示。

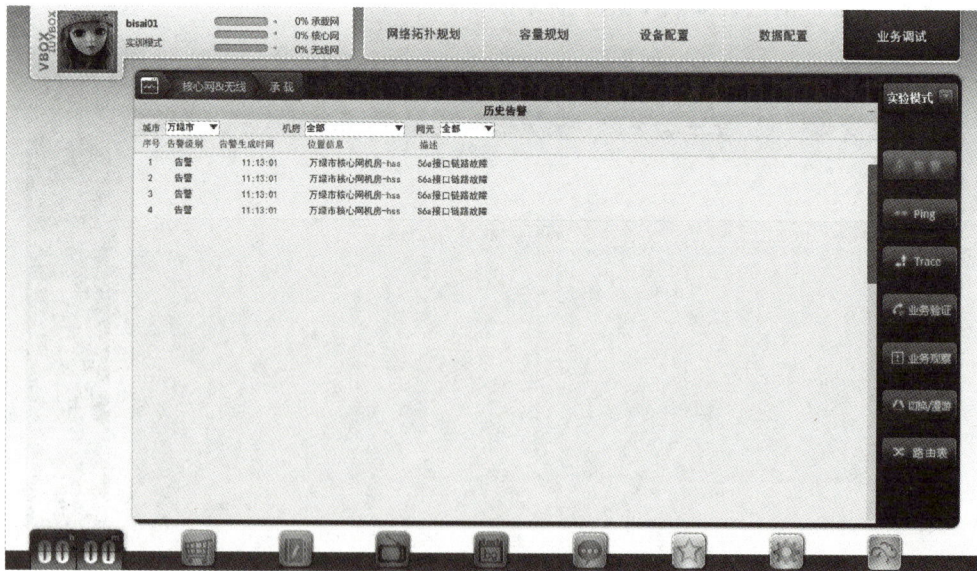

图 1.4.23　S6a 接口故障

经检验发现，万绿市核心网 HSS 的物理接口中的掩码错误，掩码应与规划的数据保持一致，如图 1.4.24 所示。

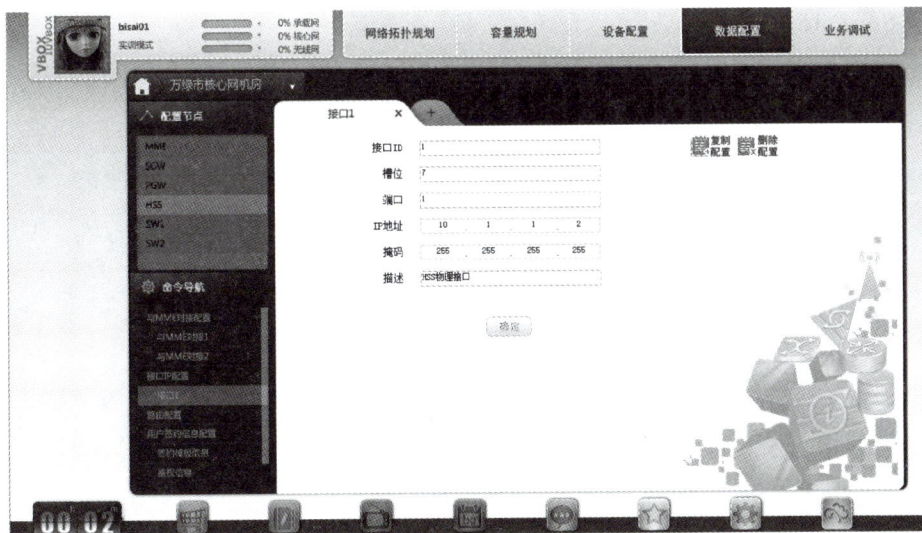

图 1.4.24　HSS 物理接口配置

项 目 实 践

练习"1+X"职业技能考核题。

(1) 理论测试。

(2) 实操测试，参考数据如下：

千湖市规划数据：

① 核心网网元都用大型。

MME：10 GE8-2，12.1.1.1/28；

S1-C：15.10.1.1/32；

控制面地址和 S11：15.10.1.2/32；

S6a：15.10.1.3/32。

SGW：100 GE7-1，12.1.1.2/28；

S1-U：15.10.2.1/32；

S11：15.10.2.2/32；

S5/S8：15.10.2.3/3215.10.2.4/32。

PGW：100GE7-1，12.1.1.3/28；

S5/S8：15.10.3.1/3215.10.3.2/32；

地址池：58.1.1.0/27。

HSS：1 GE8-1，12.1.1.4/28；

S6a：15.10.4.1/32。

SW1：自定义。

② 参数：MCC460，MNC10；

TAC：1258；

APN：XIAN。

③ BBU：采用光承载；

IP 地址：15.10.5.1/29，下一跳地址自定义。

RRU：2 × 2。

FDD 模式，800 ～ 1000 MHz。

频段指示 5，上下行是 830 MHz，880 MHz。

模块二　NB-IoT 网络应用

NB-IoT 即窄带蜂窝物联网 (Narrow Band-Internet of Things)，NB-IoT 支持低功耗设备在广域网的蜂窝数据连接，具有低成本、低功耗、广覆盖等特点，在位置跟踪、环境监测、智能泊车、远程抄表、智慧农业等领域拥有广阔的应用前景。

本模块结合 IUV NB-IoT 虚拟仿真软件，基于 Pre5G 的基础，以任务为驱动进行项目化设计，分为 NB-IoT 组网和 NB-IoT 应用两个项目，便于实施以学生为中心的理实一体化教学。

知识目标　了解 NB-IoT 的应用特点，掌握 NB-IoT 的网络架构。

能力目标　能够进行 NB-IoT 的网络规划，具备开通 NB-IoT 业务应用的能力。

素质目标　培养学生勇于进取、开拓创新、爱岗敬业、精益求精的品质。

项目一　NB-IoT 组网

任务 1　NB-IoT 规划

1. 容量计算

由于 NB-IoT 与 Pre5G 一样，采用的都是 LTE 的组网架构，因此 NB-IoT 的容量计算和 Pre5G 的容量计算基本一样，其具体操作可以参考 Pre5G 容量计算部分。

2. 设备对接规划

(1) 核心网设备对接规划 (见表 2.1.1)。

表 2.1.1　核心网设备对接规划表

设备名称	本端端口	本端端口地址	对端端口	对端端口地址
MME	10GE-7/1	10.1.1.1/24	SW1-1	
SGW	100GE-7/1	10.1.1.3/24	SW1-13	10.1.1.10/24
PGW	100GE-7/1	10.1.1.4/24	SW1-15	
HSS	GE-7/1	10.1.1.2/24	SW1-19	

(2) 无线网设备对接规划 (见表 2.1.2)。

表 2.1.2　无线网设备对接规划表

设备名称	本端端口	本端端口地址	对端端口	对端端口地址
BBU	BBU_TX/RX	10.10.10.10/24	PTN_GE-1/1	10.10.10.1/24
PTN	PIN_10GE-3/1	—	ODF_1/6	—
本端设备名称	本端端口	对端设备名称	对端端口	—
ANT1	ANT1/ANT4	RRU	TX0/RX0 或 TX1/RX1	—
ANT2	ANT1/ANT4	RRU	TX0/RX0 或 TX1/RX1	—
ANT3	ANT1/ANT4	RRU	TX0/RX0 或 TX1/RX1	—
RRU1	POT1	BBU	TX0/RX0	—
RRU2	POT1	BBU	TX2/RX1	—
RRU3	POT1	BBU	TX2/RX2	—
GPS	GPS-IN	BBU	BBU-IN	—

3. 数据规划

核心网无线数据规划如图 2.1.1 所示。

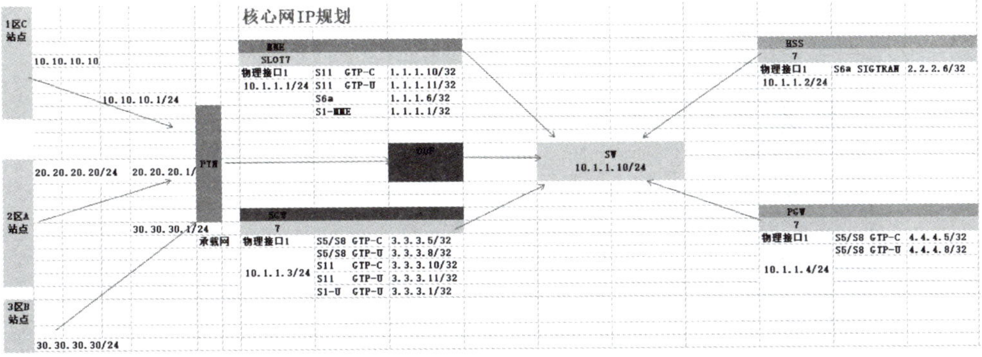

图 2.1.1　核心网无线数据规划

任务 2　NB-IoT 配置调试

1. 核心网配置

1) 设备配置

结合 Pre5G 核心网设备配置过程以及核心网设备对接规划表，完成 NB-IoT 核心网设备配置。

2) 数据配置

结合 Pre5G 核心网数据配置过程以及核心网数据规划表，完成 NB-IoT 核心网数据配置，部分配置参数如表 2.1.3 所示。

表 2.1.3　核心网部分配置参数表

参 数 位 置	参数名称	参 数 值
MME 与 eNodeB 对接配置 (TA1)	TAC	1111
MME 与 HSS 对接配置 (号码分析 1)	分析号码	46000
HSS 用户签约信息配置 (鉴权信息)	KI	11111111111111111111111111111111
HSS 用户签约信息配置 (用户标识)	IMSI	460001234567890
HSS 用户签约信息配置 (用户标识)	MSISDN	15512345678

注意　在 NB-IoT 核心网的 MME 中增加了一项 CIoT 配置，HSS 中增加了 APN 管理配置中的 QoS 分类识别码，同时在签约用户管理配置中增加了鉴权管理域配置。

CIoT 配置中只需要支持 CP 优化，如图 2.1.2 所示。

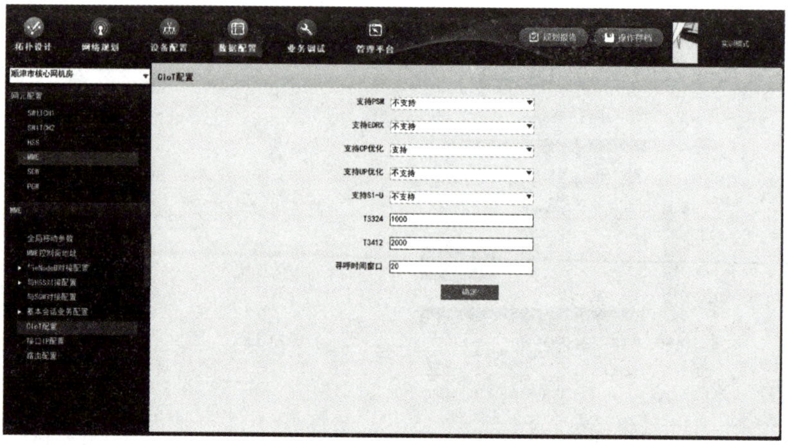

图 2.1.2　CIoT 配置

APN 管理配置中增加 QoS 分类识别码，每种 QoS 分类识别码对应不同的业务类型，其中 QCI1 支持语言业务、QCI5 支持 IMS 信令业务、QCI8/QCI9 支持视频等业务，如图 2.1.3 所示。

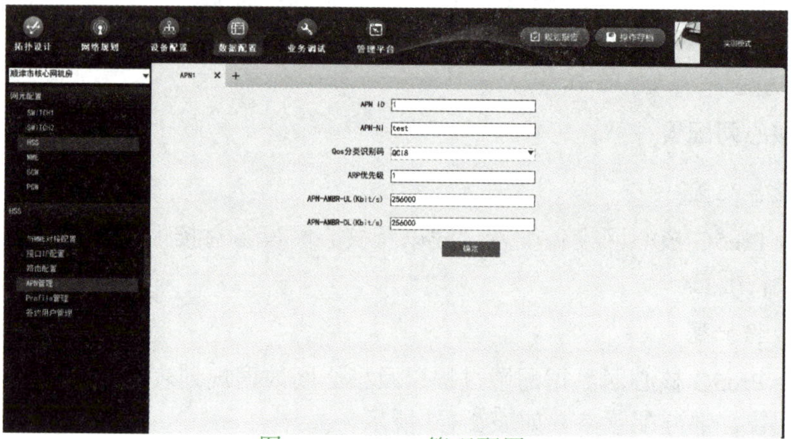

图 2.1.3　APN 管理配置

签约用户管理配置中增加了鉴权管理域，鉴权管理域是一个 4 位十六进制数，主要负责用户鉴权，如图 2.1.4 所示。

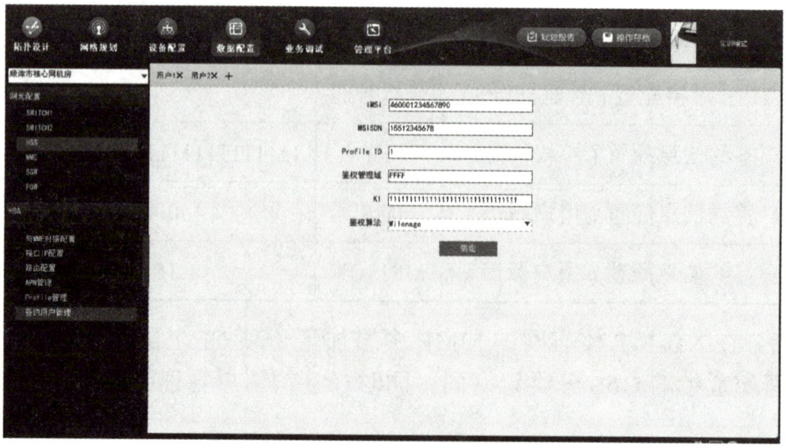

图 2.1.4　签约用户管理配置

可扫描二维码观看 NB-IoT 核心网配置演示视频。

2. 无线网配置

1) 设备配置

结合 Pre5G 无线网设备配置过程以及无线网设备对接规划表，完成 NB-IoT 无线网设备配置。

2) 数据配置

顺津市 1 区 C 站点（无线）机房小区配置数据如表 2.1.4 所示。

表 2.1.4 顺津市 1 区 C 站点（无线）机房小区配置数据表

参 数 名 称	小区 1	小区 2	小区 3
eNodeB 标识	1	1	1
小区 ID	1	2	3
RRU 链路光口	1	2	3
物理小区标识 PCI	1	2	3
跟踪区域码 TAC	1111	1111	1111
小区覆盖属性	室外微小区	室外微小区	室外微小区
频段指示	1	1	1
上行中心载频	1950	1950	1970
下行中心载频	2150	2150	2156
上行频域带宽	200	200	200
下行频域带宽	200	200	200
管理状态	解关断	解关断	解关断
小区调测状态	正确状态	正常状态	正常状态
小区禁止接入指示	允许接入	允许接入	允许接入
RS 参考功率	32.2	32.2	29.2
小区覆盖增强开关	打开	打开	打开
小区接纳控制开关	打开	打开	打开
接纳控制门限	200	200	200

NB-IoT 无线网数据配置与 Pre5G 无线网数据配置有些差异，具体操作流程如下：

在数据配置中，从操作区机房信息菜单中选择"顺津市 1 区 C 站点（无线）

机房"选项，进入顺津市 1 区 C 站点 (无线) 机房数据配置界面，如图 2.1.5 所示。它由"配置节点""命令导航"和"参数配置"3 个区域组成。可在"配置节点"区进行网元选择，根据无线机房的选择以及实际设备配置情况，无线机房设计的网元节点有 BBU、RRU(射频拉远单元)。

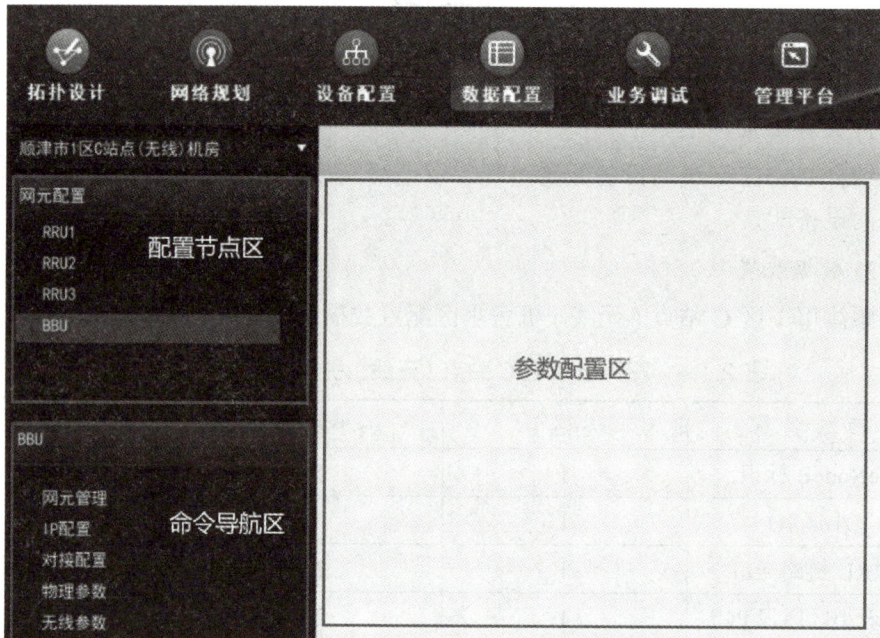

图 2.1.5　顺津市 1 区 C 站点 (无线) 机房数据配置界面

1) BBU 配置

(1) 网元管理。在"配置节点"区选择"BBU"，在"命令导航"区选择"网元管理"，在"参数配置"区输入 eNodeB 标识等参数，单击"确定"按钮保存数据，如图 2.1.6 所示。

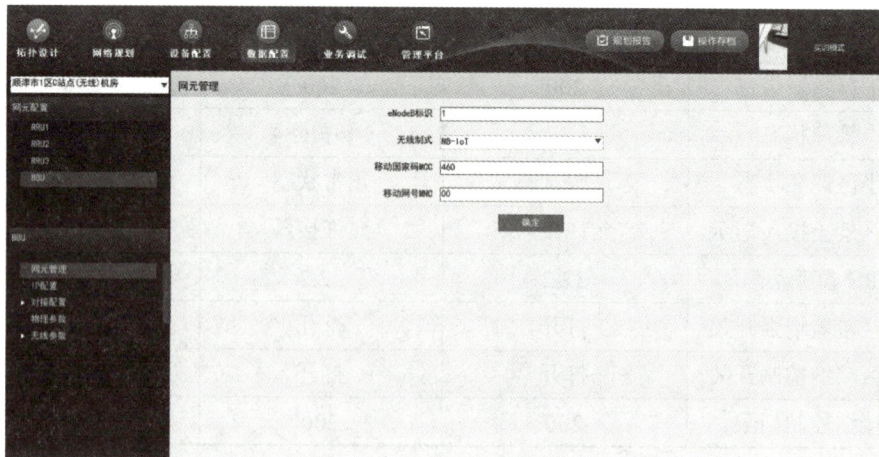

图 2.1.6　BBU 网元管理数据

(2) IP 配置。在"配置节点"区选择"BBU"，在"命令导航"区选择"IP 配置"，在"参数配置"区输入规划好的 BBU IP 地址、网关等，如图 2.1.7 所示。

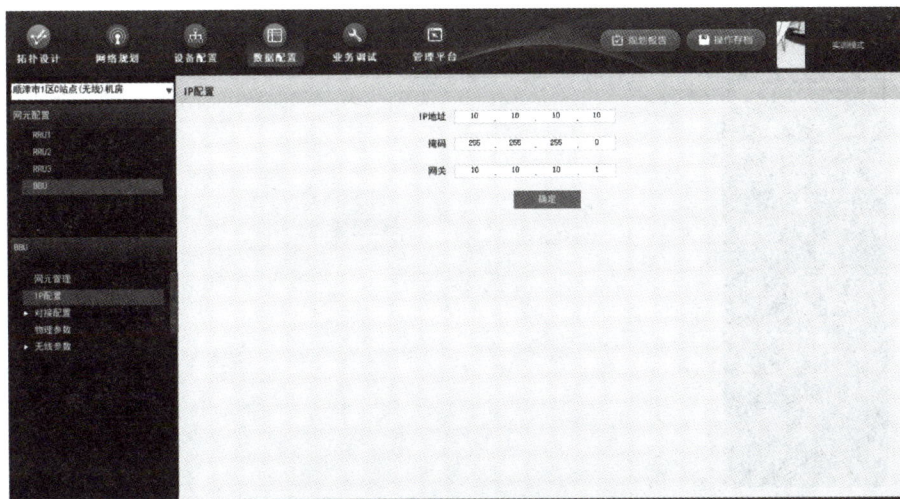

图 2.1.7　BBU IP 配置数据

(3) 对接配置。

① SCTP 配置。在"命令导航"区选择"对接配置"，打开下一级命令菜单，选择"SCTP 配置"，在"参数配置"区输入 eNodeB 与 MME 对接的 SCTP 参数。其中，远端 IP 地址指 MME 的 S1-MME 接口地址，如图 2.1.8 所示。

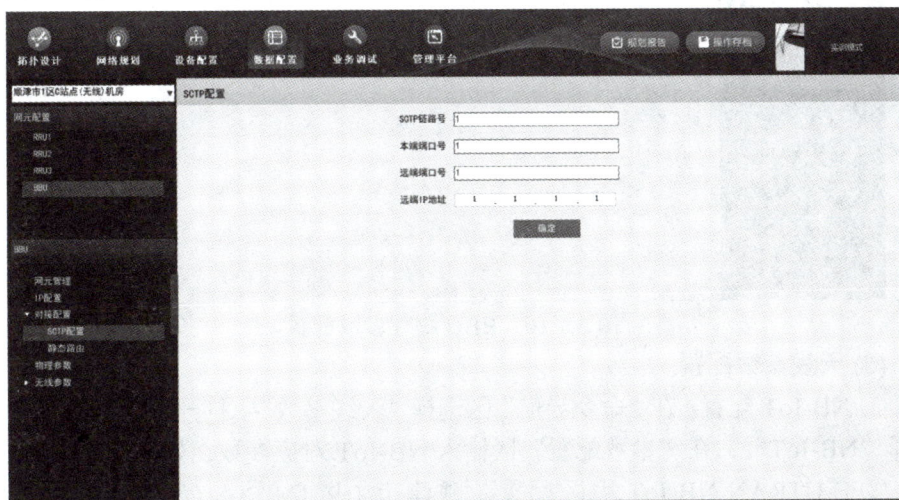

图 2.1.8　BBU 的 SCTP 对接参数

② 静态路由。在"命令导航"区选择"对接配置"，打开下一级命令菜单，选择"静态路由"，在"参数配置"区输入 eNodeB 与 SGW 对接的静态路由数据。其中，目的 IP 地址指 SGW 的 S1-U 地址，下一跳 IP 地址指 eNodeB 网元的网关 IP 地址，如图 2.1.9 所示。

(4) 物理参数配置。在"命令导航"区选择"物理参数"，在"参数配置"区输入 BBU 设备物理接口属性参数。因为在设备连接时 BBU 分别与 3 个扇区的 RRU 相连，所以"RRU 链接光口使能"旁的 3 个复选框均要勾选；设备连接时 BBU 与 PTN 采用光纤相连，因此这里的"承载链路端口"应选择"传输光口"，如图 2.1.10 所示。

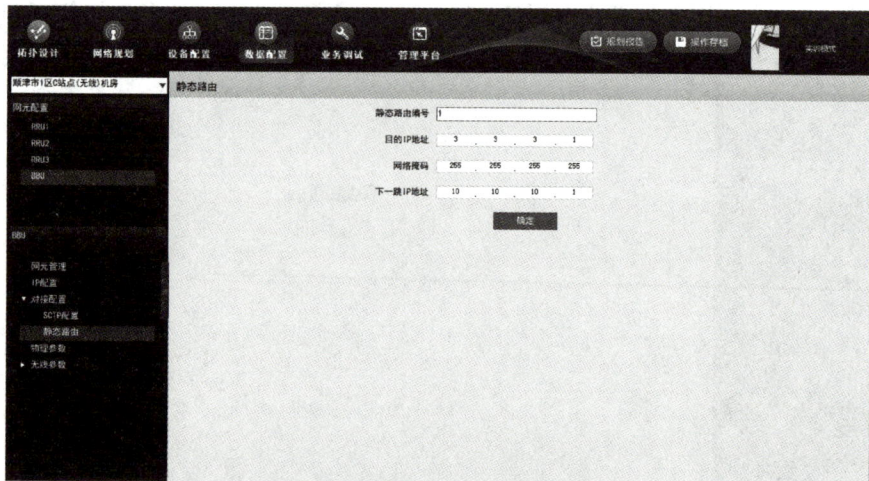

图 2.1.9　BBU 静态路由配置

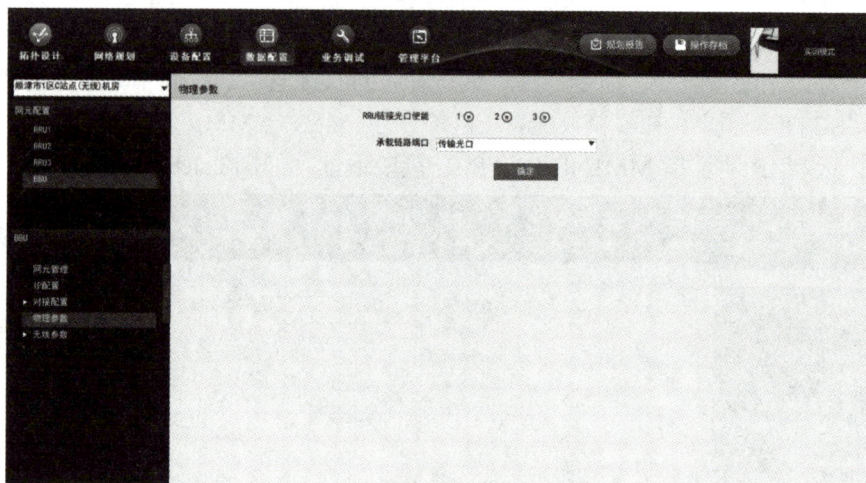

图 2.1.10　BBU 物理参数配置

(5) 天线参数配置。

① NB-IoT 配置。在"命令导航"区选择"天线参数"，打开下一级命令菜单，选择"NB-IoT"，在"参数配置"区输入 NB-IoT 对应参数，如图 2.1.11 所示。

② E-UTRAN NB-IoT 小区配置。顺津市 1 区 C 站点 (无线) 机房有 3 个 E-UTRAN NB-IoT 小区，因此需要逐一配置。在"命令导航"区选择"天线参数"，打开下一级命令菜单，选择"E-UTRAN NB-IoT 小区"，在"参数配置"区单击上方的"+"，添加小区 1，输入小区对应参数。

单击"参数配置"区中的"+"或者"复制配置"按钮，添加"小区 2"和"小区 3"。它们的无线参数与"小区 1"基本相同，区别只在"E-UTRAN NB-IoT 小区 ID""RRU 链路光口"和"物理小区标识码 PCI"3 个参数上。"小区 2"的这些参数均设为"2"，"小区 3"的这些参数均设为"3"，如图 2.1.12 所示。

③ 系统消息配置。在"命令导航"区选择"无线参数"，打开下一级命令菜单，选择"系统消息"，在"参数配置"区输入系统消息对应参数。其中操作模式必须选择"standalone_r13"模式，如图 2.1.13 所示。

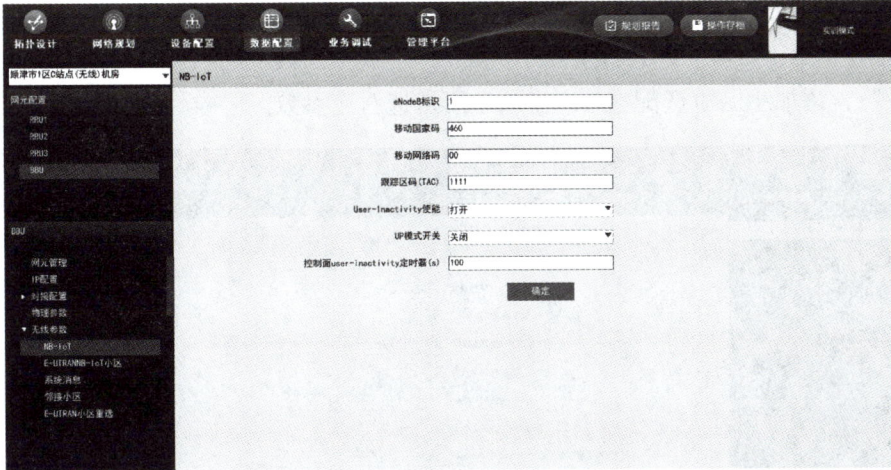

图 2.1.11 NB-IoT 配置

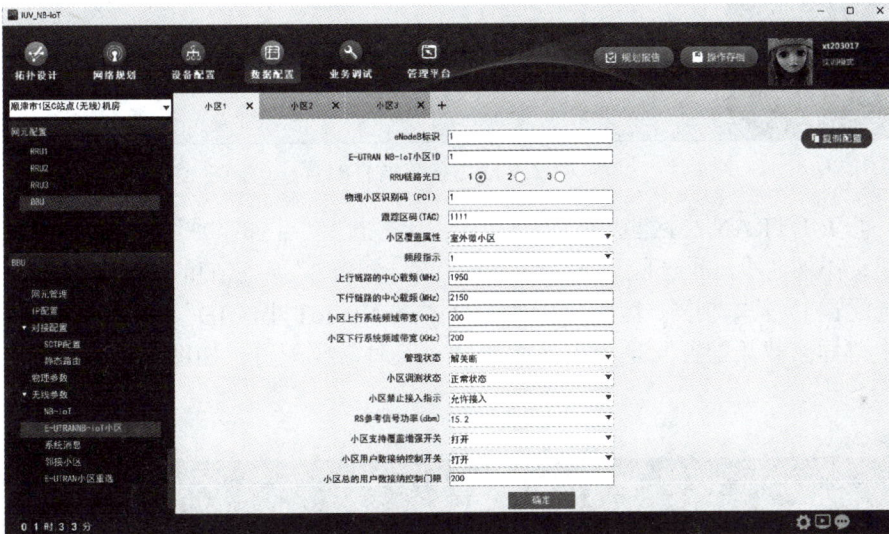

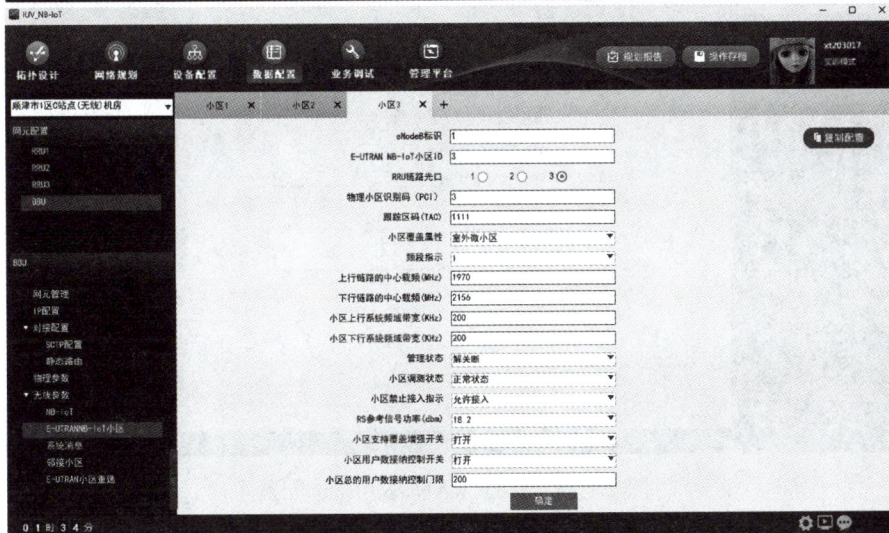

图 2.1.12 E-UTRAN NB-IoT 同频 / 异频小区配置

④ E-UTRAN 小区重选。在"命令导航"区选择"天线参数"，打开下一级命令菜单，选择"E-UTRAN 小区重选"，在"参数配置"区单击上方的符号"+"，添加小区重选配置1，输入小区重选对应参数。

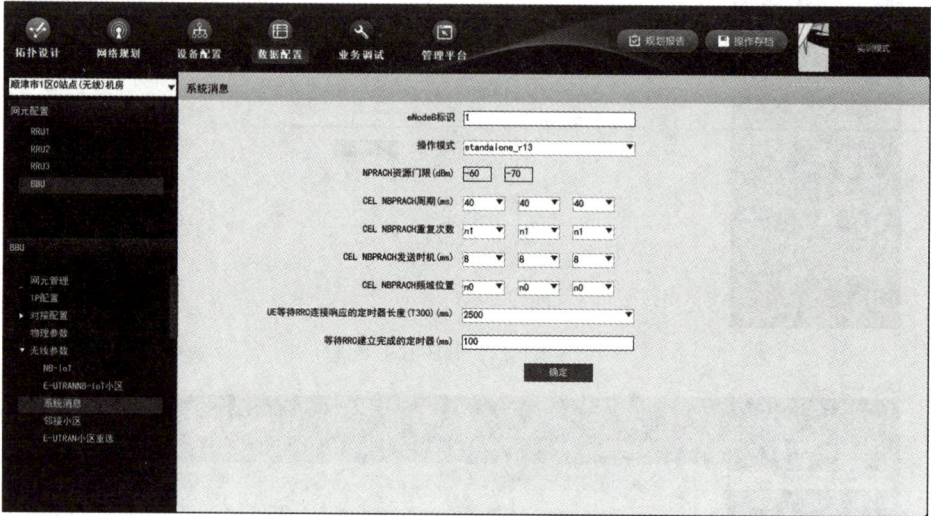

图 2.1.13　系统消息配置

⑤ E-UTRAN 小区重选配置。单击"参数配置"区的"+"或者"复制配置"按钮，添加"小区重选配置2"和"小区重选配置3"。它们的无线参数与"小区重选配置1"基本相同，区别只在"E-UTRAN NB-IoT 小区 ID""异频载频配置"。其中"异频载频配置"是当小区为异频小区时需要配置，如图 2.1.14 和图 2.1.15所示。

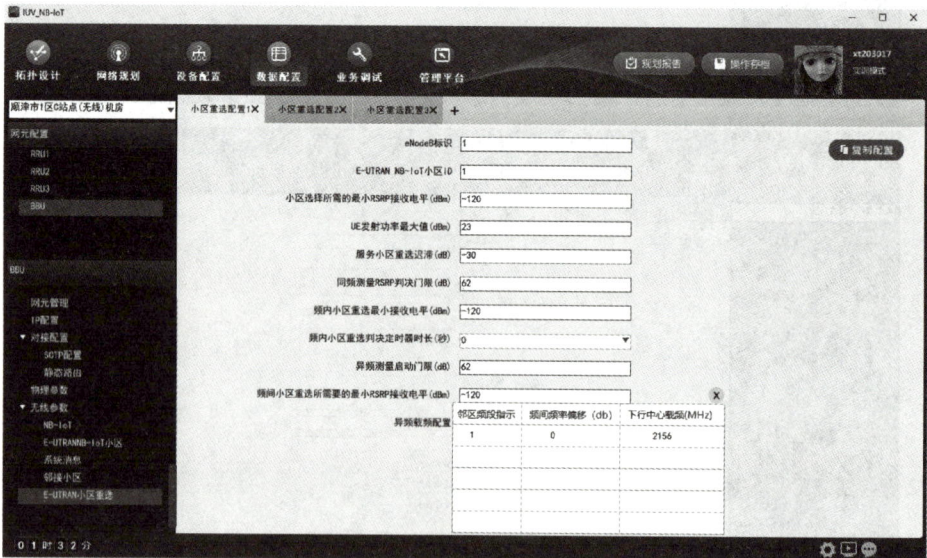

图 2.1.14　E-UTRAN 小区重选配置 1

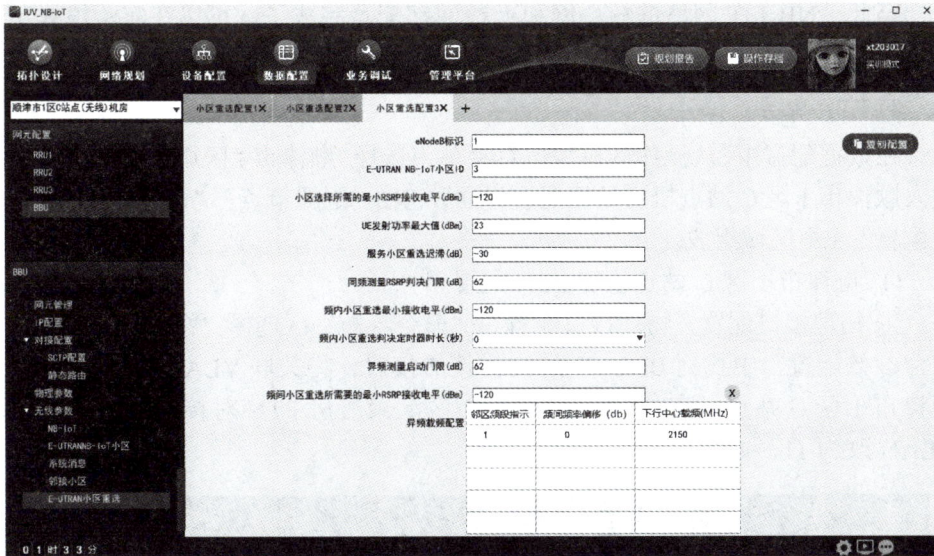

图 2.1.15　E-UTRAN 小区重选配置 3

2) RRU 配置

在"配置节点"区选择 RRU1/2/3，在"命令导航"区选择"射频配置"，在"参数配置"区输入对应的 RRU 射频配置参数，如图 2.1.16 所示。

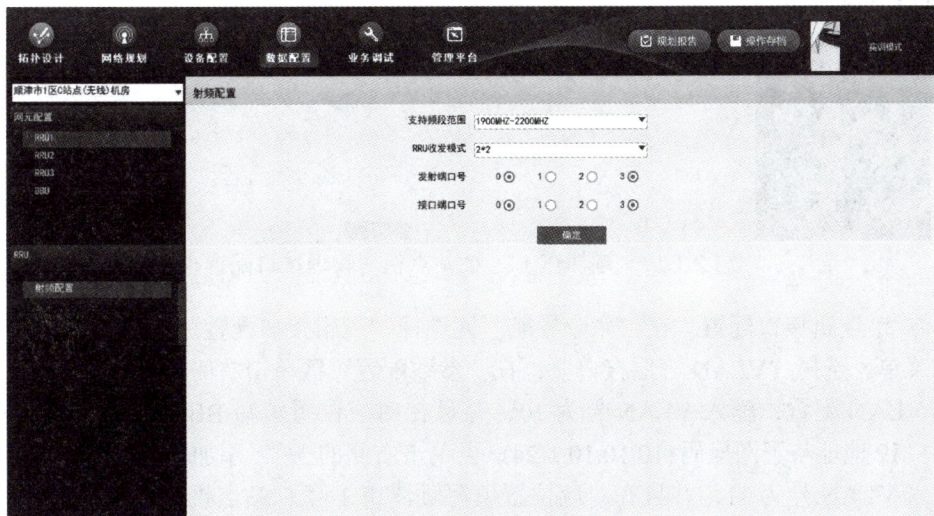

图 2.1.16　RRU 射频配置

可扫描二维码观看 NB-IoT 无线网配置演示视频。

至此，NB-IoT 网络的核心网和无线网都配置完成了，可以在实验模式下进行业务验证，下面进行承载部分的配置，之后进行工程模式下的业务验证。

3) PTN 配置

在数据配置中，从操作区机房信息菜单中选择"顺津市 1 区 C 站点机房"选项，进入顺津市 1 区 C 站点机房数据配置界面，它由"配置节点""命令导航"和"参数配置"3 个区域组成。

(1) 顺津市 1 区 C 站点机房 PTN 配置。

① 物理接口配置。物理接口配置在"命令导航"区选择"物理接口配置"，在"参数配置"中找到 BBU 与 PTN 对接的接口，将关联 VLAN 改为 10；找到顺津市 1 区 C 站点机房 PTN 与顺津市 1 区汇聚机房 PTN 对接的接口，将关联 VLAN 改为 11，如图 2.1.17 所示。

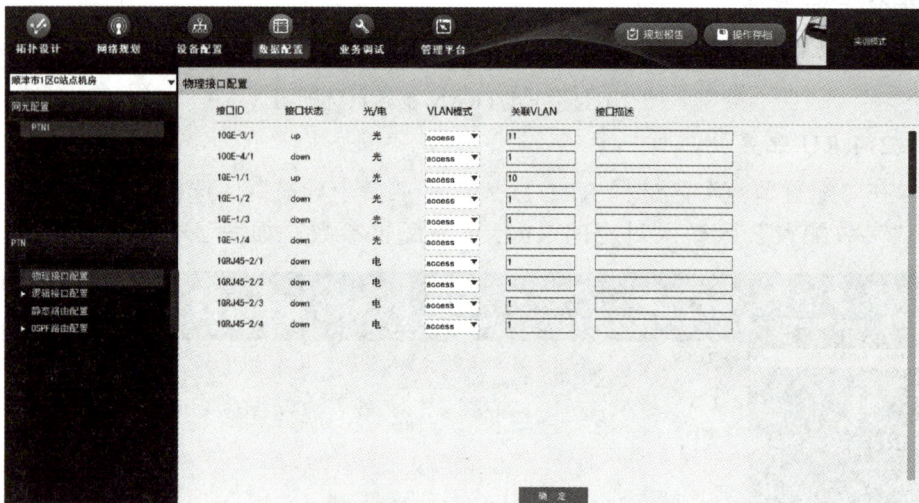

图 2.1.17　顺津市 1 区 C 站点机房物理接口配置

② 逻辑接口配置。在"命令导航"区选择"逻辑接口配置"，打开下一级命令菜单，选择"VLAN 三层接口"，在"参数配置"区单击右侧的"+"，添加一条 VLAN 配置，输入 VLAN 号为 10，并且在对应位置填写 BBU 与 PTN 对接的接口 IP 地址与子网掩码(10.10.10.1/24)；再单击右侧的"+"，添加一条 VLAN 配置，输入 VLAN 号为 11，并且在对应位置填写顺津市 1 区 C 站点机房 PTN 与顺津市 1 区汇聚机房 PTN 对接的接口 IP 地址与子网掩码 (11.1.1.1/32)，如图 2.1.18 所示。

③ OSPF 全局配置。在"命令导航"区选择"OSPF 路由配置"，打开下一级命令菜单，选择"OSPF 全局配置"，在"参数配置"区输入 OSPF 全局参数，如图 2.1.19 所示。其中，router-id 就是 loopback 地址、PTN 中任意接口 IP 地址或者网络中没有用到的 IP 地址；全局 OSPF 状态应设置为"启用"。

④ OSPF 接口配置。在"命令导航"区选择"OSPF 路由配置"，打开下一级命令菜单，选择"OSPF 接口配置"，在"参数配置"区输入 OSPF 接口参数，如图 2.1.20 所示。注意，所有接口的 OSPF 状态均应设置为"启用"。

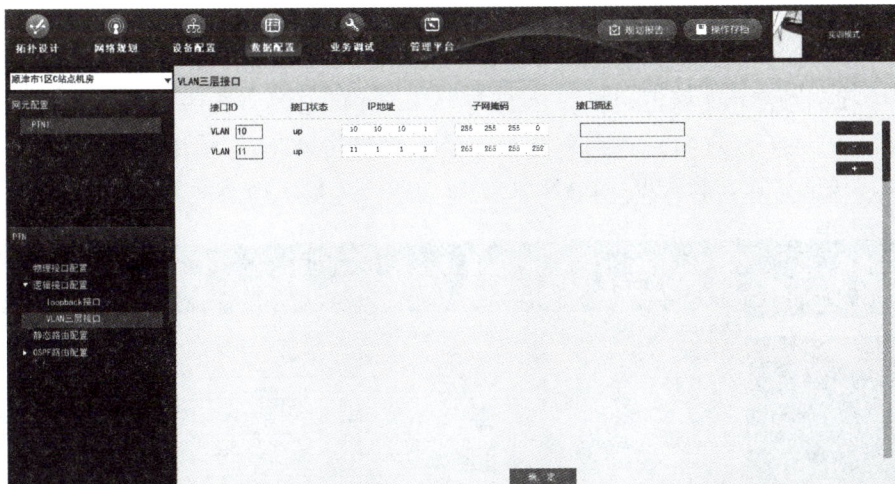

图 2.1.18 顺津市 1 区 C 站点机房逻辑接口 (VLAN 三层接口) 配置

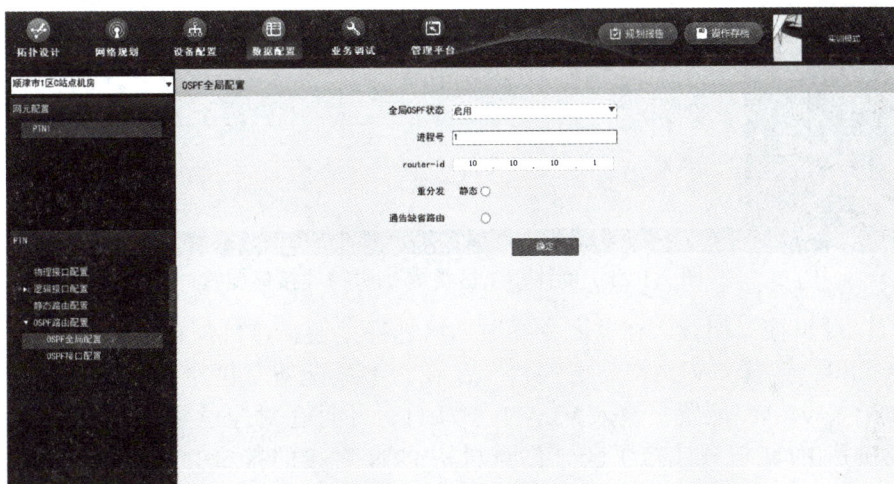

图 2.1.19 顺津市 1 区 C 站点机房 OSPF 全局配置

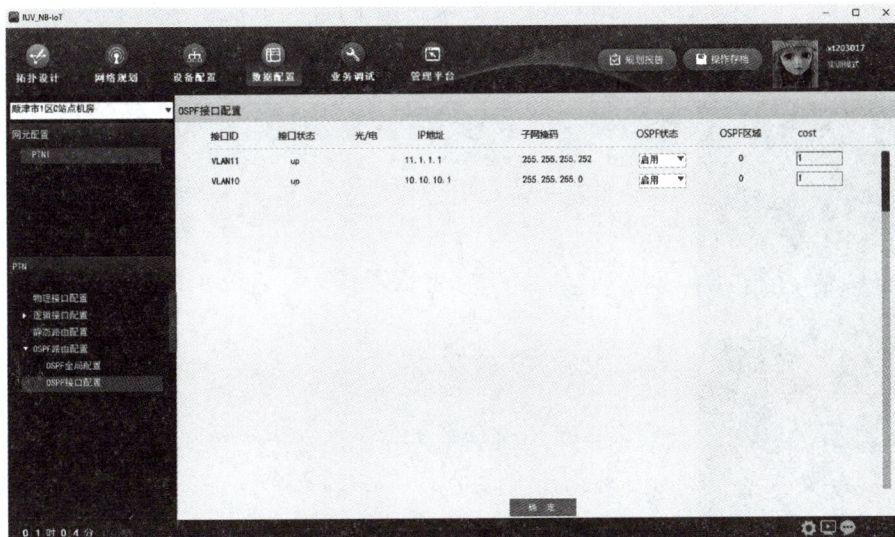

图 2.1.20 顺津市 1 区 C 站点机房 OSPF 接口配置

(2) 顺津市 1 区汇集机房 PTN 配置。

① 物理接口配置。在"命令导航"区选择"物理接口配置",在"参数配置"中找到顺津市 1 区汇聚机房 PTN 与顺津市 1 区 C 站点机房 PTN 对接的接口,将关联 VLAN 改为 11;找到顺津市 1 区汇聚机房 PTN 与顺津市承载中心机房 PTN 对接的接口,将关联 VLAN 改为 12,如图 2.1.21 所示。

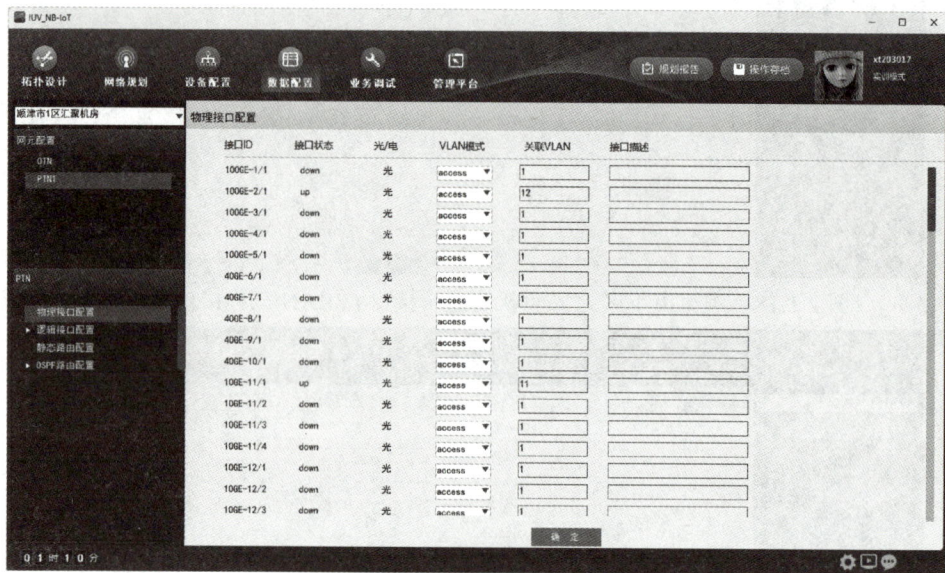

图 2.1.21　顺津市 1 区汇聚机房物理接口配置

② 逻辑接口配置。在"命令导航"区选择"逻辑接口配置",打开下一级命令菜单,选择"VLAN 三层接口",在"参数配置"区单击右侧的"+",添加一条 VLAN 配置,输入 VLAN 号为 11,并且在对应位置填写顺津市 1 区汇聚机房 PTN 与顺津市 1 区 C 站点机房 PTN 对接的接口 IP 地址与子网掩码 (11.1.1.2/30);再单击右侧的"+",添加一条 VLAN 配置,输入 VLAN 号为 12,并且在对应位置填写顺津市 1 区汇聚机房 PTN 与顺津市承载中心机房 PTN 对接的接口 IP 地址与子网掩码 (12.1.1.1/30),如图 2.1.22 所示。

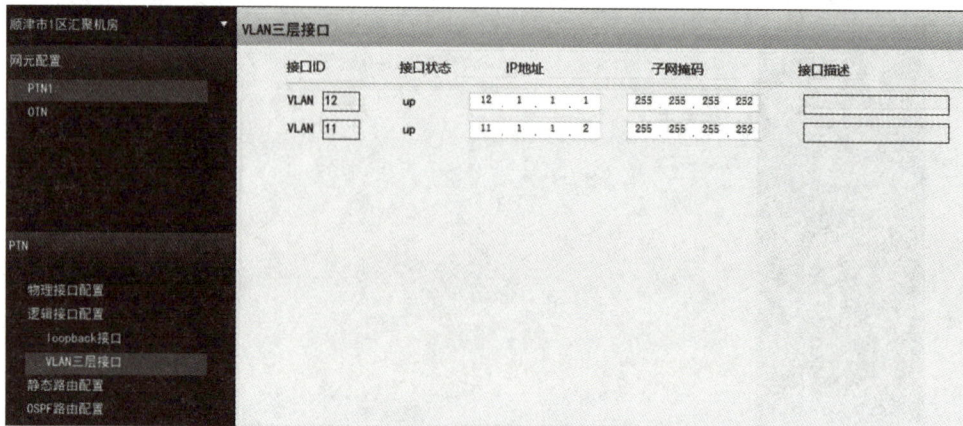

图 2.1.22　顺津市 1 区汇聚机房 VLAN 三层接口配置

③ OSPF 全局配置。在"命令导航"区选择"OSPF 路由配置",打开下一级命令菜单,选择"OSPF 全局配置",在"参数配置"区输入 OSPF 全局参数,如图 2.1.23 所示。其中, router-id 就是 loopback 地址、PTN 中任意接口 IP 地址或者网络中没有用到的 IP 地址;全局 OSPF 状态应设置为"启用"。

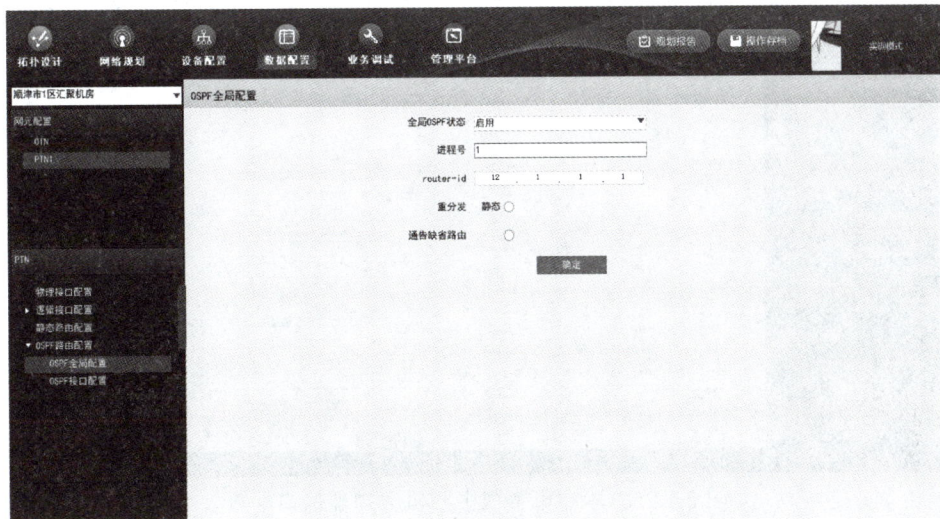

图 2.1.23 顺津市 1 区汇聚机房 OSPF 全局配置

④ OSPF 接口配置。在"命令导航"区选择"OSPF 路由配置",打开下一级命令菜单,选择"OSPF 接口配置",在"参数配置"区输入 OSPF 接口参数,如图 2.1.24 所示。注意,所有接口的 OSPF 状态均应设置为"启用"。

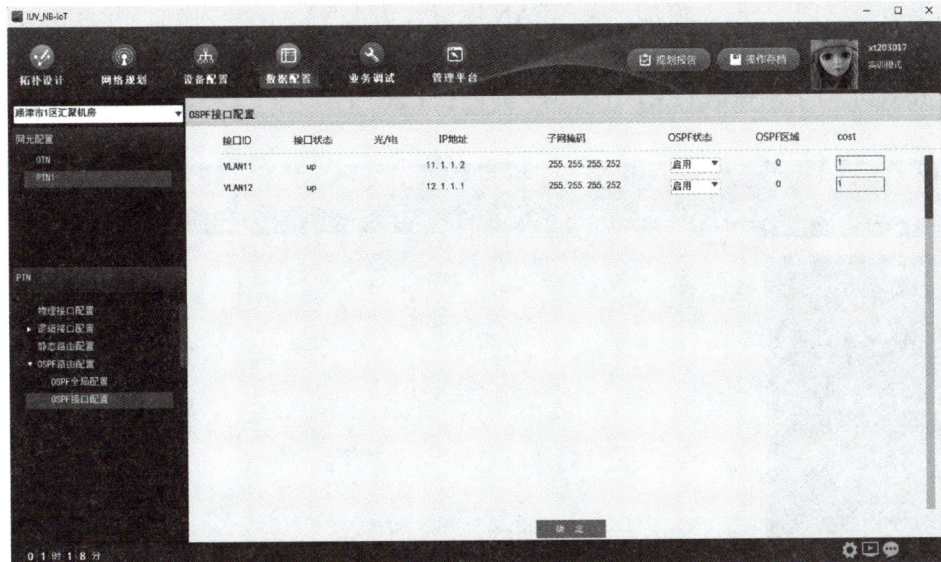

图 2.1.24 顺津市 1 区汇聚机房 OSPF 接口配置

(3) 顺津市承载中心机房 PTN 配置。

① 物理接口配置。在"命令导航"区选择"物理接口配置",在"参数配置"中找到顺津市承载中心机房 PTN 与顺津市 1 区汇聚机房 PTN 对接的接口,将关

联 VLAN 改为 12；找到顺津市承载中心机房 PTN 与顺津市核心网机房交换机 (SW) 对接的接口，将关联 VLAN 改为 13，如图 2.1.25 所示。

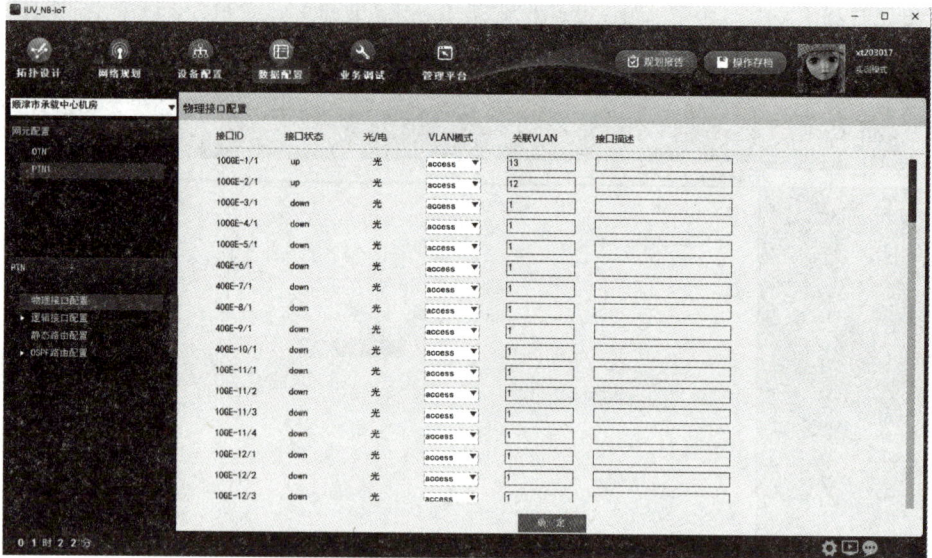

图 2.1.25　顺津市承载中心机房物理接口配置

② 逻辑接口配置。"命令导航"区选择"逻辑接口配置"，打开下一级命令菜单，选择"VLAN 三层接口"，在"参数配置"区单击右侧的"+"，添加一条 VLAN 配置，输入 VLAN 号为 12，并且在对应位置填写顺津市 1 区汇聚机房 PTN 与顺津市 1 区汇聚机房 PTN 对接的接口 IP 地址与子网掩码 (12.1.1.2/30)；再单击右侧的"+"，添加一条 VLAN 配置，输入 VLAN 号为 13，并且在对应位置填写顺津市承载中心机房 PTN 与顺津市核心网机房交换机 (SW) 对接的接口 IP 地址与子网掩码 (13.1.1.1/30)，如图 2.1.26 所示。

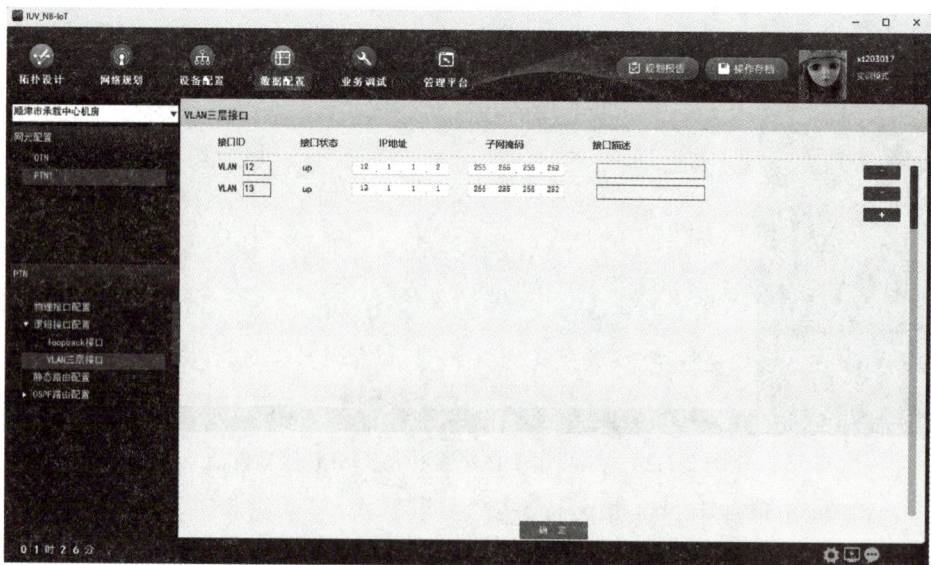

图 2.1.26　顺津市承载中心机房 VLAN 三层接口配置

③ OSPF 全局配置。在"命令导航"区选择"OSPF 路由配置"，打开下一级命令菜单，选择"OSPF 全局配置"，在"参数配置"区输入 OSPF 全局参数，如图 2.1.27 所示。其中， router-id 就是 loopback 地址、PTN 中任意接口 IP 地址或者网络中没有用到的 IP 地址；全局 OSPF 状态应设置为"启用"。

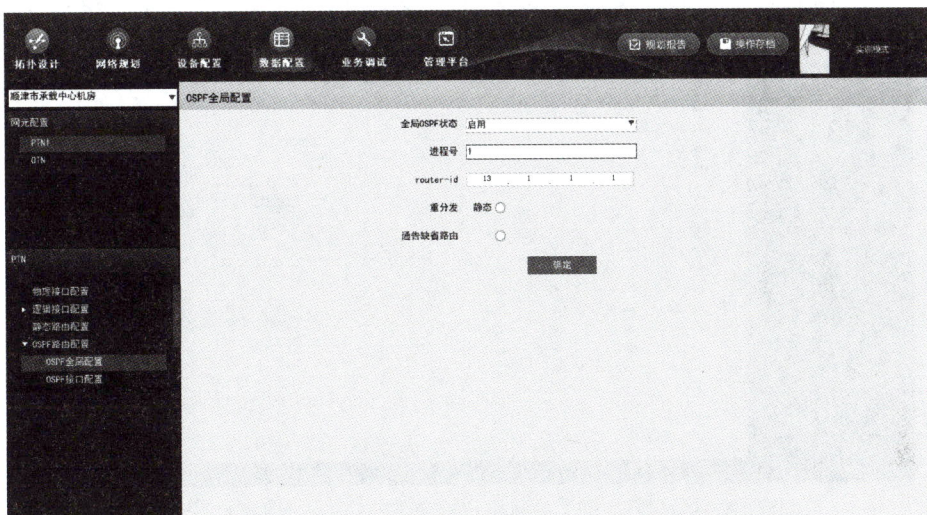

图 2.1.27　顺津市承载中心机房 OSPF 全局配置

④ OSPF 接口配置。在"命令导航"区选择"OSPF 路由配置"，打开下一级命令菜单，选择"OSPF 接口配置"，在"参数配置"区输入 OSPF 接口参数，如图 2.1.28 所示。注意，所有接口的 OSPF 状态均应设置为"启用"。

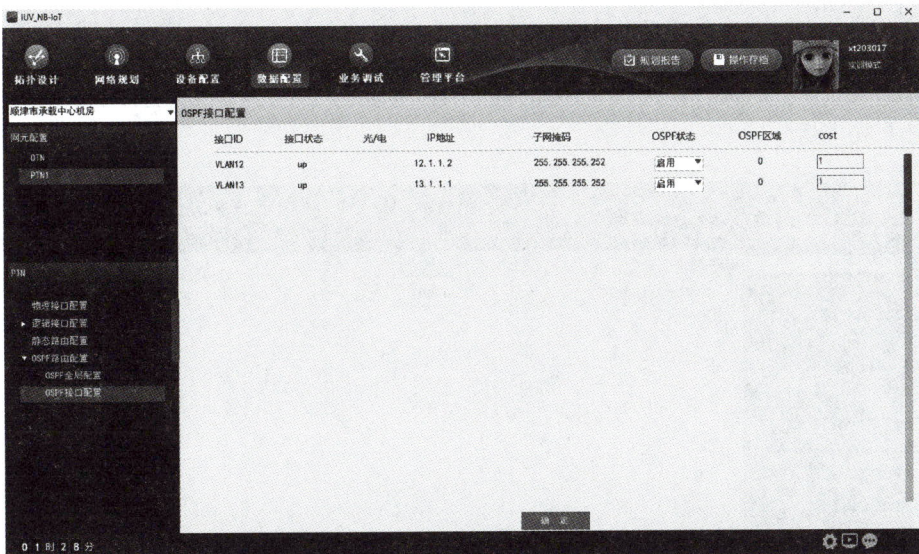

图 2.1.28　顺津市承载中心机房 OSPF 接口配置

(4) 顺津市核心网机房交换机 (SW) 配置。

① 物理接口配置。在"命令导航"区选择"物理接口配置"，在"参数配置"中找到顺津市核心网机房交换机 (SW) 与顺津市承载中心机房 PTN 对接的接口，

将关联 VLAN 改为 13；找到顺津市核心网机房交换机 (SW) 与顺津市核心网机房 MME、SGW、PGW 和 HSS 对接的接口，将关联 VLAN 改为 100，如图 2.1.29 所示。

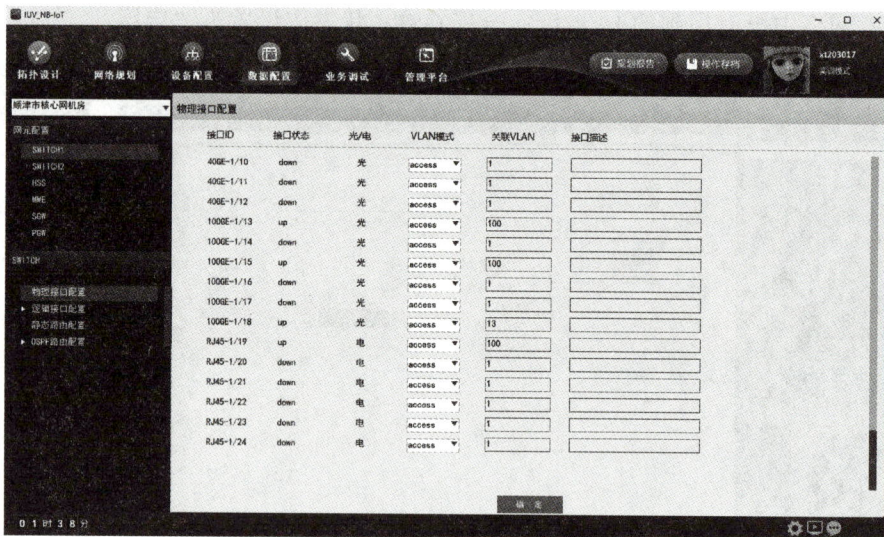

图 2.1.29　顺津市核心网机房交换机 (SW) 物理接口配置

② 逻辑接口配置。在"命令导航"区选择"逻辑接口配置"，打开下一级命令菜单，选择"VLAN 三层接口"，在"参数配置"区单击右侧的"+"，添加一条 VLAN 配置，输入 VLAN 号为 13，并且在对应位置填写顺津市核心网机房交换机 (SW) 与顺津市承载中心机房 PTN 对接的接口 IP 地址与子网掩码 (13.1.1.2/30)；再单击右侧的"+"，添加一条 VLAN 配置，输入 VLAN 号为 100，并且在对应位置填写顺津市核心网机房交换机 (SW) 与顺津市核心网机房 MME、SGW、PGW 和 HSS 对接的接口 IP 地址与子网掩码 (10.1.1.10/24)，如图 2.1.30 所示。

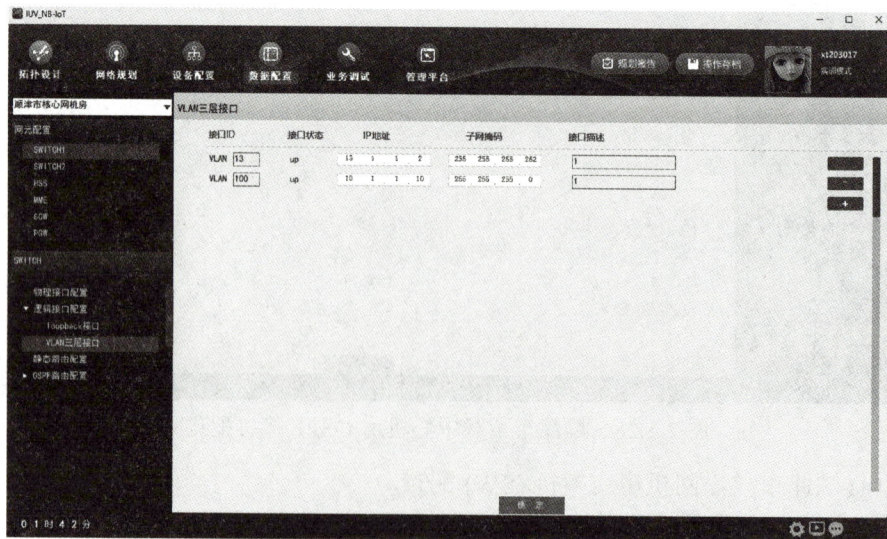

图 2.1.30　顺津市核心网机房交换机 (SW)VLAN 三层接口配置

③ 静态路由配置。顺津市承载网通过承载中心机房中的 PTN/RT 与顺津市核心网连接。由于核心网网元不支持 OSPF 动态路由协议，因此 PTN 应向核心网设备的协议接口配置静态路由，并在"OSPF 全局配置"中启用静态重分发功能，使承载网中其他交换设备能够通过静态路由找到核心网设备的协议接口。在"命令导航"区选择"静态路由配置"，在"参数配置"区添加静态路由，如图 2.1.31 所示。静态路由较多时，也可使用网络地址将多个路由合并在一起。

图 2.1.31　顺津市核心网机房交换机 (SW) 静态路由配置

④ OSPF 全局配置。在"命令导航"区选择"OSPF 路由配置"，打开下一级命令菜单，选择"OSPF 全局配置"，在"参数配置"区输入 OSPF 全局参数，如图 2.1.32 所示。其中， router-id 就是 loopback 地址、交换机 (SW) 中任意接口 IP 地址或者网络中没有用到的 IP 地址；全局 OSPF 状态应设置为"启用"。

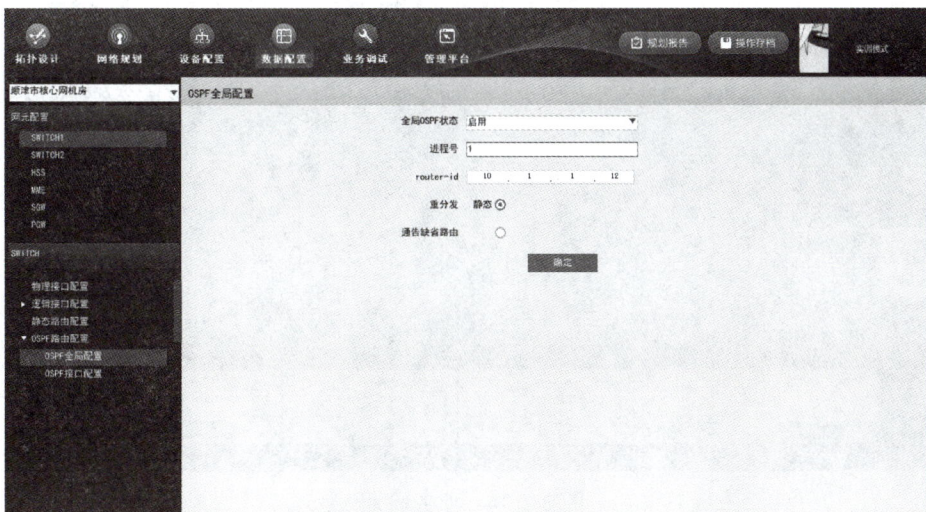

图 2.1.32　顺津市核心网机房交换机 (SW)OSPF 全局配置

⑤ OSPF 接口配置。在"命令导航"区选择"OSPF 路由配置"，打开下一级命令菜单，选择"OSPF 接口配置"，在"参数配置"区输入 OSPF 接口参数，如图 2.1.33 所示。注意，所有接口的 OSPF 状态均应设置为"启用"。

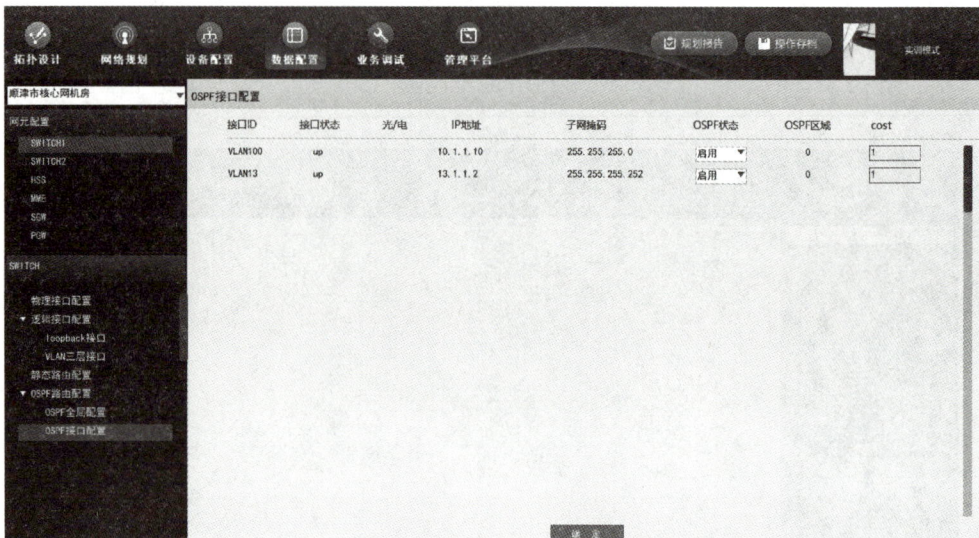

图 2.1.33　顺津市核心网机房交换机 (SW)OSPF 接口配置

2) 业务验证

在业务调试中单击业务验证，在右侧"终端配置"输入 MCC、MNC、APN、IMSI、KI(密钥) 对应的数据，再单击下方的测试，结果如图 2.1.34 和图 2.1.35 所示。

图 2.1.34　业务验证 1

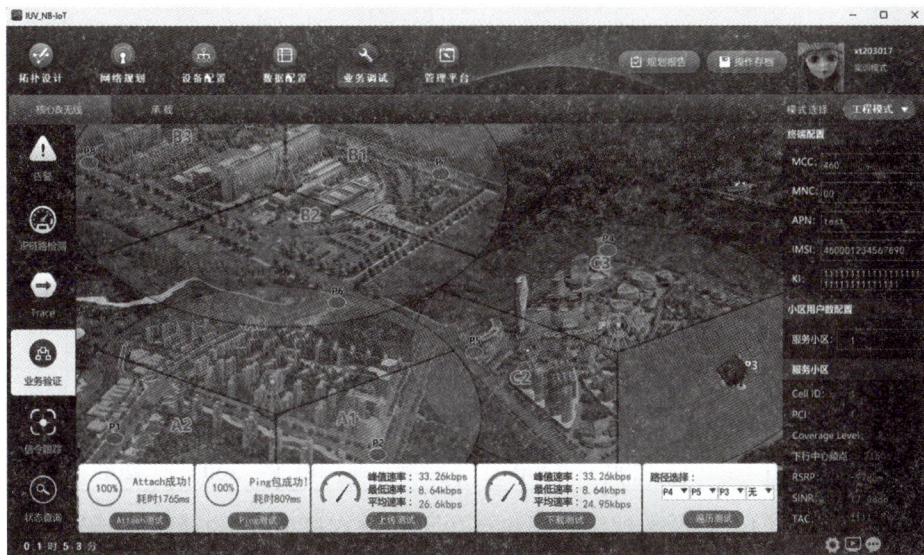

图 2.1.35 业务验证 2

项目实践

1. 根据表 2.1.5 中的数据完成顺津市 2 区 A 站点（无线）机房和顺津市 3 区 B 站点（无线）机房的业务开通和验证。

表 2.1.5 顺津市 2、3 区 A 站点（无线）机房小区数据

参数名称	2 区			参数名称	3 区		
	小区 1	小区 2	小区 3		小区 1	小区 2	小区 3
eNodeB 标识	3	3	3	eNodeB 标识	2	2	2
小区 ID	1	2	3	小区 ID	1	2	3
RRU 链路光口	1	2	3	RRU 链路光口	1	2	3
物理小区标识 PCI	1	2	3	物理小区标识 PCI	1	2	3
跟踪区域码 TAC	1111	1111	1111	跟踪区域码 TAC	1111	1111	1111
小区覆盖属性	室外微小区	室外微小区	室外微小区	小区覆盖属性	室外微小区	室外微小区	室外微小区
频段指示	17	17	17	频段指示	8	8	8
上行中心载频	710	715	710	上行中心载频	900	900	885
下行中心载频	740	743	740	下行中心载频	950	950	930
上行频域带宽	200	200	200	上行频域带宽	200	200	200
下行频域带宽	200	200	200	下行频域带宽	200	200	200
管理状态	解关断	解关断	解关断	管理状态	解关断	解关断	解关断

参数名称	2 区			参数名称	3 区		
	小区 1	小区 2	小区 3		小区 1	小区 2	小区 3
小区调测状态	正确状态	正常状态	正常状态	小区调测状态	正确状态	正常状态	正常状态
小区禁止接入指示	允许接入	允许接入	允许接入	小区禁止接入指示	允许接入	允许接入	允许接入
RS 参考功率	32.2	32.2	29.2	RS 参考功率	32.2	32.2	29.2
小区覆盖增强开关	打开	打开	打开	小区覆盖增强开关	打开	打开	打开
小区接纳控制开关	打开	打开	打开	小区接纳控制开关	打开	打开	打开
接纳控制门限	200	200	200	接纳控制门限	200	200	200

2. 根据表 2.1.6 中的数据完成顺津市 2 区 A 站点机房到核心网机房和顺津市 3 区 B 站点机房到核心网机房之间的承载机房设备及数据配置，并且业务验证成功。

表 2.1.6　顺津市 2、3 区承载数据

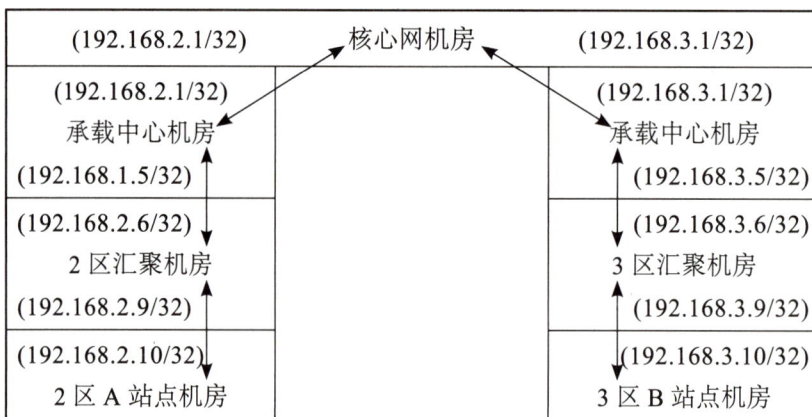

(192.168.2.1/32)	核心网机房	(192.168.3.1/32)
(192.168.2.1/32) 承载中心机房 (192.168.1.5/32)		(192.168.3.1/32) 承载中心机房 (192.168.3.5/32)
(192.168.2.6/32) 2 区汇聚机房 (192.168.2.9/32)		(192.168.3.6/32) 3 区汇聚机房 (192.168.3.9/32)
(192.168.2.10/32) 2 区 A 站点机房		(192.168.3.10/32) 3 区 B 站点机房

项目二　NB-IoT 应用

●　●　●　●　●

NB-IoT 是 IoT 领域的一个新兴技术，只消耗约 180 kHz 的带宽，应用非常广泛，本软件中设计了智能门锁、智能水表、智能电表、智能泊车、共享电车等应用功能。

任务 1　智能门锁应用

1. 智能门锁配置

1) 数据配置

在核心网数据配置 HSS 签约用户管理中添加一条用户信息或者使用用户 1，如图 2.2.1 所示。

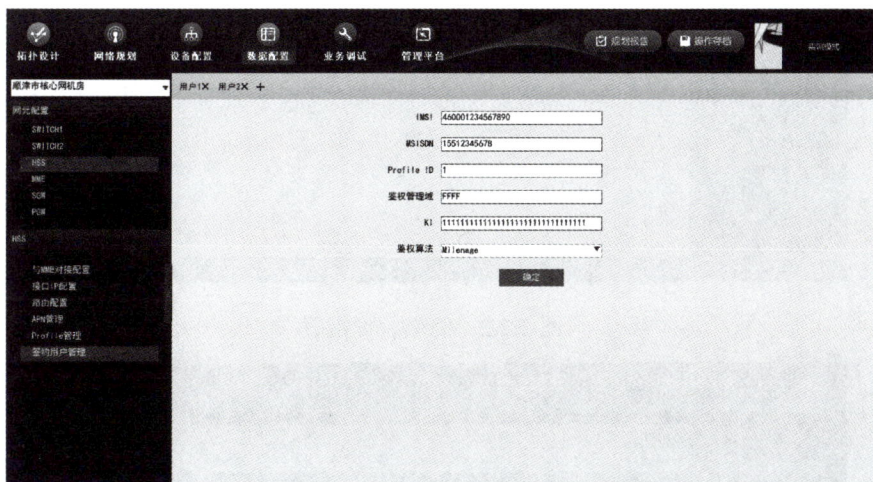

图 2.2.1　核心网 HSS 签约用户 1 信息配置

2) 终端管理配置

在"管理平台"中选择"终端管理"，单击右侧"+"，添加一条终端管理配置，输入对应数据。其中，名称可以写序号，也可以写业务名称，比如智能门锁，MCC、MNC、APN 与核心侧一致，IMSI 必须和签约用户管理 IMSI 相同，如图 2.2.2 所示。

2. 业务验证

在"管理平台"中选择"行为管理"，在"终端位置""终端类型"和"终端名称"中选择对应"终端管理"的数据，再单击"开锁"按钮，如图 2.2.3 所示。

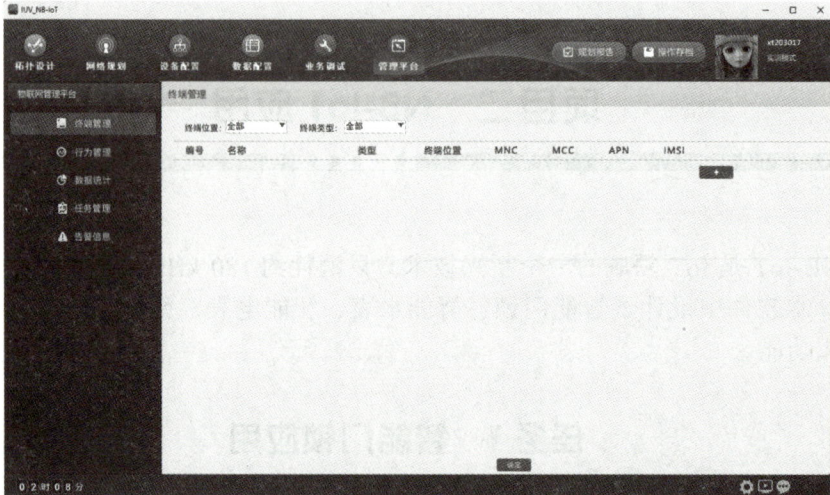

(a)

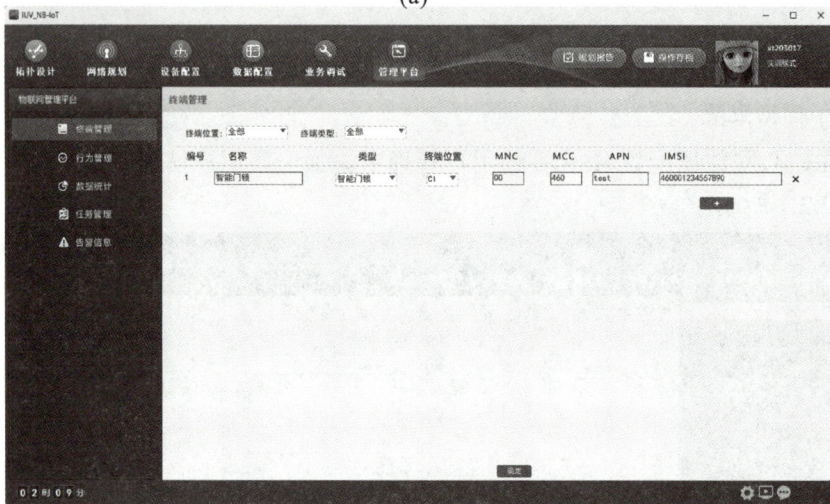

(b)

图 2.2.2　终端管理配置

(a)

(b)

图 2.2.3 智能门锁配置验证

可扫描二维码观看智能门锁应用演示视频。

任务 2 智能水表应用

1. 智能水表配置

1) 数据配置

在核心网数据配置 HSS 签约用户管理中添加一条用户 2，如图 2.2.4 所示。其中，IMSI 为 "460001234567800"。

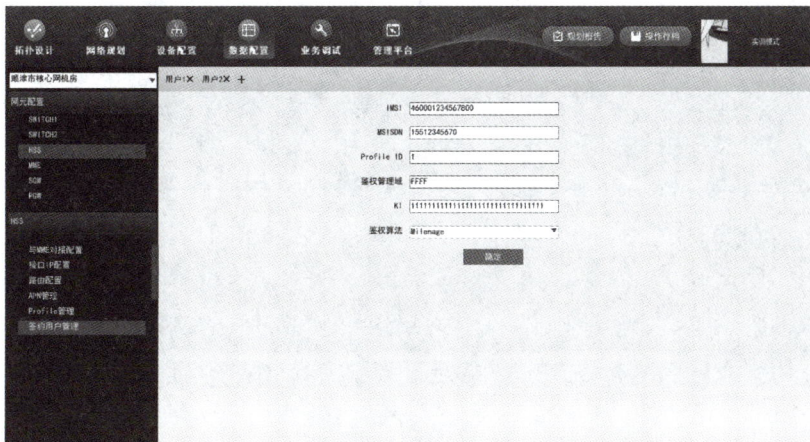

图 2.2.4 核心网 HSS 签约用户 2 信息配置

2) 终端管理配置

在"管理平台"中选择"终端管理"，单击右侧"+"，添加一条终端管理配置，输入对应数据。其中，名称可以写序号，也可以写业务名称，比如智能水表，MCC、MNC、APN 与核心侧一致，IMSI 必须和签约用户管理的用户 2 中的 IMSI 相同，如图 2.2.5 所示。

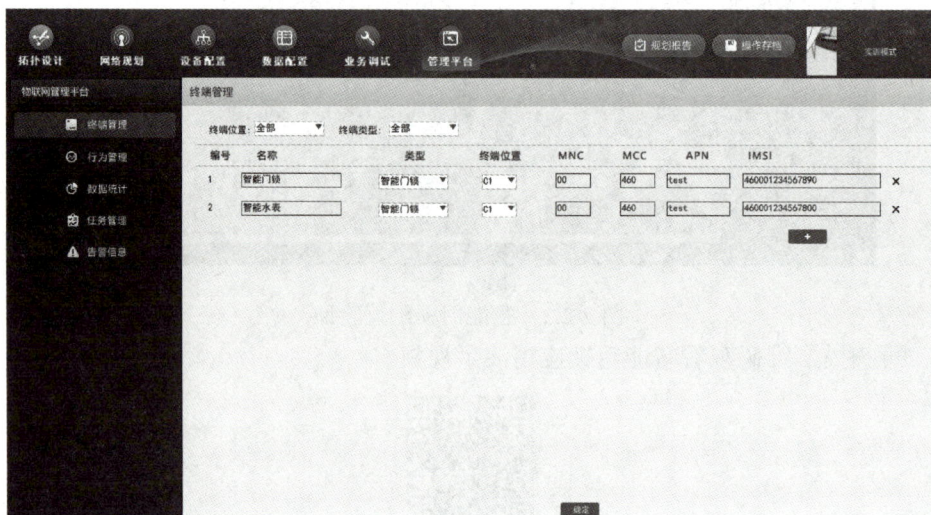

图 2.2.5　终端管理配置

2. 业务验证

在"管理平台"中选择"行为管理"，在"终端位置""终端类型"和"终端名称"中选择对应"终端管理"的数据，再单击"上传"按钮，如图 2.2.6 所示。

图 2.2.6　智能水表配置验证

任务 3　智能电表应用

1. 智能电表配置

1) 数据配置

在核心网数据配置 HSS 签约用户管理中添加一条用户 3，其中，IMSI 为"460001234567000"，如图 2.2.7 所示。

图 2.2.7　核心网 HSS 签约用户 3 信息配置

2) 终端管理配置

在"管理平台"中选择"终端管理"，单击右侧"+"，添加一条终端管理配置，输入对应数据。其中，名称可以写序号，也可以写业务名称，比如智能电表，MCC、MNC、APN 与核心侧一致，IMSI 必须和签约用户管理中的用户3 的 IMSI 相同，如图 2.2.8 所示。

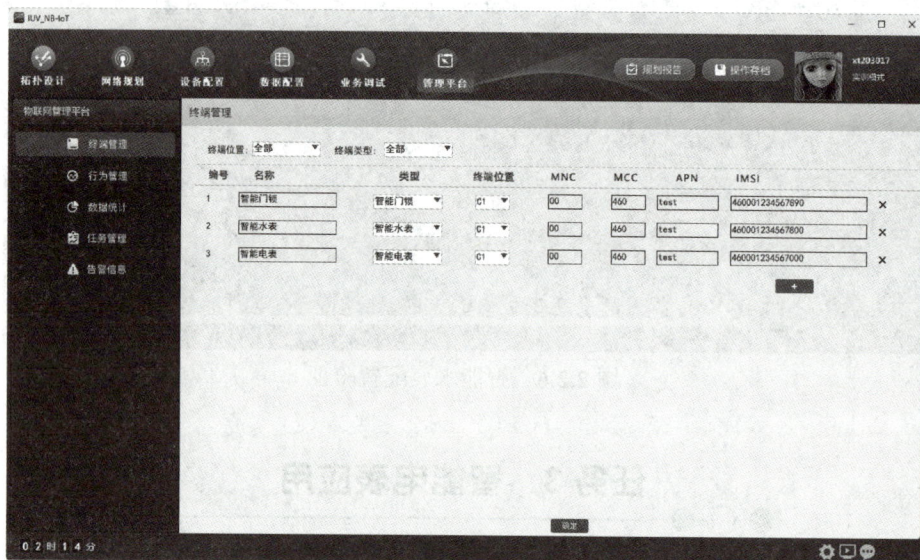

图 2.2.8　终端管理配置

2. 业务验证

在"管理平台"中选择"行为管理"，在"终端位置""终端类型"和"终端名称"中选择对应"终端管理"的数据，再单击"上传"按钮，如图 2.2.9 所示。

图 2.2.9　智能电表配置验证

任务 4 共享单车应用

1. 共享单车配置

1) 数据配置

在核心网数据配置 HSS 签约用户管理中添加一条用户 3，其中，IMSI 为 "460001234560000"，如图 2.2.10 所示。

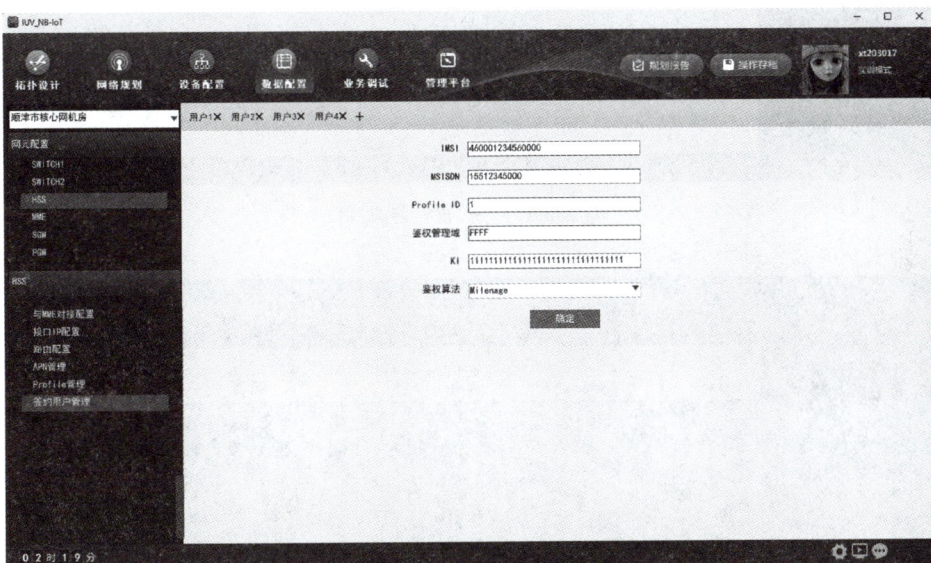

图 2.2.10 核心网 HSS 签约用户 4 信息配置

2) 终端管理配置

在"管理平台"中选择"终端管理"，单击右侧"+"，添加一条终端管理配置，输入对应数据。其中，名称可以写序号，也可以写业务名称，比如共享单车，MCC、MNC、APN 与核心侧一致，IMSI 必须和签约用户管理的用户 4 中的 IMSI 相同，如图 2.2.11 所示。

2. 业务验证

在"管理平台"中选择"行为管理"，在"终端位置""终端类型"和"终端名称"中选择对应"终端管理"的数据，再单击"开锁"按钮，如图 2.2.12 所示。

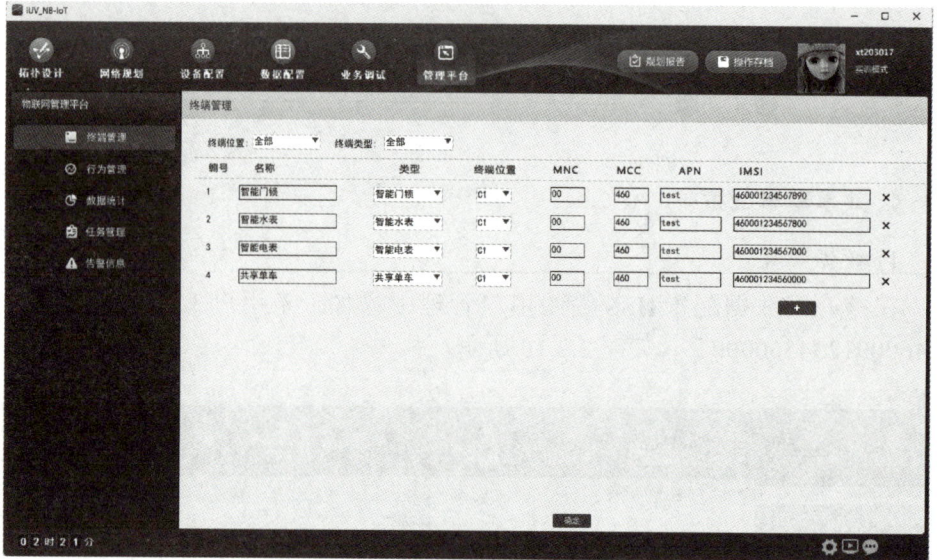

图 2.2.11 终端管理配置

图 2.2.12 共享单车配置验证

任务 5 自动泊车应用

1. 自动泊车配置

1) 数据配置

在核心网数据配置 HSS 签约用户管理中添加一条用户 5，其中，IMSI 为"460001234500000"，如图 2.2.13 所示。

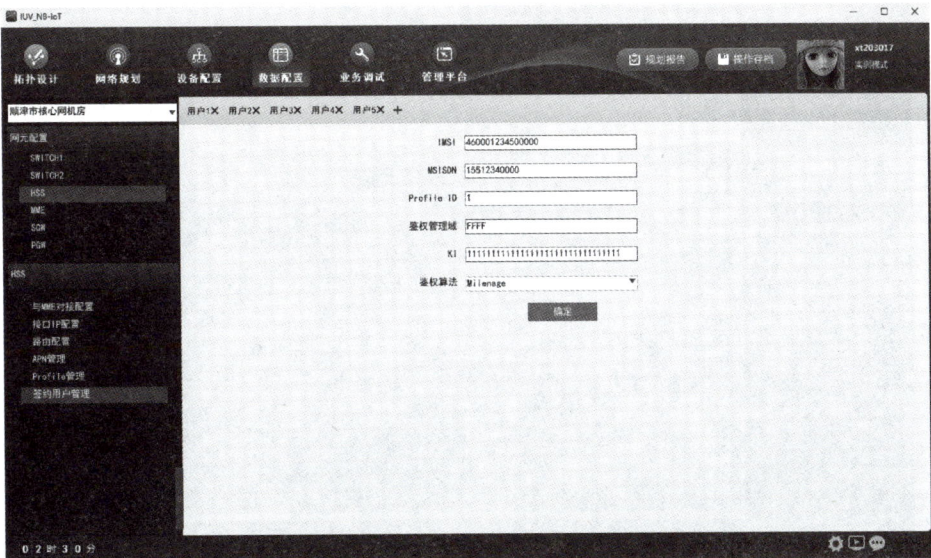

图 2.2.13　核心网 HSS 签约用户 5 信息配置

2) 终端管理配置

在"管理平台"中选择"终端管理"，单击右侧"+"，添加一条终端管理配置，输入对应数据。其中，名称可以写序号，也可以写业务名称，比如自动泊车，MCC、MNC、APN 与核心侧一致，IMSI 必须和签约用户管理的用户 5 中的 IMSI 相同，如图 2.2.14 所示。

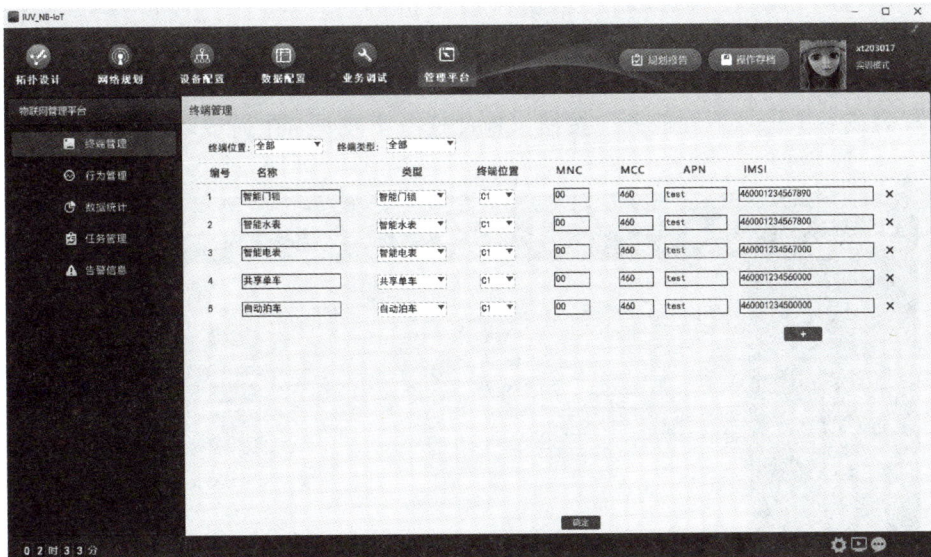

图 2.2.14　终端管理配置

2. 业务验证

在"管理平台"中选择"行为管理"，在"终端位置""终端类型"和"终端名称"中选择对应"终端管理"的数据，再单击"停车"按钮，如图 2.2.15 所示。

图 2.2.15　自动泊车配置验证

任务 6　任务下发与数据统计

1. 任务下发

在"管理平台"中选择"任务管理"，在右侧单击"+"添加 5 条任务，分别为智能门锁、智能水表、智能电表、共享单车和自动泊车，如图 2.2.16 所示。再调整上报周期与任务时长。上报周期与任务时长不合理会导致任务下发失败。配置完成后单击"下发任务"按钮，检测任务下发是否配置成功。

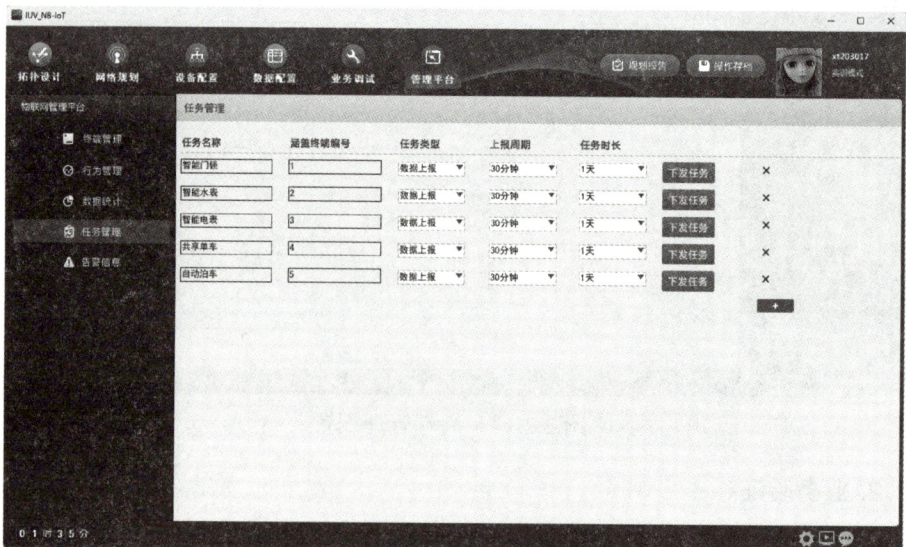

图 2.2.16　任务管理配置

1) 智能门锁

在任务管理中智能门锁的最大数据上报次数为 200 次，因此在调整上报周期与任务时长时上报次数不能大于等于 200 次，否则任务将会失败，具体如图2.2.17、图 2.2.18 所示。

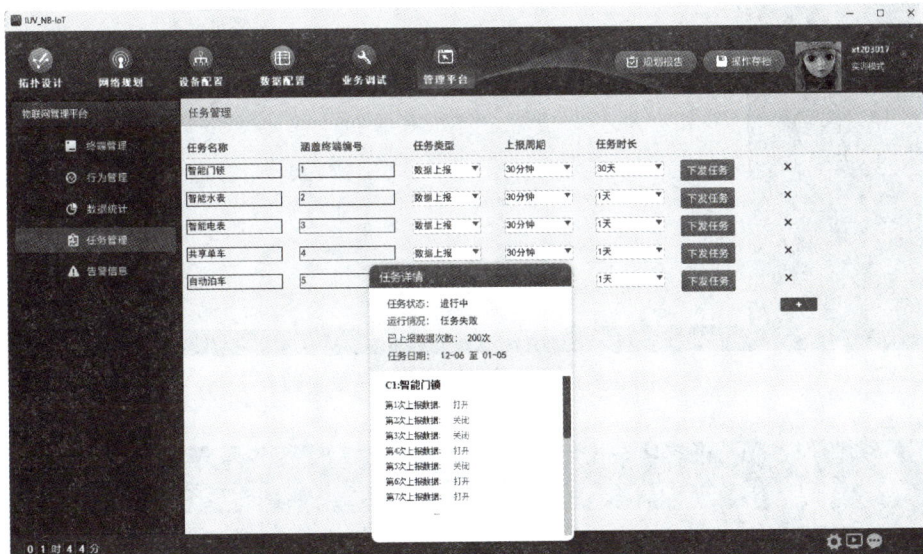

图 2.2.17　智能门锁任务下发失败

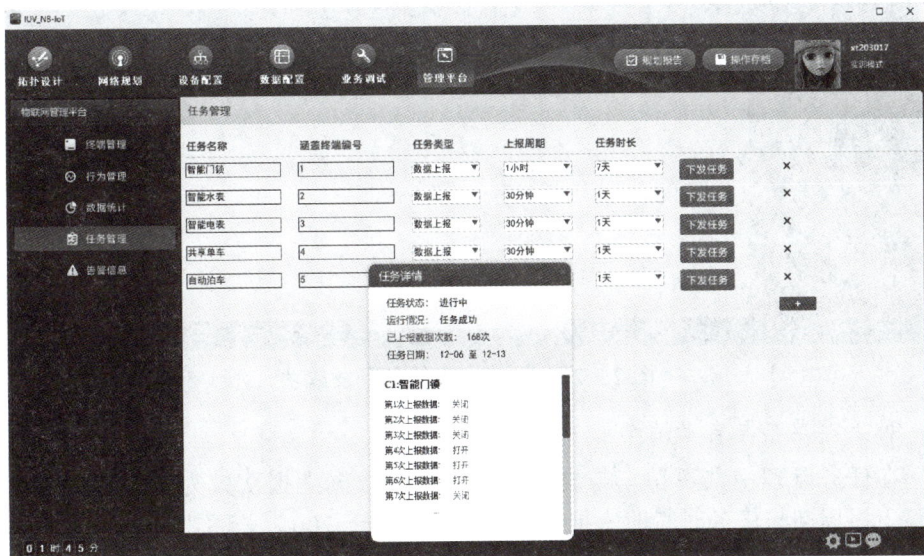

图 2.2.18　智能门锁任务下发成功

2) 智能水表与智能电表

在任务管理中智能水表与智能电表的最大数据上报次数为 30 次，因此在调整上报周期与任务时长时上报次数不能大于等于 30 次，否则任务将会失败，具体如图 2.2.19、图 2.2.20 所示。

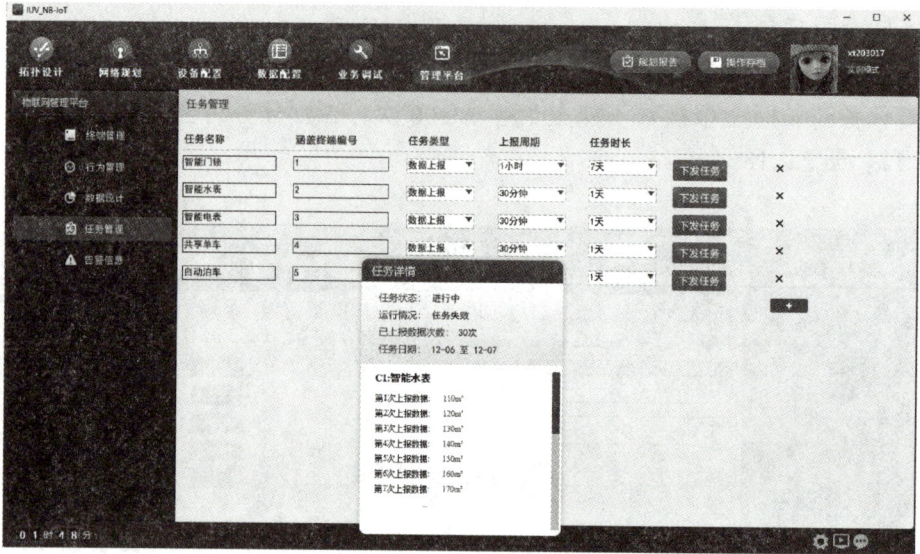

图 2.2.19　智能水表任务下发失败

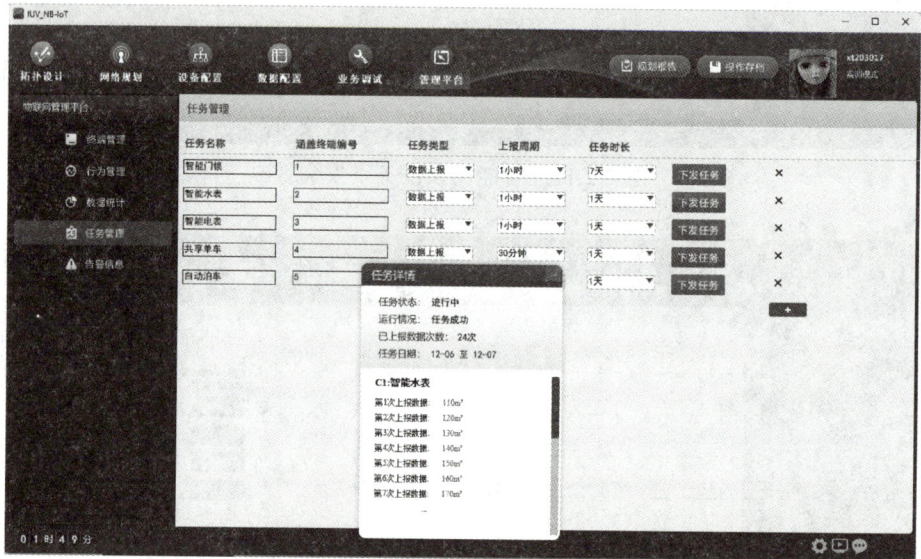

图 2.2.20　智能水表任务下发成功

3) 共享单车与自动泊车

在任务管理中共享单车与自动泊车的最大数据上报次数为 200 次，因此在调整上报周期与任务时长时上报次数不能大于等于 200 次，否则任务将会失败，如图 2.2.21、图 2.2.22 所示。

2. 数据统计

任务下发完成后，可以在"数据统计"中监控任务下发后的成功率，如图 2.2.23 所示。

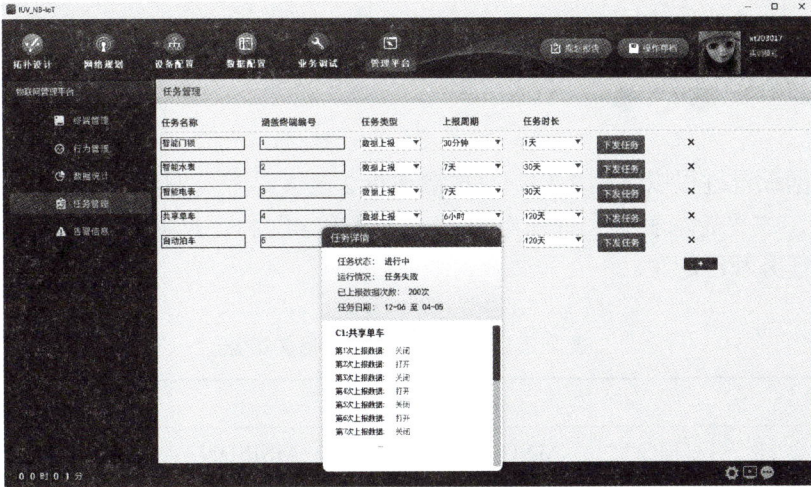

图 2.2.21　共享单车任务下发失败

图 2.2.22　共享单车任务下发成功

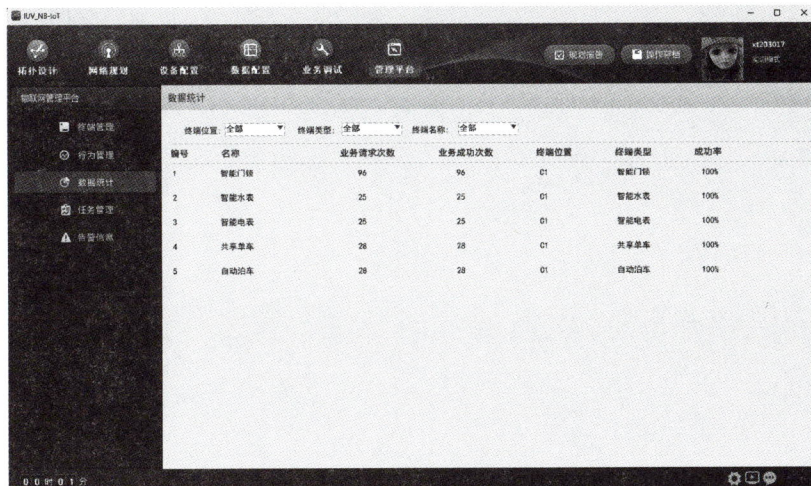

图 2.2.23　数据统计

项目实践

根据配置过程以及表2.2.1，完成顺津市2区A站点与顺津市3区B站点"智能门锁""智能水表""智能电表""共享单车"和"自动泊车"的终端管理配置和任务管理配置。

表 2.2.1　终端管理配置相关数据

顺津市 2 区 A 站点					
名　　称	MCC	MNC	APN	MSISDN	IMSI
智能门锁	460	00	test	15522345678	460002234567890
智能水表	460	00	test	15522345670	460002234567800
智能电表	460	00	test	15522345600	460002234567000
共享单车	460	00	test	15522345000	460002234560000
自动泊车	460	00	test	15522340000	460002234500000
顺津市 3 区 B 站点					
名　　称	MCC	MNC	APN	MSISDN	IMSI
智能门锁	460	00	test	15532345678	460003234567890
智能水表	460	00	test	15532345670	460003234567800
智能电表	460	00	test	15532345600	460003234567000
共享单车	460	00	test	15532345000	460003234560000
自动泊车	460	00	test	15532340000	460003234500000

模块三　移动通信网络优化

　　移动通信网络优化是网络正常运行的重要保证，当网络建设完成后，随着业务的不断发展、用户数的不断增加，网络的性能和用户的体验不可避免地会受到影响。因此，在日常运维过程中，网络优化是保证网络质量最优、用户体验最佳的一个重要手段。

　　移动通信网络优化是指，根据系统的实际表现和实际性能，对系统进行分析，在分析的基础上，通过对网络资源和系统参数的调整，使系统性能逐步得到改善，达到系统现有配置条件下的最优服务质量。

　　本模块以完成移动性管理和移动网络优化两个项目为目标，以任务为驱动，结合实际案例，培养学生分析问题、解决问题的能力，讲练结合，便于实施以学生为中心的理实一体化教学。

　　知识目标　理解移动性管理的过程原理，掌握移动通信网络优化的意义和流程。

　　能力目标　熟悉移动性管理流程，具备一定的移动网络优化分析的能力。

　　素质目标　培养学生立足岗位、吃苦耐劳、团队协作、沟通交流的职业品质。

项目一　移动性管理

移动通信网络优化中首先要进行系统消息分析，其次要熟悉移动性管理的流程。那什么是系统消息，在移动通信网络优化中系统消息又有怎样的作用呢？下面通过具体任务来介绍一下。

任务1　系统消息解析

系统消息携带了很多重要、有用的无线网络信息。掌握系统消息对日常网络优化工作，特别是对小区接入、小区重选等优化工作具有重要意义。

1. 系统消息认知

当 UE 选择或重选到一个小区、切换完成后，从其他系统进入 E-UTRAN 或者从覆盖区外返回到覆盖区时，UE 需要捕获系统消息。

系统消息 (System Information，SI) 在整个小区内广播，供 RRC 空闲状态和 RRC 连接状态下的 UE 获取 NAS 和接入层 (Access-stratum，AS) 的信息。

系统消息是连接 UE 和网络的纽带，UE 与 E-UTRAN 之间通过系统消息的传递，完成无线通信各类业务和物理过程。

LTE 系统消息包括 1 个主信息块 MIB(Master Information Block) 和多个系统信息块 SIB(System Information Block)，MIB 消息在 PBCH(物理广播信道) 上广播，SIB 通过 PDSCH(物理下行共享信道) 的 RRC 消息下发。SIB1 由 SIB1 类型消息承载，SIB2 和其他 SIB 由 SI 承载。一个 SI 消息可以包含一个或多个 SIB。

1) MIB

MIB 获得下行同步后，用户首先要做的就是寻找 MIB 消息。MIB 中包含 UE 要从小区获得的如下重要消息：

(1) 下行信道带宽。

(2) PHICH(物理指示信道) 配置。PHICH 中包含着上行 HARQ ACK/NACK(确认字符 / 非确认字符) 信息。

(3) 系统帧号 (System Frame Number，SFN)：帮助同步和作为时间参考。

(4) CRC 掩码。eNodeB 通过 PBCH 的 CRC 掩码通报天线配置数量 1、2 或 4。

2) SIB1

SIB1 包含 UE 小区接入所需要的信息以及其他 SIB 的调度信息。具体如下。

(1) 网络的识别号 PLMN(Public Land Mobile Network，公共陆地移动网络)。

(2) 跟踪区域码 (Tracking Area Code，TAC) 和小区 ID。

(3) 小区禁止状态：指示用户是否能驻留在小区里。

(4) q-RxLevMin：小区选择的标准指示所需要的最小接收水平。

(5) 其他 SIB 的传输时间和周期。

3) SIB2

SIB2 包含所有 UE 通用的无线资源配置信息。具体如下：

(1) 上行载频：上行信道带宽 (用 RB 数量表示，如 n25、n50)。

(2) 随机接入信道 (RACH) 配置：帮助 UE 开始随机接入过程，如前导码信息、用 frame 标识的传输时间和子帧号 (prach-Configlnfo)、初始发射功率以及功率提升的步长 (Power Ramping Parameters)。

(3) 寻呼配置，如寻呼周期。

(4) 上行功控配置，如 P0-NominalPUSCH/PUCCH。

(5) Sounding 参考信号配置。

(6) 物理上行控制信道 (PUCCH) 配置：支持 ACK/NACK 传输、调度请求和 COI 报告。

(7) 物理上行共享信道 (PUSCH) 配置，如调频。

4) SIB3

SIB3 包含通用的频率内、频率间、异系统小区重选所需的信息，这些信息会应用在所有场景中。

(1) s-IntraSearch：开始同频测量的门限，当服务小区的 s-ServingCell(也就是本小区的小区选择条件 S_{rxlev}) 高于 s-IntraSearch 时，用户不会进行测量，这样可以节省电池消耗。

(2) s-NonIntraSearch：开始异频和异系统测量的门限。

(3) q-RxLevMin：小区最小需要的信号接收水平。

(4) 小区重选优先级：绝对频率优先级 E-UTRAN、UTRAN、GERAN、CDMA2000HRPD 或 CDMA2000 1xRTT。

(5) q-Hyst：计算小区排名标准的本小区磁滞值，用 RSRP(参考信号接收电平) 计算。

(6) t-ReselectionEUTRA：E-UTRA 小区重选计数器。t-ReselectionEUTRA 和 qHyst 可以配置早 / 晚触发小区重选。

5) SIB4

SIB4 包含 LTE 同频小区重选的邻区信息，如邻区列表、邻区黑名单、封闭用户群组 (Closed Subscriber Group，CSG) 的物理小区标识 (Physical Cell Identities，PCI)。CSG 用于支持 Home eNodeB。

6) SIB5

SIB5 包含 LTE 异频小区重选的邻区信息，如邻区列表、载波频率、小区重选优先级、用户从当前服务小区到其他高 / 低优先级频率的门限等。

注意　3GPP 规定：LTE 邻区查找可以不明确给出邻区列表，UE 可以做邻区盲检，广播 LTE 邻区列表是可选项而非必选项。

在 EUTRAN 中，SIB6、SIB7、SIB8 分 别 包 含 UTRAN、GERAN 和 CDMA2000 的异系统小区重选的信息。SIB1 和 SIB3 也承载异系统相关的信息。

7) SIB6

SIB6 包含 UTRAN 的异系统切换所需的信息如下：

(1) 载频列表：UTRAN 邻区的载波频率列表。

(2) 小区重选优先级：绝对优先级。

(3) q-RxLevMin：所需的最小接收功率水平。

(4) threshX-High/threshX-Low：从当前服务载频重选到优先级高 / 低的频率时的门限值。

(5) t-ReselectionURTA：UTRAN 小区重选的计数器。

(6) 和速度相关的小区重选参数。

8) SIB7

SIB7 包含 GERAN 的异系统切换所需的信息如下：

(1) 载频列表： GERAN 邻区的载波频率列表。

(2) 小区重选优先级：绝对优先级。

(3) q-RxLevMin：所需的最小接收功率水平。

(4) threshX-High/threshX-Low：从当前服务载频重选到优先级高 / 低的频率时的门限值。

(5) t-ReselectionGETA：GERAN 小区重选的计数器。

(6) 和速度相关的小区重选参数。

GSM(全球移动通信系统) 和 GERAN 为与 LTE 相关的小区重选参数重新修订系统消息。

9) SIB8

SIB8 包含 eHRPD(evolved High Rate Packet Data) 的异系统小区重选信息 (如连到 1xEV-DO Rev.A) 如下：

(1) 搜寻 eHRPD 的消息：载频，PN(与白噪声类似的自相关性质的 0 和 1 所构成的编码序列) 同步的系统时钟，用于查找窗口大小。

(2) 到 eHRPD 的预注册信息 (可选)：预注册的目的是尽可能缩小用户服务中断时间，用户在还连载 EUTRAN 网络连接的时候就进行 CDMA2000 eHRPD 的预注册，可加快 eHRPD 系统切换的速度。反之从 eHRPD 到 EUTRAN 亦然。预注册在异系统切换之前完成。

(3) 小区重选门限和参数：threshX-High、threshX-Low、t-ReselectionCDMA 2000、速度相关的重选参数。E-UTRAN 可以通过 UE 不同系统的重选优先级来设置小区重选参数。

(4) 用于检测潜在 eHRPDCCH(高分组数据物理下行控制信道) 目标小区的邻区列表。

10) SIB9

SIB9 包含 Home eNodeB 的名称。Home eNodeB 是微微小区，用于居民区或小商业区域的小型基站。

11) SIB10

SIB10 主要用于公众通知 ETWS(地震海啸告警系统)。寻呼过程用于有 ETWS 能力的手机，在处于 RRC 空闲或者 RRC 连接状态时监听 SIB10 和 SIB11。

12) SIB11

SIB11 用于 ETWS 第二次通知。

13) SIB12

当 UE 从寻呼消息中解码，发现 CMAS(Commercial Mobile Alerting System，商用移动告警系统) 消息存在时，就需要从 SIB12 中获取具体的 CMAS 内容。

2. 系统消息的调度

LTE 通信协议规定了 MIB 和 SIB1 的传输时间和周期，有助于用户确定何时去监听 MIB 和 SIB1，其他 SIB 的传输时间和周期由 SIB1 定义。每个信息块如何发送、何时发送，就是系统消息的调度。

1) MIB 的调度

MIB 的传输周期是 40 ms，每 40 ms SFN 模 4 等于 0 的时候发送新的 MIB，在 40 ms 周期内，每 10ms 重复发送一次相同的 MIB(SFN 域内的 MIB 不发生变化，SFN = 4N、4N + 1、4N + 2、4N + 3)。MIB 只在子帧 #0 发送，如图 3.1.1 所示。在 MIB 的 SFN 域中，10 个比特的前 8 个比特标识实际的 SFN 的前 8 位，后 2 个比特标识重复次数，00 是第一次，01 是第二次，依此类推。

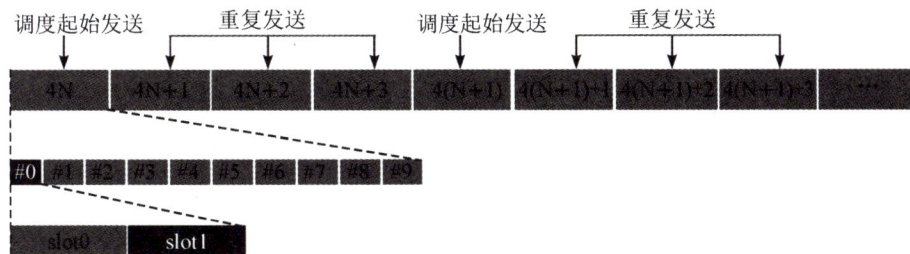

图 3.1.1　MIB 的调度图

时域上，MIB 固定位于 #0 子帧 slot1 的前 4 个 OFDM 符号上；频域上，MIB 位于频段中间的 1.08 MHz 范围。

2) SIB1 的调度

SIB1 的发送周期是 80 ms，在 SFN 模 8 = 0 的无线帧上进行起始发送，在 SFN 模 2 = 0 的无线帧上重复发送。新的 SIB1 每 80 ms 发送一次，在 80 ms 周期内，每 20 ms 重复发送一次。SIB1 只在子帧 #5 上发送，如图 3.1.2 所示。

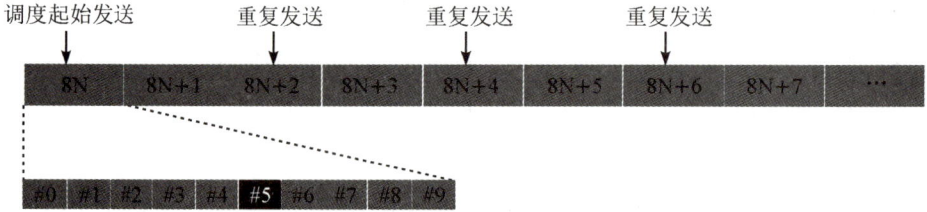

图 3.1.2　SIB1 的调度图

3) SIB2 及其他 SIB 的调度

SIB2 及其他 SIB 的消息周期可配成 8/16/32/64/128/256 或 512 个无线帧。这些 SIB 可以组合成一套 SI 用不同的周期发送，SI 组内的 SIB 消息周期相同。

为了保证 SIB 被用户正确接收，定义了 SI 窗口保证多个传输的 SI 消息都在这个窗口内。SI 窗口的长度可以是 1/2/5/10/15/20 或 40 ms。在一个 SI 窗口内只能传输一个 SI 消息，但是可以重复多次。当用户要获取 SI 消息时，它从 SI 窗口的起始时间监听直到 SI 被正确接收。

图 3.1.3 显示了 SIB2、SIB3、SIB6、SIB7 组合的 SI 消息重复周期的配置。这里使用两个 SI 消息：SI1 包含 SIB2 和 SIB3，周期是 16 个无线帧；SI2 包含 SIB6 和 SIB7，周期是 64 个无线帧。一个 SI 窗口的长度是 10 ms，即一个无线帧长。

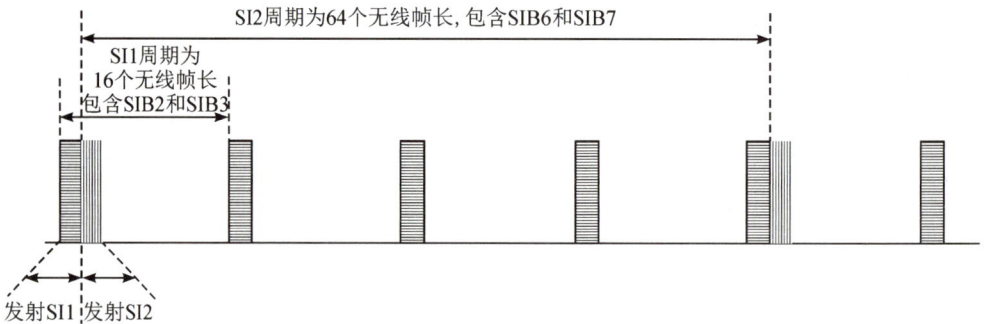

图 3.1.3　SI 消息周期示意图

3. 系统消息更新

开机后的小区选择过程、准备重选到另一个小区、切换过程完成之后，从其他制式进入到 LTE 制式之后，从覆盖盲区返回到覆盖区。上面这 5 种场景可以归纳为当 UE 进入一个新的服务小区之后，需要获取该小区的系统信息。

SIB2 中会带一个 DRX 周期，每经过 DRX 周期时间，UE 需要去读一次 PICH(寻呼指示信道)，如果有发给此 UE 的 PI，就转去 PDSCH 上接收 Paging 消息，Paging 消息会告知 UE 是否为系统消息变更。如果是系统消息变更，则 UE 启动接收系统消息，首先接收 MIB，比较系统消息的 Value Tag(变更标签)信息，然后接收 Value Tag 发生变化时的系统消息。

LTE 系统支持以下两种系统信息变更的通知方式：

(1) 寻呼消息。网络侧使用寻呼消息通知空闲状态和连接状态 UE 系统有信息改变消息，UE 在下一个修改周期开始时监听新的系统消息。另外，网络侧通过在寻呼消息中发送 ETWS-Indication 和 CMAS-Indication 指示信息，指示 UE 进行 SIB10、SIB11、SIB12 的读取。

(2) 系统信息变更标签。SIB1 中携带 Value Tag 信息，如果 UE 读取的变更标签与之前存储的不同，则表示系统信息发生变更，需要重新读取。UE 存储系统信息的有效期为 3 h，超过该时间，UE 需要重新读取系统信息。

4. 系统消息解析

1) MIB 解析

当网络侧设备开机后，会先发送 MIB 消息，然后再发送一系列的 SIB 消息。MIB 消息中承载的是最基本的信息，这些信息涉及 PDSCH 的解码，UE 只有先解码 MIB，才能利用 MIB 中的参数去继续解码 PDSCH 中的数据，包括解码 SIB 信息。MIB 消息包含的参数如图 3.1.4 所示。

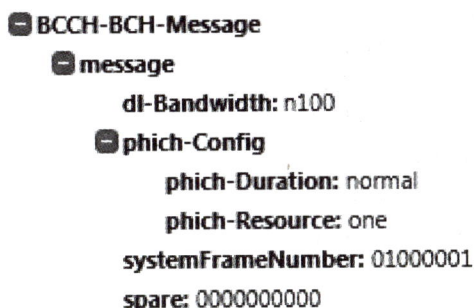

```
⊟ BCCH-BCH-Message
    ⊟ message
        dl-Bandwidth: n100
        ⊟ phich-Config
            phich-Duration: normal
            phich-Resource: one
        systemFrameNumber: 01000001
        spare: 0000000000
```

图 3.1.4 MIB 消息包含的参数

主信息块 (MIB) 消息主要包括 UE 小区的一些基本信息，具体如下：

(1) 下行的带宽，取值范围为 0 ~ 5，对应的 6 种带宽为 1.4 MHz、3 MHz、5 MHz、10 MHz、15 MHz 和 20 MHz；

(2) PHICH 的配置信息，如 phich-Duration 的取值 (normal、extended)，告诉 UE 系统 PHICH 符号的长度，可选常规和扩展 phich-Resoure 的取值 (1/6、1/2、1、2)；

(3) 系统帧号。

2) SIB1 解析

SIB1 消息包含的参数如图 3.1.5 所示。

(1) cellBarred：小区禁止接入指示，可选值为 Barred 和 notBarred，对应值为 0 和 1；

(2) intraFreqReseletion：是否可以同频小区重选指示，可选值为 Allowed 和 notAllowed，对应值为 0 和 1；

(3) q-RxlevMin：E-UTRAN 小区选择所需要的最小接收电平，取值范围为 −140 ~ −44 dBm。

```
⊟Fields
   ⊟BCCH-DL-SCH-Message
      ⊟message: c1 = systemInformationBlockType1 =
         ⊟cellAccessRelatedInfo
            ⊟plmn-IdentityList: SEQUENCE OF PLMN-IdentityInfo
               ⊟PLMN-IdentityInfo(1)
                  ⊞plmn-Identity
                     cellReservedForOperatorUse: notReserved
            trackingAreaCode: 0000000000000001
            cellIdentity: 00000000000000000000000000001
            cellBarred: notBarred
            intraFreqReselection: notAllowed
            csg-Indication: FALSE
         ⊟cellSelectionInfo
            q-RxLevMin: -53
         freqBandIndicator: 38
         ⊟schedulingInfoList: SEQUENCE OF SchedulingInfo
            ⊞SchedulingInfo(1)
            ⊞SchedulingInfo(2)
            ⊞SchedulingInfo(3)
         ⊞tdd-Config
            si-WindowLength: ms20
            systemInfoValueTag: 0
```

图 3.1.5　SIB1 解析

3) SIB2 解析

SIB2 消息包含的参数如下：

(1) numberOfRA-Preambles：基于冲突的随机接入前导的签名个数，取值范围为 0 ～ 15，显示值对应为 4，8，12，…，64。

(2) sizeOfRA-PreamblesGroupA：Group A 中前导签名个数，取值范围为 0 ～ 14，显示值对应为 4，8，12，…，60。

(3) powerRempingSep：PRACH(物理随机接入信道)的功率攀升步长，取值范围为 0 ～ 3，显示值对应为 0、2、4、6。

(4) prembalcInitialReceivedTargetPower：PRACH 初始前缀目标接收功率，取值范围为 0 ～ 15，显示值对应为 -120，-118，-116，…，-90。

(5) preambleTransMax：PRACH 前缀重传的最大次数，取值范围为 0 ～ 10，显示值对应为 3、4、5、6、7、8、10、20、50、100、200。

(6) ra-SupervisionInfo：UE 对随机接入前缀响应接收的搜索窗口，取值范围为 0 ～ 10，显示值对应为 3、4、5、6、7、8、10。

(7) referenceSignalPower：单个 RE 的参考信号的功率(绝对值)，取值范围为 -60 ～ 50；取值步长为 0.1，单位为 dBm。通过公式 $D = (P + 60) \times 10$ 来表示显示值和实际取值的关系(D 表示显示值，P 表示实际取值)。

(8) pusch-ConfigCommon：PUSCH 配置信息，如 hoppingMode 为 PUSCH 的跳频模式指示，可设置为 enumerate 模式；

(9) uplinkPowerControlCommon：上行功率配置信息，其中 p0_NominalPUSCH 为 PUSCH 名义的期望接收功率，一般按照实际环境设置绝对值。

4) SIB3 解析

SIB3 消息包含了小区重选信息 (公共参数，适用于同频、异频、异系统)。

(1) q-Hyst：小区重选的迟滞值。在进行 R 准则计算时，需要邻小区的 RSRP 值减去 q-Hyst 值后仍然大于主服务小区 RSRP 值。

(2) s-NonIntraSearch：异频开始测量的门限值，当服务小区的 S 值小于该值时进行异频测量，重选到高优先级。

(3) threshServingLow：服务小区的 S 值低于该门限时，重选到低优先级的小区。

(4) cellReselectionPriority 定义了服务小区在异频小区重选中的优先级，取值为 0 ～ 7，0 级的优先级最低，7 级的优先级最高。

(5) s-IntraSearch：同频测量的门限，当服务小区的 S 值小于该值时启动同频测量。

5) SIB4 解析

SIB4 主要包含同频小区列表消息。

(1) physCellId：物理小区标识 PCI；

(2) q-OffsetCell：重选时邻区对服务小区的偏置值；

当 (LTE 邻区的 RSRP- 服务小区的 RSRP)>(服务小区的迟滞 + 邻区的偏置值)，且持续 $t_{\text{Reselection}}$ 时间时，UE 就会重选到同频邻区。

6) SIB5 解析

SIB5 包含 LTE 异频小区重选信息和异频邻区信息，如邻区列表、载波频率、小区重选优先级、用户从当前服务小区到其他高 / 低优先级频率的门限等。

(1) dL-CarrierFreqi：LTE 异频小区重选的小区频点。

(2) qRxLevMin：LTE 异频小区重选要求的最小接收功率实际 RSRP 值。即当 UE(用户终端) 测量小区 RSRP 低于该值时，UE 是无法在该小区驻留的。

(3) p-Max：配置的 UE 最大发射功率。

(4) t-ReselectionEUTRA：LTE 小区重选定时器。

(5) threshX-High：向更高优先级频率重选时使用的门限。若高优先级邻区的信号强度大于此门限值一定时间，UE 会重选到此高优先级频点上。threshX-High 可针对不同频点分别进行设置。threshX-High 的实际值 = 配置值 × 2。

(6) threshX-Low：高优先级频率向低优先级重选时使用的门限。其实际值 = 配置值 × 2。

在主服务小区信号强度低于某一强度值，且周围没有高优先级邻区和同等优先级邻区的情况下，低优先级邻区强度值大于此门限一段时间后，UE 会重选到此低优先级小区上。

当 UE 需要尝试重选到优先级较低的小区时，说明已无其他较高和同等优先级的小区可驻留，因此需要把低优先级驻留条件降至最低，保证 UE 仍然可以有合适的小区驻留，所以建议把门限值设置得低一些，比如 0 dB，即只要 UE 测量值大于小区最低接入值即可。

7) SIB6 解析

SIB6、SIB7、SIB8 分别对应 UTRAN 邻区列表、GSM 邻区列表、CDMA2000 邻区列表，SIB9 指示 HNB 名称 (家庭节点 B)，还有 SIB10、SIB11 与 ETWS 相关的消息。

SIB6 包含的 UTRAN 的异系统切换所需的信息如下：

(1) 载频列表：UTRAN 邻区的载波频率列表。

(2) 小区重选优先级：绝对优先级。

(3) q-RxLevMin：最小所需接收功率水平。

(4) threshX-High/threshX-Low：从当前服务载频重选到优先级高 / 低的频率时的门限值。

(5) t-ReselectionURTA：UTRAN 小区重选的计数器。

(6) 和速度相关的小区重选参数。

任务 2　无线小区搜索

1. PLMN 选择

UE 开机后需要做的第一件事就是小区 PLMN 的选择。

当 UE 开机并在某个小区完成了驻留时，UE 没有与无线网络建立 RRC 连接，则称该 UE 进入了"空闲态"或"IDLE 态"。如果该 UE 后续又完成了随机接入过程，那么可以称该 UE 进入了"连接态"或"Connected 态"。

空闲态管理是指 eNodeB 通过系统广播消息下发相关的配置信息，UE 据此选择一个合适的小区驻留并接受服务，提高 UE 接入的成功率和服务质量，保证驻留在一个信号质量最好的小区。空闲态管理能够保障 UE 接入的成功率和服务质量，保证 UE 驻留在一个信号质量更好的小区。

在 LTE 无线网络中，UE 的各种管理过程确保了 LTE 业务的开展和持续，因此每一个过程都环环相扣、缺一不可。下面介绍这个链条中的第一环，也是 UE 开机后需要做的第一件事——PLMN(公共陆地移动网) 选择。

1) PLMN 选择的两个阶段

PLMN 选择的第一阶段是 UE 自主选择 PLMN，第二阶段是 PLMN 注册。

第一个阶段 UE 自主选择 PLMN 又可以分成自动选择和手动选择两种方式。

自动选择是指 UE 根据事先设好的 PLMN 优先级准则，自主完成 PLMN 的搜索和选择。绝大多数 UE 采用自动选择方式。

手动选择是指 UE 将满足条件的所有的 PLMN，以列表形式呈现给用户，由用户来选择其中的一个。

PLMN 注册：UE 完成 PLMN 选择后，在后续的网络附着过程中，UE 会把选择的 PLMN 注册到核心网，如果注册成功，则本次 PLMN 选择结束；如果注册失败，则返回自主 PLMN 选择过程，重新选择一个 PLMN。

2) PLMN 选择的流程

UE 进行 PLMN 选择的流程如图 3.1.6 所示。

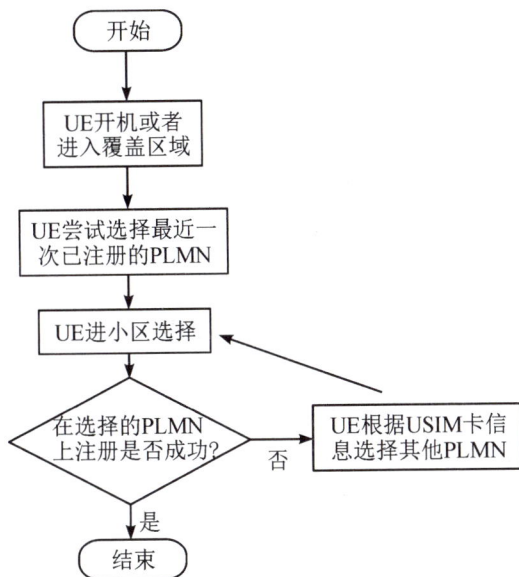

图 3.1.6　PLMN 选择流程

当 UE 开机或者从无覆盖的区域进入覆盖区域时，首先选择最近一次已注册过的 PLMN(已注册过的 PLMN 称为 Registered PLMN，简称 RPLMN)，并尝试在这个 RPLMN 上注册。如果最近一次的 RPLMN 注册成功，则将 PLMN 信息显示出来，开始接受运营商服务；如果没有最近一次的 RPLMN 或最近一次的 RPLMN 注册不成功，则 UE 会根据全球用户识别卡 (Universal Subscriber Identity Module，USIM) 卡中的关于 PLMN 优先级的信息，通过自动或者手动的方式继续选择其他 PLMN。

3) PLMN 分类

PLMN 可分为以下几类：

(1) HPLMN(Home PLMN)：归属 PLMN，也就是 UE 开户的 PLMN。UE 的 HPLMN 只有一个。

(2) EHPLMN(The Equivalent Home PLMN)：等价归属 PLMN。等价归属 PLMN 信息存储在 USIM 卡中。以中国移动来说，PLMN 网络代码 46002 和 46007 就属于 EHPLMN。

(3) VPLMN(Visited PLMN)：拜访 PLMN，表示 UE 当前所在的 PLMN。比如对于中国移动的用户，如果他漫游到国外，那么就是一个拜访 PLMN。

(4) RPLMN(Registered PLMN)：注册 PLMN。UE 通过跟踪区更新过程注册成功的 PLMN。

4) PLMN 优先级选择顺序

PLMN 优先级的选择顺序：首先是 RPLMN，其次是 HPLMN 或 EHPLMN，最后是 VPLMN。当然，在国内，HPLMN、VPLMN 和 RPLMN 同属于一个网络。

上面介绍了 UE 的 USIM 卡中存储了最近一次已注册过的 RPLMN 的选择过程。下面介绍 UE 在以下两种情景下选择的方法。

情景 1：USIM 卡中没有 RPLMN 信息，UE 初始 PLMN 选择。

这种情况，也就是新的 UE 初次开机，USIM 卡没有 RPLMN 信息。

(1) UE 通过 AS 初始小区查询，从 SIB1 中读取所有的 PLMN，并且它向 UE 的 NAS 报告。

(2) UE 的 NAS 将根据这种被预定义的优先级来选择其中的一个。

情景 2：在上一个 VPLMN，UE 存在于 USIM 卡中。

这种情况下，UE 将选择这个 PLMN，并且开始上一个频率的小区搜索；如果没有找到可用的小区，则 UE 将回到初始的 PLMN 选择。

无论是自动模式还是手动模式，UE AS 都需要能够将网络中现有的 PLMN 列表报告给 UE NAS。为此，UE AS 根据自身的能力和设置进行全频段的搜索，在每一个频点上搜索信号最强的小区，读取其系统信息，报告给 UE NAS，由 NAS 来决定 PLMN 搜索是否继续进行。对于 E-UTRAN 的小区，RSRP ≥ -110 dBm 的 PLMN 称之为高质量的 PLMN(High Quality PLMN)，对于不满足高质量条件的 PLMN，UE AS 在上报过程中需要同时报告 PLNR ID 和 RSRP 的值。

2. 小区搜索及读取广播消息

在 PLMN 选择之后，UE 将进行小区搜索以及广播消息读取。

1) 小区搜索的含义

在 LTE 系统中，小区搜索就是 UE 和小区取得时间和频率同步，并检测小区 ID 的过程。

UE 使用小区搜索过程来识别小区，并获得下行同步，进而 UE 可以读取小区广播信息并驻留、使用网络提供的各种服务。

小区搜索过程是 LTE 系统的关键步骤。它是 UE 与 eNodeB 建立通信链路的前提。小区搜索过程在初始接入和切换中都会用到。

2) 小区搜索过程

小区搜索过程主要包含 4 个步骤，如图 3.1.7 所示。

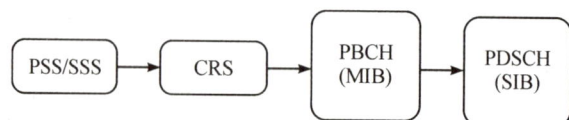

图 3.1.7　小区搜索过程

(1) UE 解调主同步信号 (PSS) 实现符号同步，并获得小区组内 ID；UE 解调辅同步信号 (SSS) 完成帧定时，并获得小区组 ID。

(2) UE 接收下行参考信号，进行精确的时频同步。

(3) UE 接收小区广播信息，得到下行系统带宽、天线配置和系统帧号。

(4) UE 接收具体的系统消息，如 PLMN ID、上下行子帧匹配。

其具体的步骤如下：

(1) 时间同步。在 LTE 的小区搜索过程中，利用特别设计的两个同步信号 (主同步信号和辅同步信号) 分别取得小区识别信息，从而得到目前终端所要接入的小区识别码。

时间同步检测是小区初搜中的第一步，其基本原理是使用本地同步序列和接收信号进行同步相关，进而获得期望的峰值，根据峰值判断同步信号的位置。TD-LTE 系统中的时域同步检测分为两个步骤：第 1 个步骤是检测主同步信号，在检测出主同步信号后，根据主同步信号和辅同步信号之间的固定关系，进行第二步骤的检测，即检测辅同步信号。

当终端处于初始接入状态时，即将接入的小区带宽对终端来说是未知的，主同步信号和辅同步信号处于整个带宽的中央，并占用 1.08 MHz 的带宽，因此，在初始接入时，UE 首先在其支持的工作频段内以 100 kHz 间隔的频栅上进行扫描，并在每个频点上进行主同步信道的检测。在这一过程中，终端仅仅检测 1.08 MHz 的频带上是否存在主同步信号。

尽管 TD-LTE 系统支持多种传输带宽，但是 PSS 和 SSS 信号在频域上总是处于整个系统带宽中央 1.08 MHz(6 个 RB) 的位置。

图 3.1.8 给出了 PSS 和 SSS 的位置，其中，PSS 位于特殊子帧，即 DwPTS 的第三个符号，SSS 占用子帧 0、5 的最后一个符号。PSS 和 SSS 信号的位置相对固定，与 TDD 系统的上下行子帧配置、小区覆盖大小等因素无关。

TD-LTE 中的主同步信号采用 Zadoff-Chu 序列，辅同步信号采用 m 序列。小区 ID 号 N_{ID}^{cell} 由主同步序列编号 $N_{ID}^{(2)}$ 和辅同步序列编号 $N_{ID}^{(1)}$ 共同决定，具体关系为 $N_{ID}^{cell} = 3 N_{ID}^{(1)} + N_{ID}^{(2)}$，如图 3.1.9 所示。$N_{ID}^{(1)}$ 是物理小区标识组 (0 ~ 167)，它由同步信号采用 m 序列产生；$N_{ID}^{(2)}$ 是组内标识 (0，1，2)，它由主同步信号采用 Zadoff-Chu 序列产生。

PSS 有 3 个取值，对应 3 种不同的 Zadoff-Chu 序列，每种序列对应一个 $N_{ID}^{(2)}$。某个小区的 PSS 对应的序列由该小区的 PCI 决定。

SSS 有 168 个取值，对应 168 种不同的 m 序列，每种序列对应一个 $N_{ID}^{(1)}$。某个小区的 SSS 对应的序列由该小区的 PCI 决定。

(2) 频率同步。为了确保下行信号的正确接收，在小区初搜过程中，在完成时间同步后，需要进行更精细化的频谱同步，可通过辅同步序列、导频序列、时钟脉冲 (Clock Pulse，CP) 等信号进行频偏估计，对频率偏移进行纠正。

通过 PSS 和 SSS 同步后，UE 能检测到物理小区 ID，可以知道小区特定参考信号 (CRS) 的时频资源位置。但是为了确保收发两端信号频偏一致，实现频率同步，还需要通过解调小区特定参考信号来进一步精确时隙与频率同步，同时为解

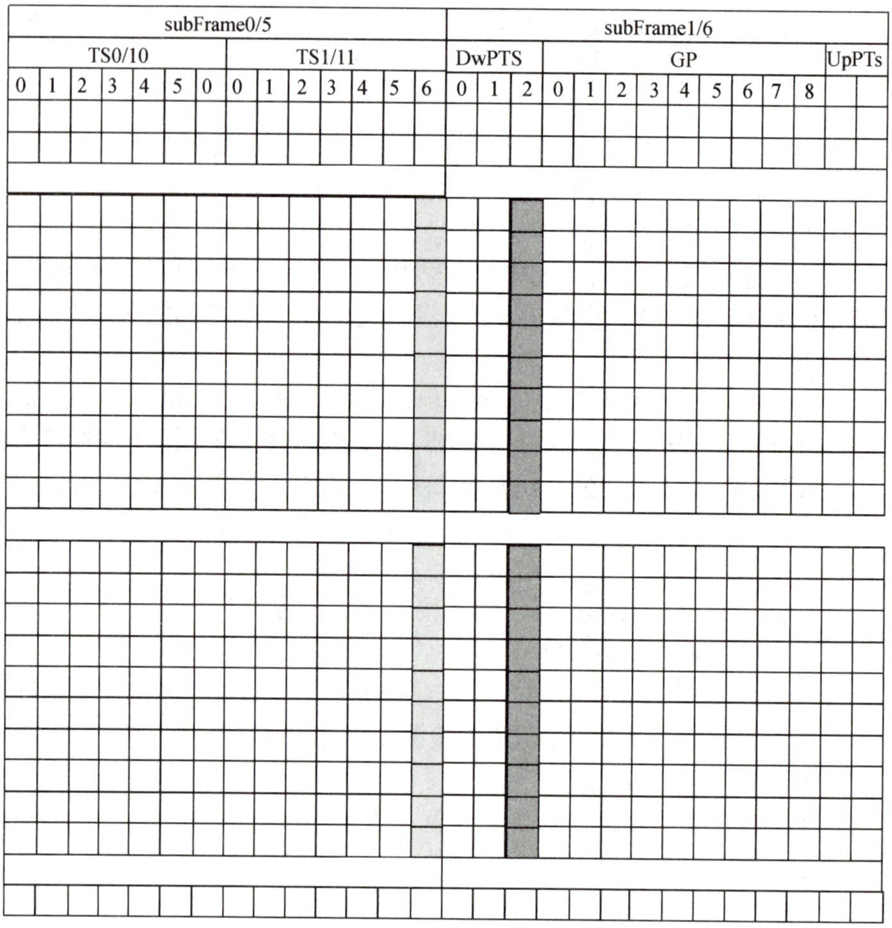
subFrame0/5
subFrame1/6
TS0/10
TS1/11
DwPTS
GP
UpPTs
0 1 2 3 4 5 0
0 1 2 3 4 5 6
0 1 2
0 1 2 3 4 5 6 7 8

图 3.1.8　PSS 和 SSS 的位置示意图

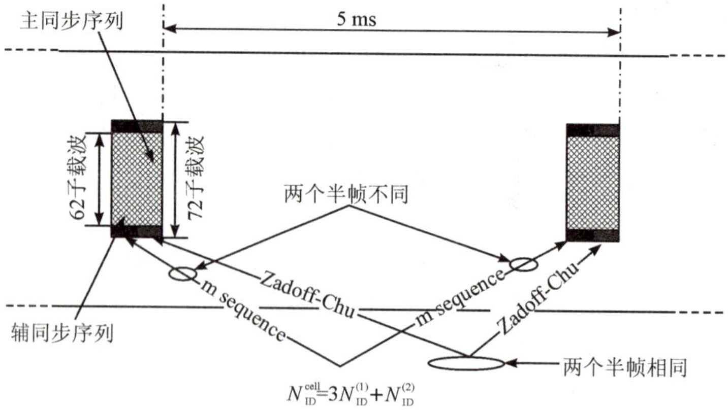
主同步序列
5 ms
62子载波
72子载波
两个半帧不同
Zadoff-Chu
m sequence
m sequence
Zadoff-Chu
辅同步序列
两个半帧相同
$N_{ID}^{cell}=3N_{ID}^{(1)}+N_{ID}^{(2)}$

图 3.1.9　主同步序列编号和辅同步序列

调 PBCH 作信道估计。

(3) 解调 PBCH。经过前述三步以后，UE 获得了 PCI 以及与小区的精确时频同步，但 UE 接入系统还需要小区系统信息，包括系统带宽、系统帧号、天线端口号、小区选择和驻留以及重选等重要信息，这些信息由 MIB 和 SIB 承载，分别映射在物理广播信道 (PBCH) 和物理下行共享信道 (PDSCH)。

在时域上 PBCH 位于一个无线帧内 #0 子帧第二个时隙 (即 Slot1) 的前 4 个 OFDM 符号上 (对 FDD 和 TDD 都是相同的，除去参考信号占用的 RE)。

在频域上，PBCH 占据系统带宽中央的 1.08 MHz(DC 子载波除外)，全部占用带宽内的 72 个子载波。

PBCH 信息的更新周期为 40 ms，在 40 ms 周期内传送 4 次。这 4 个 PBCH 中的每一个内容相同、都能够独立解码、首次传输位于 SFN mod 4=0 的无线帧，如图 3.1.10 所示。

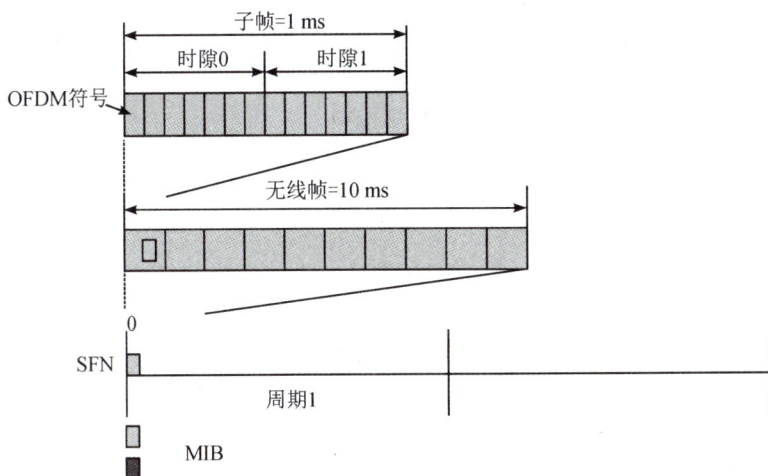

图 3.1.10 MIB 传输示意图

MIB 携带系统帧号 (SFN)、下行系统带宽和 PHICH 配置信息，隐含着天线端口数信息。

(4) 解调 PDSCH。要完成小区搜索，仅仅接收 MIB 是不够的，还需要接收 SIB，即 UE 接收承载在 PDSCH 上的 BCCH(广播控制信道) 信息。UE 在接收 SIB 信息时首先接收 SIB1 信息。SIB1 采用固定周期的调度，调度周期为 80 ms。第一次传输：在 SFN 满足 SFN mod 8=0 的无线帧的 #5 子帧上传输，并且在 SFN 满足 SFN mod 2=0 的无线帧 (即偶数帧) 的 #5 子帧上传输，如图 3.1.11 所示。

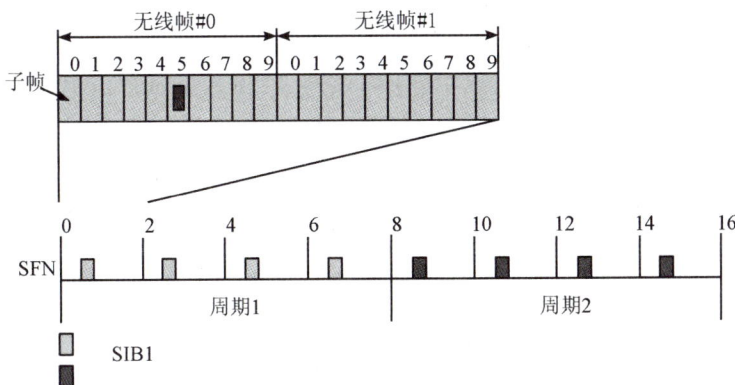

图 3.1.11 SIB1 传输示意图

SIB1 中的 SchedulingInfoList 携带所有 SI 的调度信息，接收 SIB1 以后，即可接收其他 SI 消息。

除 SIB1 以外，其他 SIB2 ～ SIB11 是通过系统信息 (SI) 进行传输的。

每个 SI 消息包含一个或多个除 SIB1 外的拥有相同调度需求的 SIB(这些 SIB 有相同的传输周期)。一个 SI 消息包含哪些 SIB 是通过 SchedulingInfoList 指定的。每个 SIBx 与唯一的一个 SI 消息关联。

任务 3　小区选择与重选

1. LTE 小区选择

1) 小区选择

当手机开机或从盲区进入覆盖区，并且 UE 从连接态转移到空闲态时，手机将寻找一个 PLMN，并选择合适的小区驻留，这个过程称为小区选择。

所谓合适的小区，就是 UE 可驻留并获得正常服务的小区。小区选择可以分为初始小区选择和储存信息小区选择。

在初始小区选择的过程中，UE 事先并不知道 LTE 信道信息，因此，UE 搜索所有 LTE 带宽内的信道，以寻找一个合适的小区。在每个信道上，物理层首先搜索最强的小区并根据小区搜索过程读取该小区的系统信息，一旦找到合适的小区，则小区选择的过程就终止了。

在储存信息小区选择的过程中，UE 存有先前接收到的小区列表，包括信道信息和可选的小区参数等。UE 搜索小区列表中的第一个小区，并通过小区搜索过程读取该小区的系统信息。如果该小区是合适的小区，则终端选择该小区，小区选择的过程完成。如果该小区不是合适的小区，则搜索小区列表中的下一个小区，依此类推。如果列表中的所有小区都不是合适小区，则启动初始小区选择流程。

2) 小区选择规则

(1) 小区选择规则的前提条件。在小区选择时，LTE 小区特定参考信号的接收功率测量值，即 RSRP 值必须高于配置的小区最小接收电平 q_{RxLevMin}，且小区特定参考信号的接收信号质量 RSRQ 必须高于配置的小区最小接收信号质量 q_{QualMin}，UE 才能够选择该小区驻留。

(2) 小区选择规则。小区选择规则的判决公式为 $S_{\text{RxLev}} > 0$ 且 $S_{\text{Qual}} > 0$。且有

$$S_{\text{RxLev}} = q_{\text{RxLevMeas}} - (q_{\text{RxLevMin}} + q_{\text{RxLevMinOffset}}) - P_{\text{compensation}}$$

$$S_{\text{Qual}} = q_{\text{QualMeas}} - (q_{\text{QualMin}} + q_{\text{QualMinOffset}})$$

表 3.1.1 详细解释了小区选择中各参数的含义。

表 3.1.1 小区选择中各参数的含义

参数名称	参 数 含 义	单位
S_{RxLev}	UE 在小区选择过程中计算得到的电平值	dBm
S_{Qual}	UE 在小区选择过程中计算得到的质量值	dB
$q_{\text{RxLevMeas}}$	测量得到的接收电平值，该值为测量到的 RSRP	dBm
q_{RxLevMin}	指驻留该小区需要的最小接收电平值，该值在 SIB1 的 q_{RxLevMin} 中指示	dBm
$q_{\text{RxlevMinOffset}}$	当正常驻留在一个 VPLMN 时，进行更高级别 PLMN 周期性搜索时，对应一定的偏置值	dBm
$P_{\text{compensation}}$	取值为 max(PEMAX-PUMAX, 0)。其中 PEMAX 为终端在接入该小区时，系统设定的最大允许发送功率；PUMAX 是指根据终端等级规定的最大输出功率	dBm
q_{QualMeas}	测量得到的小区接收信号质量，即 RSRQ	dB
q_{QualMin}	在 eNodeB 中配置的小区最低接收信号质量值	dB
$q_{\text{QualMinOffset}}$	小区最小接收信号质量偏置值。这个参数只有在 UE 尝试更高优先级 PLMN 的小区时才用到，就是当 UE 驻留在 VPLMN 的小区时，将根据更高优先级 PLMN 的小区留给它的这个参数值来进行小区选择判决	dB

2. 小区重选

1) LTE 小区重选

小区重选 (Cell Reselection) 是指 UE 在空闲模式下，通过监测邻区和当前小区的信号质量，以选择一个最好的小区提供服务信号的过程。

小区重选包含系统内小区重选和系统间小区重选。

(1) 系统内小区重选：包括同频小区重选和异频小区重选。

(2) 系统间小区重选：LTE 中，系统消息块 SIB3 ~ SIB8 包含了小区重选的相关信息。

2) 小区重选时机

(1) 开机驻留到合适小区即开始小区重选。LTE 驻留到合适的小区，停留适当的时间 (1 s) 后，就可以进行小区重选。通过小区重选，可以最大程度地保证空闲模式下的 UE 驻留在合适的小区。

(2) 处于 RRC_IDLE 状态下 UE 发生位置移动时。

3) 重选优先级

LTE 系统中引入了重选优先级的概念。在 LTE 系统中，网络可配置不同频点或频率组的优先级，在空闲态时通过广播在系统消息中告知 UE，对应参数为 cellReselectionPriority，取值为 0 ~ 7。在连接态时，重选优先级也可以通过

RRCConnectionRelease 消息告知 UE，此时 UE 忽略广播消息中的优先级信息，以该信息为准。

(1) 优先级配置单位是频点，因此在相同载频的不同小区具有相同的优先级。

(2) 通过配置各频点的优先级，网络能更方便地引导终端重选到高优先级的小区驻留，起到均衡网络负荷、提升资源利用率、保障 UE 信号质量等作用。

4) 小区重选测量启动条件

UE 成功驻留后，将持续进行本小区测量。

对于重选优先级高于服务小区的载频，UE 始终对其测量。

对于重选优先级等于或者低于服务小区的载频，为了最大化 UE 电池寿命，UE 不需要在所有时刻都进行频繁的相邻小区监测 (测量)，除非服务小区质量下降低于规定的门限值。具体来说，仅当服务小区的参数 $S(S$ 值的计算方法与小区选择时一致) 小于系统广播参数 $S_{\text{Intrasearch}}$ 时，UE 才启动同频测量。

RRC 层根据 RSRP 测量结果计算 S_{RxLev}，并将其与 $S_{\text{Intrasearch}}$ 和 $S_{\text{NonIntrasearch}}$ 比较，作为是否启动相邻小区测量的判决条件，如图 3.1.12 所示。

图 3.1.12　小区重选测量启动示意图

$$S_{\text{RxLev}} = 服务小区 \text{ RSRP} - q_{\text{RxLevMin}} - q_{\text{RxLevMinOffset}} - \max(p_{\text{MaxOwnCell}} - 23, 0)$$

(1) 同频小区之间。当服务小区 $S_{\text{RxLev}} \leqslant S_{\text{Intrasearch}}$ 或系统消息中的 $S_{\text{Intrasearch}}$ 为空时，UE 必须进行同频测量。当服务小区 $S_{\text{RxLev}} > S_{\text{Intrasearch}}$ 时，UE 自行决定是否进行同频测量。

(2) 异频小区之间。当服务小区 $S_{\text{RxLev}} \leqslant S_{\text{NonIntrasearch}}$ 或系统消息中的 $S_{\text{NonIntrasearch}}$ 为空时，UE 必须进行异频测量。当服务小区 $S_{\text{RxLev}} > S_{\text{NonIntrasearch}}$ 时，UE 自行决定是否进行异频测量。

5) 同频小区、同优先级异频小区重选判决

对候选小区根据信道质量高低进行 R 准则排序，选择最优小区。

根据 R 值计算结果，对于重选优先级等于当前服务载频的相邻小区，同时满足如下两个条件：

(1) 相邻小区 R_{n} 大于服务小区 R_{s}，并持续 $t_{\text{Reselection}}$ 时间。

(2) UE 已在当前服务小区驻留超过 1 s，则触发向相邻小区的重选流程。

R 准则表述如下：

$$服务小区 \ R_{\text{s}} = q_{\text{Meas, s}} + q_{\text{Hyst}}$$
$$相邻小区 \ R_{\text{n}} = q_{\text{Meas, n}} - q_{\text{Offset}}$$

同频小区及同优先级异频小区重选判决如图 3.1.13 所示，在 A 点处 $q_{\text{Meas,n}} = q_{\text{Meas,s}}$，在 B 点处 $R_{\text{n}} = R_{\text{s}}$，在 C 点处发生小区重选。

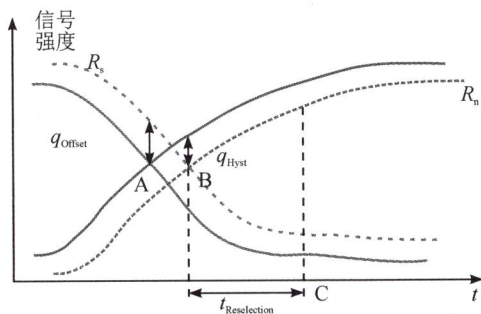

图 3.1.13　同频小区及同优先级异频小区重选判决

小区重选涉及的参数如表 3.1.2 所示。

表 3.1.2　小区重选参数

参数名称	单位	参数含义
$q_{Meas,s}$	dBm	UE 测量到的服务小区 RSRP 实际值
$q_{Meas,n}$	dBm	UE 测量到的相邻小区 RSRP 实际值
q_{Hyst}	dB	服务小区的重选迟滞，常用值为 2，可使服务小区的信号强度被高估，延迟小区重选
q_{Offset}	dB	被测相邻小区的偏移值：包括不同小区间的偏移 q'_{Offset} 和不同频率之间的偏移 $q_{OffsetFrequency}$，常用值为 0，可使相邻小区的信号或质量被低估，延迟小区重选；还可根据不同小区、载频设置不同偏置，影响排队结果，以控制重选的方向
$t_{Reselection}$	s	该参数指示了同优先级小区重选的定时器时长，用于避免乒乓效应

6) 低先级小区到高优先级小区重选判决准则

为平衡不同频点之间的随机接入负荷，LTE 引入了基于优先级的小区重选过程，UE 处于空闲状态下进行小区驻留时，尽量使其均匀分布，UE 在某个频点上将选择信道质量最好的小区，以便提供更好的网络服务。

当同时满足以下条件时，UE 重选至高优先级的异频小区：

(1) UE 在当前小区驻留超过 1 s。

(2) 高优先级邻区的 $S_{NonServingCell} > S_{threshXHigh}$。

(3) 在一段时间 ($t_{ReselectionEUTRA}$) 内，$S_{NonServingCell}$ 一直高于该阈值 ($S_{threshXHigh}$)。

对于异频段且设置高优先级的小区，规定不设置任何测量门限，不考虑当前服务小区信号强度，对高优先级异频小区始终保持测量。

7) 高优先级小区到低优先级小区重选判决准则

当同时满足以下条件时，UE 重选至低优先级的异频小区：

(1) UE 驻留在当前小区超过 1 s。

(2) 高优先级和同优先级频率层上没有其他合适的小区。

(3) $S_{ServingCell} < S_{threshServingLow}$。

(4) 低优先级邻区的 $S_{\text{NonServingCell,x}} > S_{\text{threshXLow}}$。

(5) 在一段时间 ($t_{\text{ReselectionEUTRA}}$) 内，$S_{\text{NonServingCell, x}}$ 一直高于该阈值 ($S_{\text{threshXLow}}$)。

当然，对于异频段且设置低优先级的小区，UE 所驻留的服务小区信号强度要低于设置的异频异系统测量启动门限，也就是要满足小区重选启动测量的条件 $S_{\text{rxlev}} < S_{\text{NonIntrasearch}}$。

高优先级小区到低优先级小区重选判决准则示意图如图 3.1.14 所示。

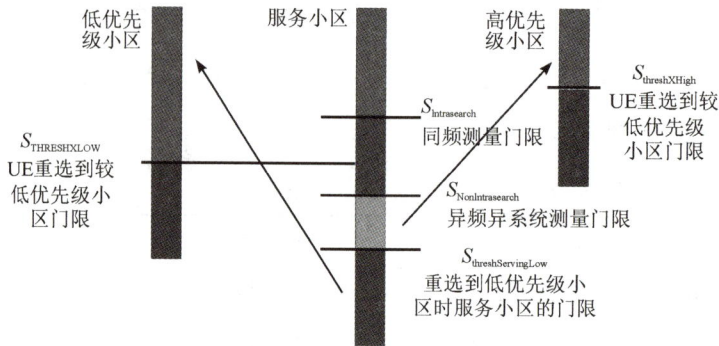

图 3.1.14　高优先级小区到低优先级小区重选判决准则示意图

高优先级小区到低优先级小区重选判决准则涉及的参数如表 3.1.3 所示。

表 3.1.3　高优先级小区到低优先级小区重选判决准则涉及的参数

参数名称	单位	参 数 含 义
$S_{\text{threshServingLow}}$	dB	小区满足选择或重选条件的最小接收功率级别值
$S_{\text{threshXHigh}}$	dB	小区重选至高优先级的重选判决门限，该值越大，重选至高优先级小区越容易，一般设置为高于 $S_{\text{threshServingLow}}$
$S_{\text{threshXLow}}$	dB	重选至低优先级小区的重选判决门限，该值越小，重选至低优先级小区越困难，一般设置为高于 $S_{\text{threshServingHigh}}$
$t_{\text{ReselectionEUTRA}}$	s	该参数指示了优先级不同的 LTE 小区重选的定时器时长，用于避免乒乓效应

任务 4　小区寻呼与跟踪

1. LTE 寻呼

1) 寻呼

网络可以向空闲状态发送寻呼，也可以向连接状态的 UE 发送寻呼。寻呼过程可以由核心网触发，也可以由 eNodeB 触发。

在 LTE 无线网络中，发送寻呼主要有如下几种场景：

(1) 发送寻呼信息给 RRC_IDLE 状态的 UE。这种情况下寻呼过程是由核心网触发的，用于通知某个 UE 接收寻呼请求。

(2) 通知 RRC_IDLE/RRC_CONNECTED 状态下的 UE 系统信息改变。这种情况下寻呼过程是由 eNodeB 触发的，用于通知系统信息更新。

(3) 通知 UE 关于 ETWS 信息。寻呼还可以发送地震海啸预警系统信息、商用移动告警系统信息。

(4) 通知 UE 关于 CMAS 通知信息。

2) 寻呼过程

处于 IDLE(空闲) 模式下的终端，根据网络广播的相关参数使用非连续性接收 (DRX) 的方式周期性地去监听寻呼消息。终端在一个 DRX 的周期内，可以先在相应的寻呼无线帧上的寻呼时刻监听 PDCCH 上是否携带 P-RNTI(寻呼)，进而判断相应的 PDSCH 上是否有承载寻呼消息。如果在 PDCCH 上携带 P-RNTI，就按照 PDCCH 上指示的 PDSCH 的参数去接收 PDSCH 上的数据；而如果终端在 PDCCH 上未解析出 P-RNTI，则无须再去接收 PDSCH 物理信道，可以依照 DRX 周期进入休眠。

表 3.1.4 列出了 RRC 空闲态寻呼和 RRC 连接态寻呼的区别。DRX 是指处在 RRC 空闲状态的 UE 不连续地监测寻呼信道 (PCH)。它的主要优点就是实现手机较低的功耗、较低的延迟和较低的网络负荷。

表 3.1.4　RRC 空闲态寻呼和 RRC 连接态寻呼的区别

指　　标	RRC 空闲态寻呼	RRC 连接态寻呼
控制网元	MME：发起寻呼 eNodeB：传输寻呼	eNodeB
适用范围	在一个跟踪区域 (TA) 内	在一个小区内
指示适用的 UE 标识	长标识 (如 NAS 分配的临时用户识别码 S-TMSI 或 IMSI)	短标识 (如 eNodeB 分配的用户业务 C-RNTI 16 bit)

在连接 (Connected) 模式下，终端需要根据网络配置的相关参数 (如短 DRX 周期和长 DRX 周期等) 周期性地监听 PDCCH。

3) 寻呼帧和寻呼时机

RRC_ IDLE 状态下的 UE 在特定的子帧 (1 ms) 监听 PDCCH，这些特定的子帧称为寻呼时机 (Paging Occasion，PO)，这些子帧所在的无线帧 (10 ms) 称为寻呼帧 (Paging Frame，PF)。与 PF 和 PO 相关的两个参数是 T 和 n_B，这两个参数由系统消息 SIB2 通知 UE。

根据式 (3.1) 和式 (3.2) 计算出 PF 和 PO 的具体位置后，UE 开始监听相应子帧的 PDCCH，如果发现有 P-RNTI，则根据 PDCCH 指示的 RB 分配和调制编码方式 (MCS)，从同一子帧的 PDSCH 上获取寻呼消息。如果寻呼消息含有本 UE 的 ID，则发起寻呼响应；否则，在间隔 T 个无线帧后继续监听相应子帧的 PDCCH。

寻呼时机的确定由帧级参数 PF 和子帧级参数 PO 共同确定。

PF 的确定：

$$\text{SFN mod} T = (T\, \text{div} N) \times (\text{UE\_ID mod} N) \tag{3.1}$$

PO 的确定：

$$i\_s = \text{floor}\left(\frac{\text{UE\_ID}}{N}\right) \text{mod } N_s \tag{3.2}$$

说明：

(1) floor(x)：有时候也写成 Floor(x)，其功能是向下取整，或者说向下舍入，即取不大于 x 的最大整数。

(2) T：UE 的非连续接收周期，其值为 32、64、128 和 256，单位是无线帧。该值越大，RRC_IDLE 状态下 UE 的电力消耗越少，但是寻呼消息在无线信道上的平均延迟越大。

(3) $N = \min(T, n_B)$，$N_s = \max(1, \frac{n_B}{T})$，UE_ID = IMSI mod 1024。其中，n_B 的值为 $4T$、$2T$、T、$T/2$、$T/4$、$T/8$、$T/16$、$T/32$。该参数主要表征了寻呼的密度。$4T$ 表示每个无线帧有 4 个子帧用于寻呼；$T/4$ 表示每 4 个无线帧有 1 个子帧用于寻呼。n_B 值决定了系统的寻呼容量。

表 3.1.5　TD-LTE 寻呼子帧映射关系

N_s	PO			
	当 i_s=0 时	当 i_s=1 时	当 i_s=2 时	当 i_s=3 时
1	0	—	—	—
2	0	5	—	—
4	0	1	5	6

(4) i_s 通过查找表 3.1.5 得到，寻呼时机存在于子帧 0、子帧 1、子帧 5 和子帧 6 中。子帧 0 和子帧 5 是下行子帧，子帧 1 是特殊子帧，子帧 6 是下行子帧或特殊子帧。寻呼时机的安排便于 UE 在不同时隙配置下以相同方式实现寻呼功能，同时优先选择子帧 0 和子帧 5。这既兼顾了寻呼容量，又尽量减小了对特殊子帧的影响。

下面通过例子说明 TD-LTE 在不连续接收方式下的寻呼过程。

假设 UE 通过系统消息 SIB2 得到 defaultPagingCycle 是 64，即 T = 64，也就是 DRX 周期是 640 ms；$n_B = 2T$，即每帧有 2 个子帧用于寻呼，则 $N = \min(T, n_B) = T$；$N_s = \max(1, \frac{n_B}{T}) = 2$；UE_ID = IMSI mod 1024 = 68。如何计算 PF 和 PO？

PF 的计算：

由于 $T \text{ div} N = 1$，UE_ID MODN = 4，因此 $(T \text{ div} N) \times (\text{UE\_ID MOD} N) = 4$，当 SFN = 4，64 + 4，128 + 4，…时，满足 SFN mod T = 4。

PO 的计算：

i_s = floor(UE_ID/N)mod N_s = 1，查表知 N_s = 2 且 i_s = 1 时 PO = 5。

TD-LTE 寻呼帧和寻呼时机示意图如图 3.1.15 所示。

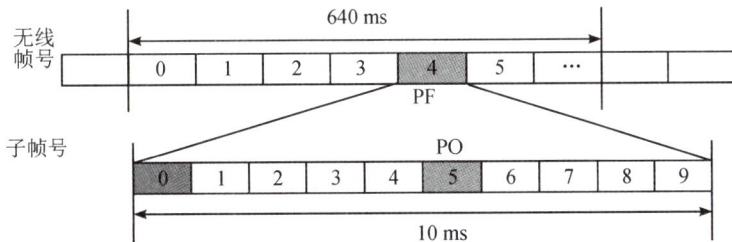

图 3.1.15　TD-LTE 寻呼帧和寻呼时机示意图

4) TD-LTE 寻呼流量

一个寻呼消息最多由 maxPageRec 个 Paging Record 组成，每个 Paging Record 标识 1 个 UE ID。根据 TS36.33L 协议，maxPageRec 取值为 16，也就是 TD-LTE 的每个寻呼消息最多承载 16 个 UE ID。

PDCCH DCI 格式 1C 指示的 PDSCH 的最大 TBS(Transport Block Size，传输块尺寸) 是 1736 bit(ITBS = 31)；如果使用 15 个十进制位的 IMS1-GSM-MAP 来进行计算，可以得到 1 个 Paging Record 的长度是 1 + 3 + 1 + 3 + (15 × 4 + 4) = 72 bit(前 8 个 bit 是报头)，则 16 个 Paging Record 的长度是 1152 bit。一个 TD-SCDMA 寻呼消息承载的 Paging Record 最多是 5 个，可见 TD-LTE 寻呼消息的承载能力有了很大的提高。

ITBS = 31 会导致系统采用更高的编码方式或者占用更多的 RB，同时每个寻呼消息承载的 Paging Record 过多会导致随机接入冲突的概率增加，因此系统会根据网络参数和资源情况等因素确定每个寻呼消息承载的 Paging Record，建议根据 50% 的负荷来确定，即每个寻呼消息承载的 Paging Record 不超过 8 个。在满足一定寻呼拥塞率 (一般设置为 2%) 的情况下，一个寻呼消息能支持的寻呼流量可以通过查询爱尔兰表得到。如果寻呼消息承载的 Paging Record 个数 $M = 16$，则寻呼流量 $E_{Paging} = 9.83$；如果 $M = 8$，则 $E_{Paging} = 3.63$。TD-LTE 在 1 s 内支持的寻呼流量 I_{cell} 可由式 (3.3) 计算得到：

$$I_{cell} = E_{Paging} \times n_B/T \times 100 \tag{3.3}$$

TD-LTE 在 1 s 内的最大寻呼流量是 3932(M 取值为 16，n_B 取值为 4T)，在 1 s 内中等寻呼流量是 726(M 取值 8，n_B 取值 2T)。TD-SCDMA 在 1 s 内的寻呼流量是 54。TD-LTE 的寻呼流量高出 TD-SCDMA 寻呼流量 1 到 2 个数量级，原因是 TD-LTE 服务于移动互联网，用户需要保持 100% 在线，每个用户的忙时寻呼次数急剧增加。

系统最大的寻呼能力和 n_B 参数配置有关，如表 3.1.6 所示。

表 3.1.6　1 s 内寻呼 UE 个数与 n_B 关系表

n_B	4T	2T	T	1/2T	1/4T	1/8T	1/16T	1/32T
每秒最多可寻呼 UE 个数	400×16	200×16	100×16	50×16	25×16	12.5×16	6.25×16	3.125×16

可以看出，1/2T 的时候可以达到 800 次 / 秒，1/4T 时可以达到 400 次 / 秒，具体可以根据不同的城区环境、寻呼需求来确定。

2. 跟踪区 TAU

当手机在待机状态时，网络是否知道手机处于什么位置？当手机作为被叫时，网络是如何找到手机的呢？下面带着这些问题来学习 LTE 无线网络中的跟踪区管理。

1) TAU

当移动台由一个 TA 移动到另一个 TA 时，必须在新的 TA 上重新进行位置登记以通知网络来更改它所存储的移动台的位置信息，这个过程就是跟踪区更新 (Tracking Area Update，TAU)。

跟踪区 (Tracking Area，TA) 是 LTE 系统为 UE 的位置管理设立的概念。TA 功能与 3G 系统的位置区和路由区类似，通过 TA 信息，核心网能够获知处于空闲态的 UE 位置，并且在有数据业务需求时，对 UE 进行寻呼。

一个 TA 可包含一个或多个小区，而一个小区只能归属于一个 TA；TA 用 TAC 标识，并在小区的系统消息 (SIB1) 中广播。

TAI(Tracking Area Identity) 是 LTE 的跟踪区标识，它由 PLMN 和 TAC 组成，即 TAI=PLMN+TAC。

2) TA List

LTE 系统引入了 TA List 的概念，一个 TA List 可包含 1 ～ 16 个 TA。MME 为每一个 UE 分配一个 TA List，并发送给 UE 保存。UE 在 MME 为其分配的 TA List 内移动时不需要执行 TA List 更新；当 UE 进入不在其所注册的 TA List 中的区域时，即进入一个新 TA List 区域时，需要执行 TA List 更新，如图 3.1.16 所示。

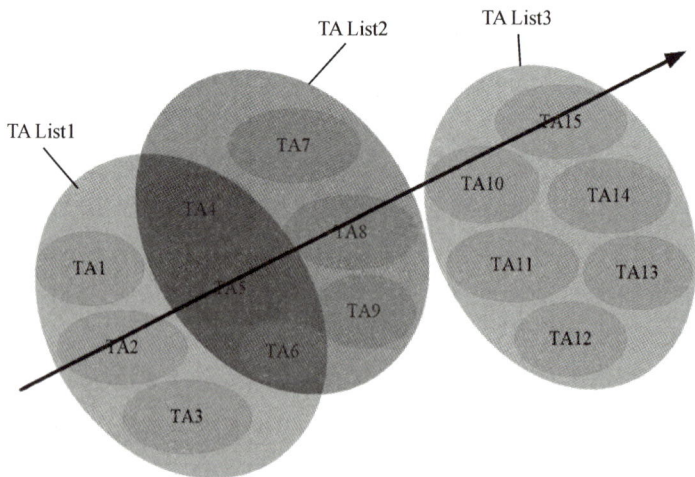

图 3.1.16　TA List 更新示意图

UE 如何判断是否进入不在其所注册的 TA List 中的新 TA 区域呢？UE 接收的广播消息 SIB1 中有 TA 信息，UE 将其跟自己存储的 TA List 作比较，如果有不同，就知道进入了新的 TA。

当 TA List 不需要 TA，在两个 TA List 边缘用户较多的时候 (十字路口等密集场所、高铁等快速通行路段)，就会存在大量的位置更新。如果有 TA，则可以把 TA 放在两个 TA List 里面，这相当于延长了位置更新的时间，减小了网络负荷。

在 UE 执行 TA List 更新时，MME 会为 UE 重新分配一组 TA 形成新的 TA List。在有业务需求时，网络会在 TA List 所包含的所有小区内向 UE 发送寻呼消息。

在 LTE 系统中，寻呼和位置更新都是基于 TA List 进行的。

TA List 的引入可以避免在 TA 边界处由于乒乓效应导致的频繁 TAU。

3) TA 规划原则

TA 作为 TA List 下的基本组成单元，其规划直接影响 TA List 规划质量，因此，需要作如下要求：

(1) TA 面积不宜过大。若 TA 面积过大，则 TA List 包含的 TA 数目将受到限制，降低了基于用户 TA List 规划的灵活性，引入 TA List 的目的不能达到。

(2) TA 面积不宜过小。若 TA 面积过小，则 TA List 包含的 TA 数目就会过多，MME 维护开销及位置更新的开销就会增加。

(3) TA 边界应尽量设置在低话务区。TA 的边界决定了 TA List 的边界。为减小位置更新的频率，TA 边界不应设在高话务量区域及高速移动区域等，应尽量设在天然屏障区域，如山川、河流等。

(4) 在市区和城郊交界区域，一般将 TA 的边界放在外围一线的基站处，而不是放在话务密集的城乡接合部，避免用户频繁地进行位置更新。

同时，TA 划分尽量不要以街道为界，一般要求 TA 边界不与街道平行或垂直，而是斜交。此外，TA 边界应该与用户流的方向 (或者说是话务流的方向) 垂直而不是平行，避免产生乒乓效应的位置或路由更新。

4) TA List 使用

TA List 是由 MME 为用户分配的跟踪区列表，通过在 MME 上设置参数实现。其主要参数包括 TA List 包含的 TA 数目的上限 (取值为 $1 \sim 16$)、TA List 分配策略等。

常用的 TA List 分配策略有：

(1) 用户当前 TA 和过去经过的 $N-1$ 个 TA。

(2) 用户当前 TA 和与当前 TA 黏滞度最大的 $N-1$ 个 TA。

TA List 分配策略应考虑网络及业务情况，如：

(1) 由于不同的 TA 寻呼负荷不同，处于话务密集区的 TA 负荷较重，如地铁、大型商城等，此区域人流量大，与周围 TA 的黏滞度也大，分配 TA List 时若不特别考虑这些情况，则可能引发这些区域的信令风暴。

(2) 在使用 CSFB(电路交换回退) 时，配置 TA List 时应保证其对应的 2G 区域位于同一个 MSC POOL (移动交换中心池) 内，否则回落时可能导致寻呼失败。

任务 5　小区切换与测量

1. 切换

切换是指移动终端从一个小区或信道变更到另外一个小区或信道时能继续保持通信的过程。小区具有一定的覆盖范围，当移动终端 UE 在系统内不断移动时，小区边缘信号质量可能会逐步降低，UE 为了保持连续的通信服务，需要根据服务小区和相邻小区的信号测量结果触发事件上报，以便切换到信号质量更好的小区。

1) 切换的原因

切换的原因有以下几方面：

(1) 基于覆盖的切换：用来保证移动期间业务的连续性，如图 3.1.17(a) 所示。

(2) 基于负载的切换：平衡小区之间的负载，如图 3.1.17(b) 所示。

(3) 基于业务的切换：高速率数据业务使用 LTE 系统；语音、低速率的用户切换到 UMTS 或者 GSM 网络，如图 3.1.17(c) 所示。

(4) 基于 UE 移动速度的切换：LTE 专门针对高速移动用户，设计高速小区。移动终端在高铁等高速移动场景下，可以切换到周围的高速小区中，如图 3.1.17(d) 所示。

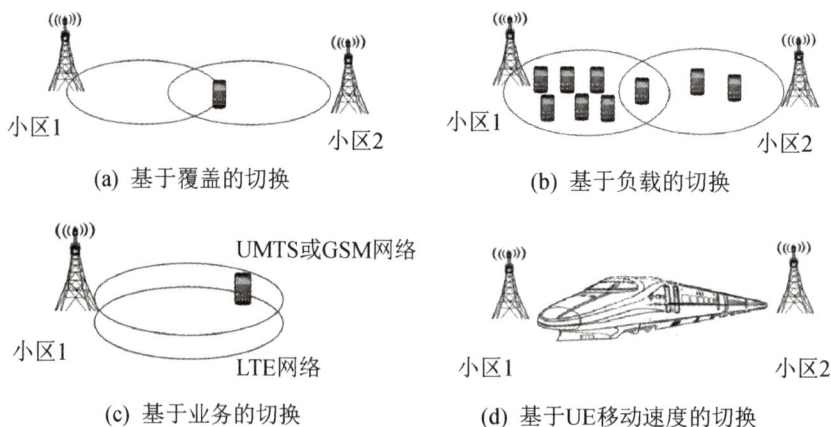

图 3.1.17　切换的原因

2) 切换的分类

在 LTE 系统中，根据切换过程中存在分支数目、切换控制方式、切换触发原因、切换间小区频点的不同，对切换进行如下分类。

(1) 按切换过程中存在分支数目进行分类。

① 硬切换：先断开和源小区之间的连接，再与目标小区建立连接。

② 软切换：先与目标小区建立连接，再断开与源小区之间的连接。

③ 接力切换：利用终端上行预同步技术，预先取得与目标小区的同步。

(2) 按切换控制方式进行分类。

① 网络控制切换：在这种方法中，移动台完全处于被动状态。网络监测来自 MS(移动终端)的信号强度与信号质量，当满足切换准则时，网络启动切换。

② 终端控制切换：在这种方法中，MS 持续监测来自所关联的基站和几个候选基站的信号强度和质量。当满足某些切换准则时，MS 检查一个可用业务信道的"最佳"候选基站，并发出切换请求，启动切换。

③ 网络辅助切换：网络通知 MS 上行链路的信号质量，MS 基于上行链路和下行链路的信号质量进行切换判决。

④ 终端辅助切换：网络要求 MS 测量来自周围基站的信号，网络基于 MS 的测量报告作出切换判决。

(3) 按切换触发原因进行分类。按切换触发原因，LTE 的切换可分为基于覆盖的切换、基于负载的切换、基于业务的切换以及基于 UE 移动速度的切换。

(4) 按切换间小区频点的不同进行分类。按切换间小区频点的不同，LTE 的切换可分为同频切换、异频切换、异系统切换。

LTE 采用的是终端辅助的硬切换技术。

2. 切换测量

1) 切换测量过程

LTE 切换过程分为 4 个步骤：测量、上报、判决和执行。切换测量是切换的第一步，而切换测量过程主要包括以下 3 个步骤：

(1) 测量配置。它主要由 eNodeB 通过 RRCConnectionReconfiguration 消息携带的 measConfig 信元，将测量配置消息通知给 UE，包含 UE 需要测量的对象、小区列表、报告方式、测量标识、事件参数等。

(2) 测量执行。UE 会对当前服务小区进行测量，并根据 RRCConnectionReconfiguration 消息中的 s-Measure 信元来判断是否需要执行对相邻小区的测量。UE 可以进行以下类型的测量：

① 同频测量。

② 异频测量。

③ Inter-RAT 测量。

(3) 测量报告。它的触发方式分为周期性触发和事件触发。当满足测量报告条件时，UE 将测量结果填入 MeasurementReport 消息中，并发送给 eNodeB。

满足测量报告条件时，通过事件报告 E-UTRAN，内容包括测量 ID、服务小区的测量结果 (RSRP 和 RSRQ 的测量值) 及相邻小区的测量结果 (可选)。

2) 测量事件

(1) 系统内测量事件。

① A1 事件。它用于停止异频/异系统测量，当服务小区质量高于指定门限时触发。A1 的判决公式如下：

A1 事件触发条件：Ms-Hysteresis1 > Thresh1。

A1 事件取消条件：Ms+Hysteresis1 > Thresh1。

其中：Ms 为服务小区的测量结果；Hysteresis1 为 A1 事件的迟滞参数；Thresh1 为 A1 事件的门限参数。Hysteresis1 和 Thresh1 在测量控制中下发。

② A2 事件。它用于启动异频/异系统测量，当服务小区信号的电平或者质量低于指定门限时触发。当 UE 上报 A2 事件后，eNodeB 会通过下发异频/异系统测量控制。A2 的判决公式如下：

A2 事件触发条件：Ms+Hysteresis2 < Thresh2。

A2 事件取消条件：Ms-Hysteresis2 > Thresh2。

其中，Ms 为服务小区的测量结果；Hysteresis2 为 A2 事件的迟滞参数；Thresh2 为 A2 事件的门限参数。Hysteresis2 和 Thresh2 在测量控制中下发。

假设 UE 占用 A 小区，且 A 小区异频 A1 RSRP 触发门限、异频 A2 RSRP 触发门限分别设置为 -90 dBm、-95 dBm，如图 3.1.18 所示，则当 UE 测量到的 A 小区 RSRP 值为大于 -90 dBm 的左边区域时，UE 不进行异频测量；当 UE 测量到的 A 小区 RSRP 值小于 -95 dBm 的右侧区域时，UE 进行异频测量；当 UE 测量到的 A 小区 RSRP 值位于 -95 ～ -90 dBm 的中间区域时，UE 是否进行异频测量取决于 UE 之前的状态，即 UE 的测量状态不改变。

-85	-86	-87	-88	-89	-90	-91	-92	-93	-94	-95	-96	-97	-98	-99	-100

图 3.1.18　A1、A2 测量时间启动门限示意图

③ A3 事件。它用于触发同频切换。当邻区（相邻小区）质量比服务小区质量高一定偏置量时，触发 UE 上报 A3 事件。eNodeB 收到 A3 后进行同频切换判决。A3 的判决公式如下：

A3 事件触发条件：Mn + Ofn + Ocn - Hysteresis > Ms + Ofs + Ocs + Offset。

A3 事件取消条件：Mn + Ofn + Ocn + Hysteresis < Ms + Ofs + Ocs + Offset。

其中，Mn 为邻区的测量结果，不考虑计算任何偏置；Ofn 为该邻区频率特定的偏置（即 offsetFreq 在 measObjectEUTRA 中对应于邻区的频率）；Ocn 为该邻区的小区特定偏置（即 cellIndividualOffset 在 measObjectEUTRA 中对应于邻区的频率），同时如果没有为邻区配置，则设置为零；Ms 为没有计算任何偏置下的服务小区的测量结果；Ofs 为服务频率的上频率特定的偏置（即 offsetFreq 在 measObjectEUTRA 中对应于服务频率）；Osc 为服务小区的小区特定偏置（即 cellIndividualOffset 在 measObjectEUTRA 中对应于服务频率），并设置为 0（没有为服务小区配置的情况下）；Hysteresis 为该事件的滞后参数（即 Hysteresis 为 reportConfigEUTRA 内为该事件定义的参数）；Offset 为该事件的偏移参数（即 A3-Offset 为 reportConfigEUTRA 内为该事件定义的参数）。

当终端满足 Mn + Ofn + Ocn - Hysteresis > Ms + Ofs + Ocs + Offset 且维持延迟触发时间后，上报测量报告。小区一旦部署好，Ocs、Ocn 就是确定的值。如果在网络规划时将当前服务小区的 Ofs、Ocs 值和邻区的 Ofn、Ocn 值设置成

一样,则 A3 事件进入的公式可简化为 Mn－Hysteresis > Ms + Offset,如图 3.1.19 所示,在 A 点之后开始满足 Mn－Hysteresis > Ms + Offset,且维持延迟触发时间之后,在 B 点发起 A3 事件的切换,在 C 点完成 A3 事件的切换。

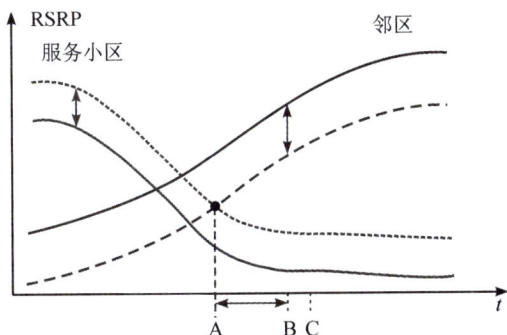

图 3.1.19　A3 事件切换图

④ A4 事件。当 A2 事件上报以后,网络侧下发 A4 事件测量控制。A4 事件用于触发异频切换。当邻区质量高于指定门限时 UE 上报 A4 事件。eNodeB 收到 A4 后进行切换判决,判决公式如下:

A4 事件触发条件: Mn + Ofn + Ocn－Hysteresis > Thresh。

A4 事件取消条件: Mn + Ofn + Ocn + Hysteresis < Thresh。

其中,Mn 为邻区的测量结果;Ofn 为邻区频率的特定频率偏置,默认为 0;Ocn 为邻区的特定小区偏置 (CIO);Hysteresis 为 A4 事件的迟滞参数;Thresh 为 A4 事件的门限参数。

⑤ A5 事件。当服务小区质量低于一个绝对门限 Thresh1,且邻区质量高于一个绝对门限 Thresh2 时,用于频内 / 频间基于覆盖的切换。判决公式如下:

A5 事件触发条件: Ms + Hysteresis < Thresh1 且 Mn + Ofn + Ocn－Hysteresis > Thresh2。

LTE 中的同频测量事件汇总如表 3.1.7 所示。

表 3.1.7　E-UTRAN 测量事件

事件类型	事件含义
A1 事件	服务小区质量高于一个绝对门限,用于关闭正在进行的频间测量和激活 GAP
A2 事件	服务小区质量低于一个绝对门限,用于打开频间测量和激活 GAP
A3 事件	邻区比服务小区质量高于一个绝对门限,用于频内 / 频间基于覆盖的切换
A4 事件	邻区质量高于一个绝对门限,主要用于基于负荷的切换
A5 事件	服务小区质量低于一个绝对门限 Thresh1,且邻区质量高于一个绝对门限 Thresh2,用于频内 / 频间基于覆盖的切换

(2) 系统间测量事件。它包括 B1 事件和 B2 事件。

① B1 事件:异系统邻区质量高于一个绝对门限,用于基于负荷的切换。

② B2 事件:服务小区质量低于一个绝对门限 Thresh1 且异系统邻区质量高

于一个绝对门限 Thresh2，用于基于覆盖的切换。

3) 常用切换参数

(1) A3 迟滞 IntraFreqHoA3Hyst(Hyst)。

① 参数简要说明。该参数表示同频切换测量事件的迟滞，可减少由于无线信号波动 (衰落) 导致的对小区切换评估的频繁解除与触发，降低乒乓切换以及误判，该值越大越容易防止乒乓切换和误判。其配置步长为 0.5 dB，建议值为 2，即 1 dBm。

② 参数使用策略。增大迟滞 Hyst，将增加 A3 事件触发的难度，延缓切换，影响用户感受；减小该值，将使得 A3 事件更容易被触发，容易导致误判和乒乓切换。对于信号衰落方差大的小区，可增大该值，减少不必要的切换；反之，减小该值，保证及时切换。

(2) 邻区特定小区偏置 CellIndividualOffset(Ocn)。

① 参数简要说明。该参数表示邻区的偏移量，控制测量事件发生的难易，该值越大，越容易触发切换的测量报告上报。Ocn 的设置是为了调节切换的难易程度，该值与测量值相加用于事件触发和取消的评估。该参数可取正值或负值，建议值为 dB0(0 dB)。

② 参数使用策略。若加大该值，将降低 A3 事件触发的难度，提前切换；若降低该值，则增加 A3 事件触发的难度，延缓切换。

(3) 邻区频率偏置 QoffsetFreq(Ofn)。

① 参数简要说明。该参数表示 E-UTRAN 异频频点下邻区的频率偏置。其在系统消息 SIB5 中和测量控制中下发，用于 UE 小区重选和测量事件 (包括 A3、A4 及 A5 事件) 的进入和退出判断。Ofs、Ofn 的设置是为了根据频点优先级来调节 UE 优先进入哪个频点，该值与测量值相加用于事件触发和取消的评估。该参数取值越大，则该频点优先级越高。

同频切换时邻区与服务小区频率偏置相等，即 Ofs=Ofn。同频测量频率偏置固定为 0 dB，建议值为 0 dB。

② 参数使用策略。若 Ofs 越大，即服务小区优先级越高，A3 事件触发难度越大，延缓切换；Ofn 越大，A3 事件触发的难度越小，提前切换。

(4) 服务小区偏置 CellSpecificOffset(Ocs)。

① 参数简要说明。该参数表示服务小区的特定偏置，用来确定邻近小区与服务小区的边界，也称为 CIO。Ocs 的设置是为了调节切换的难易程度，该值与服务小区的测量值相加用于事件触发和取消的评估，建议值为 dB0(0 dB)。

② 参数使用策略。若加大该值，将增大 A3 事件触发的难度，延缓切换；若减小该值，则降低 A3 事件触发的难度，提前切换。

(5) 服务小区频率偏置 QoffsetFreq(Ofs)。

① 参数简要说明。该参数表示服务小区的频率偏置。该值与测量值相加用于事件触发和取消的评估。该参数取值越大，则该频点优先级越高。

② 参数使用策略。若 Ofs 越大，即服务小区优先级越高，A3 事件触发难度越大，延缓切换；Ofn 越大，A3 事件触发的难度越小，提前切换。

(6) A3 偏置 IntraFreqHoA3Offset(Offset)。

① 参数简要说明。该参数表示同频切换 A3 事件中邻区质量高于服务小区的偏置值，用来确定邻近小区与服务小区的边界，该值越大，表示目标小区有更好的服务质量才会发起切换。其配置步长为 0.5 dB，建议值为 1 dBm。

② 参数使用策略。增加该参数，将增加 A3 事件触发的难度，延缓切换；减小该参数，则降低 A3 事件触发的难度，提前进行切换。

(7) 时间迟滞 (IntraFreqHoA3TimeToTrig)。

① 参数简要说明。该参数表示同频切换测量事件的时间迟滞。当 A3 事件满足触发条件时并不立即上报，只有该参数在指定的时间内始终满足事件触发条件才上报该事件，减少因测量结果的偶然性而触发过多的事件上报，并降低平均切换次数和误切换次数，防止不必要切换的发生，建议值为 320 ms。

② 参数使用策略。延迟触发时间的设置可以有效减少平均切换次数和误切换次数，防止不必要切换的发生。延迟触发时间越长，平均切换次数越少，但延迟触发时间的增大会增加掉话的风险。协议规定同频测量物理层每隔 200 ms 更新一次测量结果，因此延迟触发时间低于 200 ms 没有实际意义。另外，不同速率的移动台对事件延迟触发值的反应是不一样的，高速移动时的掉话率对延迟触发值较敏感，而低速移动对延迟触发值则相对迟钝，且对减少乒乓切换和误切换有一定作用，因此对高速率移动台该值可以设置得小一些，而对低速率移动台可以设置得大一些。

(8) 系统内切换 T304 定时器 (T304forEutran)。

① 参数简要说明。该参数表示系统内切换 T304 定时器，在 UE 收到包含 MobilityControl Info 信元的 RRCConnectionReconfiguration 信息后启动。若在超时前收到 UE 完成切换的消息，则定时器停止。定时器超时，如果是 E-UTRAN 之间的切换，则 UE 执行 RRCConnection Reestablishment 过程；如果是 RAT(无线接入技术) 切换到 E-UTRAN，则 UE 执行 RAT 中规定的过程，建议值为 500 ms。

② 参数使用策略。该参数决定 UE 执行切换过程中的接入目标小区的最大时限。增加该参数的取值，可以提高 UE 在目标小区接入的成功率。但是，当 UE 接入的目标小区信道质量较差或负载较大时，可能增加 UE 无谓的接入尝试次数。减少该参数的取值，当 UE 选择的小区信道质量较差或负载较大时，可减少 UE 的无谓 RA 尝试次数，但是可能会降低 UE 在目标小区接入的成功率。

(9) 测量时的 RSRP 层 3 滤波系数 (Filter Coefficient for RSRP)。

① 参数简要说明。该参数表示在进行事件发生的评估之前，对 RSRP 测量进行平均的平滑系数。物理层上报的 RSRP 测量结果需要经过层 3 滤波以消除抖动，RRC 使用的结果都需要经过层 3 滤波后方可使用。滤波公式为

$$F_n = (1 - a)\cdot F_{n-1} + a\cdot M_n$$

其中，$a = 1/2^{(k/4)}$，k 即为层 3 滤波系数；F_n 为更新后的滤波测量结果；F_{n-1} 为旧的滤波测量结果；M_n 为最新收到的来自物理层的测量结果。

② 参数使用策略。该参数数值越大，测量的平滑系数越大，不容易及时反

映当时的情况；反之，则无法对抗快衰落。信号快变（拐角、阴影）区域，可以适当减小层 3 滤波系数。

项目实践

1. 广播消息中，$q_{rxlevmin} = -120$ dBm，$q_{rxlevminoffset} = 0$ dB，$P_{maxOwncell} = 23$ dBm，请计算：

① 当前测量到的服务小区 RSRP = -85 dBm，当前小区的 S_{rxlev} 是多少？

② 如果 $S_{intrasearch} = 39$，则当服务小区 RSRP 值为多少时开启同频测量？

2. 解释 dBm 和 dB 的区别？请计算：

① 10 dBm 是多少 W? 30 dBm 是多少 mW? 43 dBm 是多少 W?

② 20 dB 代表功率是多少倍？ 27dB 代表功率是多少倍？

项目二　移动网络优化

移动网络优化贯穿移动通信网络的建设期、成熟期和发展期,如图3.2.1所示。通常包括测试准备、数据采集、问题分析、调整实施等部分。

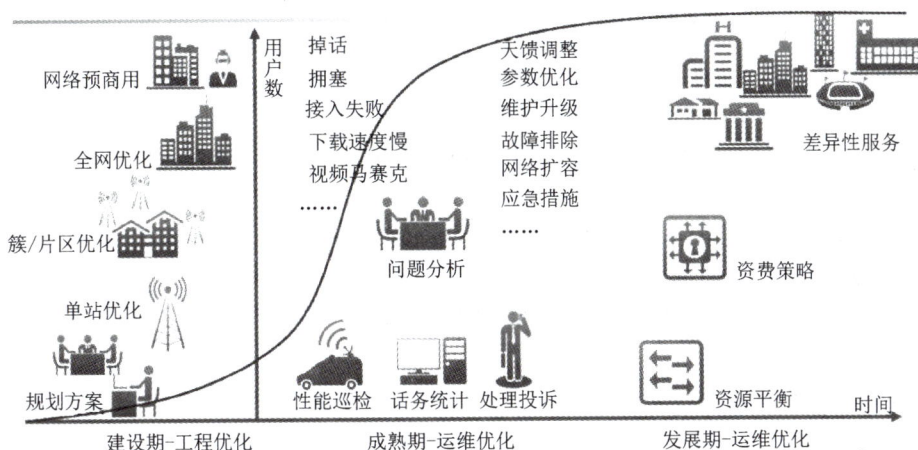

图 3.2.1　移动网络优化各阶段

测试准备阶段中,首先应该和运营商共同确定测试路线,准备好优化所需的工具和资料,保证网络优化工作顺利进行。

数据采集阶段的任务是通过 DT(路测)、CQT(拨打质量测试)、信令跟踪等手段采集数据,以及配合问题定位的 eNodeB 侧呼叫跟踪数据和配置数据,为随后的问题分析阶段做准备。

通过数据分析,发现网络中存在的问题,重点分析覆盖问题、干扰问题和切换问题,并提出相应的调整措施。调整完毕后随即针对调整后的配置实施测试数据采集,如果测试结果不能满足目标 KPI 要求,则进行新一轮问题分析、调整,直至满足需求为止。

任务1　覆盖优化

良好的无线覆盖是保障移动通信网络质量和指标的前提,结合合理的参数配置才能得到一个高性能的无线网络。

1. 覆盖问题引入

1) 覆盖类型

移动通信网络中涉及的覆盖问题主要有以下几种:

(1) 覆盖空洞：UE 无法注册网络，不能为用户提供网络服务。

(2) 弱覆盖：接通率不高，掉线率高，用户感知差。

(3) 越区覆盖：孤岛导致用户移动中掉话，用户感知差。

(4) 导频污染：干扰导致信道质量差，接通率不高，下载速率低。

将天线在车外测得的 RSRP ≤ -95 dBm 的区域定义为弱覆盖区域，将天线在车内测得的 RSRP < -105 dBm 的区域定义为弱覆盖区域。覆盖空洞一般是由于规划的站点未开通、站点布局不合理或新建建筑阻挡导致的，可以归入到弱覆盖中。越区覆盖和导频污染都可以归为交叉覆盖。所以从这个角度和现场可实施角度来讲，覆盖优化主要有两个内容：消除弱覆盖和交叉覆盖。

2) 覆盖目标

目前室外宏站覆盖的优化目标如下：

RSRP：在覆盖区域内，TD-LTE 无线网络覆盖率应满足 RSRP > -105 dBm 的概率大于 95。

RSRQ：在覆盖区域内，TD-LTE 无线网络覆盖率应满足 RSRQ > -13.8 dB 的概率大于 95。

SINR：在覆盖区域内，TD-LTE 无线网络覆盖率应满足 SINR > 0 dB 的概率大于 95。

中国移动在无线系统验收规范中，根据信道条件的不同，将网络情况分为 5 类测试点，如表 3.2.1 所示。

表 3.2.1　不同测试点的对比

测试点	RSRF 取值范围 /dBm	SINR 取值范围 /dB
极好点	> -85	> 25
好点	-85 ~ -95	6 ~ 25
中点	-95 ~ -105	11 ~ 25
差点	-105 ~ -115	3 ~ 10
极差点	< -115	< 3

2. 覆盖案例分析

1) 弱覆盖

问题描述：测试车辆沿长安街由东向西行驶，终端发起业务占用京西大厦 1 小区 (PCI=132)，测试车辆继续向东行驶，行驶至柳林路口路段 RSRP 值降至 -90 dBm 以下，出现弱覆盖区域，如图 3.2.2 所示。

问题分析：观察该路段 RSRP 值分布发现，柳林路口路段 RSRP 值分布较差，均值在 -90 dBm 以下，主要由京西大厦 1 小区 (PCI=132) 覆盖。观察到京西大厦距离该路段约 200 m，理论上可以对柳林路口进行有效覆盖。

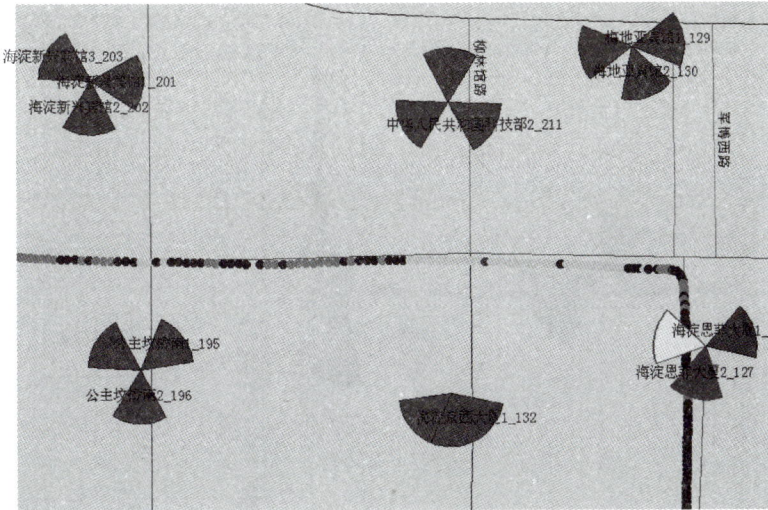

图 3.2.2 弱覆盖路测界面

通过实地观察京西大厦站点天馈系统发现，京西大厦 1 小区天线方位角为 120°，主要覆盖长安街柳林路口向南路段。建议调整其天线朝向以对柳林路口路段加强覆盖。

调整建议：京西大厦 1 小区天线方位角由原 120° 调整为 20°，机械下倾角由原 6° 调整为 5°。

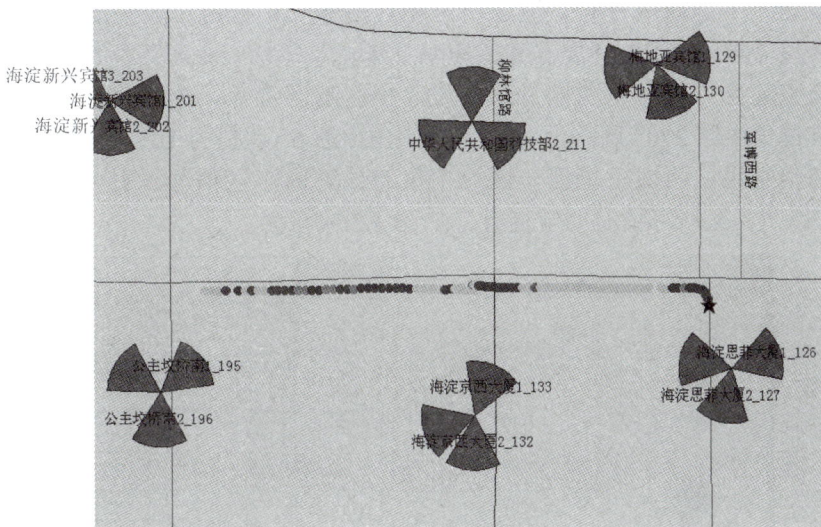

图 3.2.3 弱覆盖优化后路测界面

调整结果：调整完成后，柳林路口 RSRP 值有所改善。具体情况如图 3.2.3 所示。

2) 越区覆盖

问题描述：测试车辆沿月坛南街由东向西行驶，发起业务后首先占用西城月新大厦 3 小区 (PCI = 122)，车辆继续向西行驶，终端切换到西城三里河一区 2 小区 (PCI = 115)，切换后速率由原 30 Mb/s 降低到 5 Mb/s，如图 3.2.4 所示。

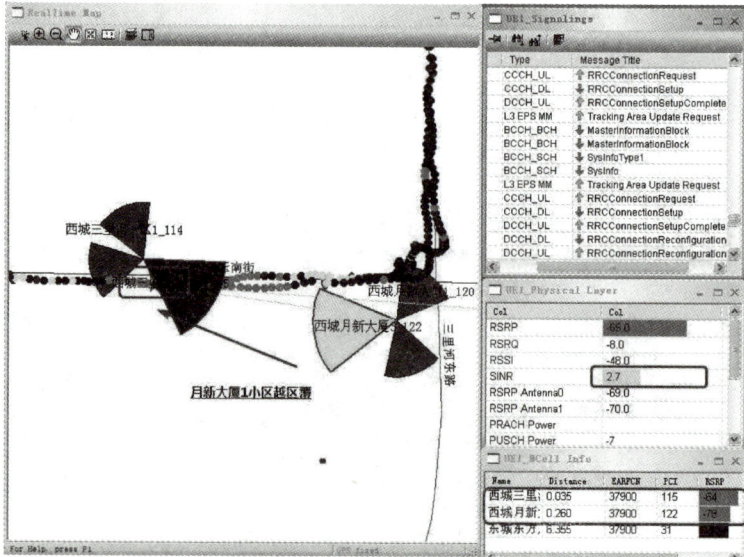

图 3.2.4　越区覆盖路测界面

问题分析：观察该路段无线环境，速率降低到 5 Mb/s 时，占用西城三里河一区 2 小区 (PCI = 115)，RSRP 为 −64 dBm 时覆盖良好，SINR 值为 2.7 时速率下降。观察邻区列表，当次服务小区为西城月新大厦 3 小区 (PCI = 122)、RSRP 为 −78 dBm 时，同样对该路段有良好覆盖。鉴于速率下降地点为西城三里河一区站下，西城月新大厦 3 小区在其站下应具有相对较好的覆盖效果，形成越区覆盖导致 SINR 环境恶劣，速率下降。

调整建议：为避免西城月新大厦 3 小区越区覆盖，建议将西城月新大厦 3 小区方位角由原 270° 调整至 250°，下倾角由原 6° 调整为 10°。

调整结果：西城三里河一区站下仅有该站内小区信号，并且 SINR 提升到 15 dB 以上，无线环境有明显提升，如图 3.2.5 所示。

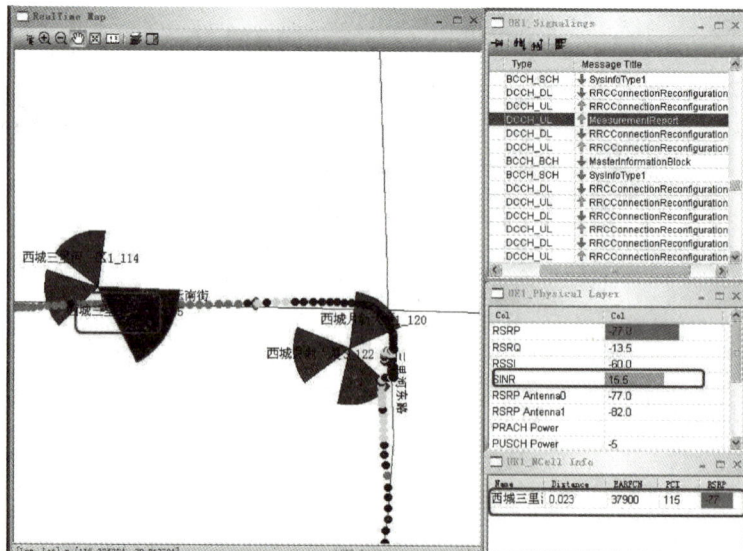

图 3.2.5　越区覆盖优化后路测界面

3) 重叠覆盖

问题描述：测试车辆沿长安街由西向东行驶，终端占用中华人民共和国科技部 2 小区 (PCI = 211) 后进行路测，随后切换至海淀京西大厦 1(PCI=133) 小区，业务正常保持。车辆继续向东行驶，终端切至中华人民共和国科技部 2 小区 (PCI = 211) 后发生掉话，如图 3.2.6 所示。

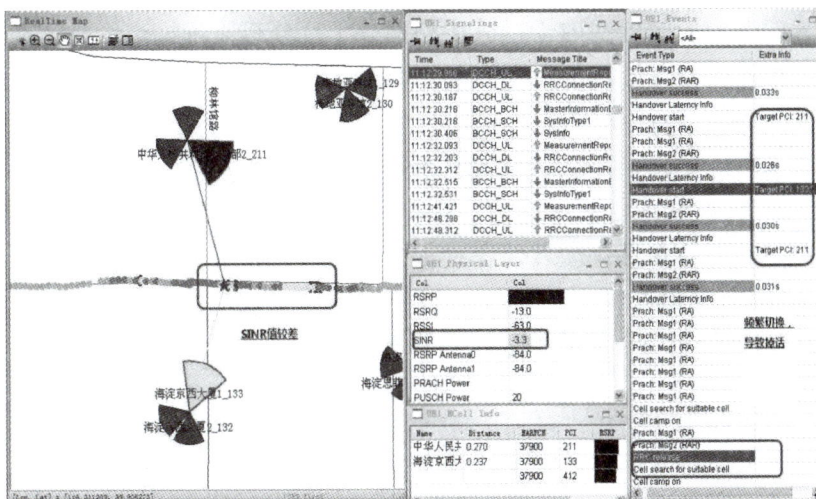

图 3.2.6　重叠覆盖路测界面

问题分析：观察该路段切换过程，终端由中华人民共和国科技部 2 小区 (PCI = 211) 正常切换至海淀京西大厦 2 小区后又出现回切情况导致掉话。两小区 RSRP 值相近，相差 3 dBm 以内，造成该路段为无主覆盖路段，发生频繁切换最终导致掉话。

调整建议：针对该路段无主覆盖问题，建议将京西大厦 2 小区功率由原 15 dBm 降低为 5 dBm，使其不会对长安街路段实行有效覆盖。

调整结果：调整后，SINR(信号与干扰噪声比) 值有明显改善，保持在 20 dB 左右，多次测试该路段不会出现频繁切换情况，避免掉话等异常事件发生，如图 3.2.7 所示。

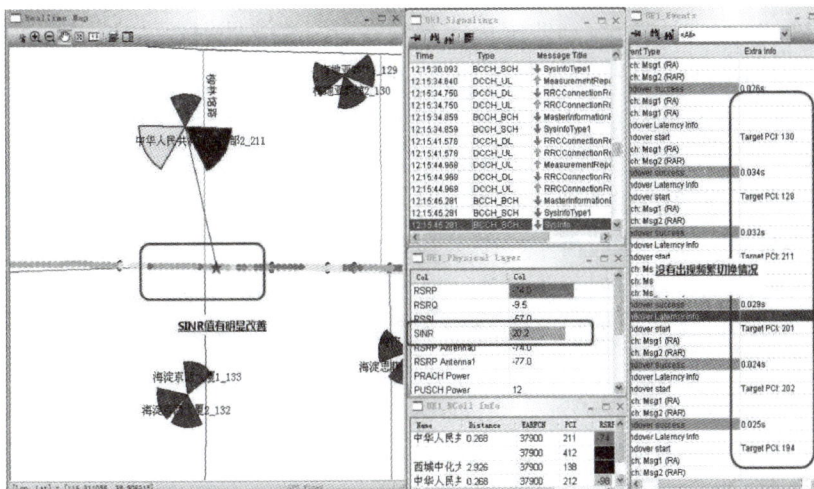

图 3.2.7　重叠覆盖优化后路测界面

任务 2　干 扰 优 化

1. 干扰问题分析

干扰问题分析包括网内干扰分析和网外干扰分析，干扰会影响业务的性能和测试的指标，严重时会导致切换失败、掉线和接入失败。

1) 网内干扰问题分析

通过 DT 测试中接收的 RS-SINR 指标数据进行问题定位，通过后台处理软件导出相应的 RS-SINR 的覆盖图，从覆盖图当中将 RS-SINR 恶化区域标记出来，同时，结合检查恶化区域的下行覆盖 RSRP 指标情况进行分析，如果下行 RSRP 覆盖指标数值也差，则认定为覆盖问题，在覆盖问题分析中加以解决。对于 RSRP 好而 RS-SINR 差的情况，确认为网内小区间干扰问题，分析干扰原因并加以解决。

对于双天线端口模式，对强干扰邻区一定要避免 PCI 模三相同，一般规划时很难对所有强干扰邻区实现 PCI 模三分配，需要针对情况进行后期优化；强干扰邻区 PCI 模三相同时对性能有较大影响。

$$PCI(Physical\ Layer\ Cell\ Identity) = (3 \times NID1) + NID2$$

其中，NID1 为物理层小区识别组，范围为 0 到 167，定义为 SSS 序列；NID2 为在组内的识别，范围为 0 到 2，定义为 PSS 序列。

网内干扰可根据具体的原因采取不同措施进行优化改善：

(1) 小区布局不合理。由于站址选择的限制和复杂的地理环境，可能出现小区布局不合理的情况。不合理的小区布局可能导致部分区域出现弱覆盖，而部分区域出现多个导频强信号覆盖。此问题可以通过更换站址来解决，但是现网操作会比较困难，在有困难的情况下通过调整方位角、下倾角来改善导频污染情况。

(2) 天线挂高较高。如果一个基站选址太高，相对周围的地物而言，周围的大部分区域都在天线的视距范围内，使得信号在很大范围内传播。站址过高导致越区覆盖不容易控制，产生导频污染。此问题主要通过降低天线挂高来解决。但是因为很多 LTE 站点与 2G/3G 共站，所以受天面的限制天线挂高难以调整，在这种情况下通过调整方位角、下倾角、导频功率等来改善导频污染情况。

(3) 天线方位角设置不合理。在一个多基站的网络中，天线的方位角应该根据全网的基站布局、覆盖需求、话务量分布等来合理设置。一般来说，各扇区天线之间的方位角设计应互为补充。若没有合理设计，可能会造成部分扇区同时覆盖相同的区域，形成过多的导频覆盖；或者其他区域覆盖较弱，没有主导导频。这些都可能造成导频污染，需要根据信号分布和站点的位置关系来进行天线方位的调整。

(4) 天线下倾角设置不合理。天线的倾角设计是根据天线挂高相对周围地物的相对高度、覆盖范围要求、天线型号等来确定的。当天线下倾角设计不合理时，在不应该覆盖的地方也能收到较强的覆盖信号，造成了对其他区域的干扰，这样会造成导频污染，严重时会引起掉话。对于这种情况，应根据信号的分布和站点的位置关系来调整下倾角至合理取值。

(5) 导频功率设置不合理。当基站密集分布时，若规划的覆盖范围小，而设置的导频功率过大，导频覆盖范围大于规划的小区覆盖范围时，也可能导致导频污染问题。在不影响室内覆盖的情况下可以考虑降低部分小区的导频功率。

(6) 覆盖区域周边环境影响。由于无线环境的复杂性，如地形地貌、建筑物分布、街道分布、水域等各方面的影响，使得导频信号难以控制，无法达到预期状况。

周边环境对导频污染的影响包括 3 个方面：

(1) 高大建筑物 / 山体对信号的阻挡。如果目标区域预定由某基站覆盖，而该基站在此传播方向上遇到建筑物 / 山体的阻挡覆盖较弱，则目标区域可能没有主导频，这可能造成导频污染。

(2) 街道 / 水域对信号的传播。当天线方向沿街道设计时，其覆盖范围会沿街道延伸较远，在沿街道的其他基站的覆盖范围内，可能会造成导频污染问题。

(3) 高大建筑物对信号的反射。当基站近处存在高大玻璃式建筑物时，信号可能反射到其他基站覆盖范围内，可能造成导频污染。

针对以上问题，可以通过调整方位角、下倾角来调整小区之间的较低区域，从而减少街道效应和反射带来的影响。

对于天线对打的场景，由于对打小区和主服务小区在对打区域信号都比较强，因此干扰较大。对于此类问题，首先应对天线进行调整，如在天线调整后仍无法达到目的，则根据现场的无线环境进行功率参数调整。

2) 网外干扰问题分析

网外干扰问题主要通过扫频测试和检查各个小区的底噪来进行判断。在确定测试 Cluster(簇) 区域内无网内信号的情况下，对 LTE 频段进行扫频测试，如果某一区域的底噪过高，则确认该区域存在外部干扰问题，进一步定位干扰源并排除干扰。

网外干扰分为上行干扰和下行干扰。若排除传输、参数、服务器等因素后，上 / 下行业务下载速率低，而且是成片小区出现这种情况，则可怀疑存在网外干扰。采用扫频仪进行网外干扰排查。

2. 干扰案例分析

1) 模三干扰

问题描述：测试车辆沿长安街由西向东行驶，终端占用北京银行燕京支行 2 小区 (PCI=214) 进行路测，随后切换至西城燕京饭店 2 小区 (PCI = 118)，SINR 值较差，如图 3.2.8 所示。

问题分析：北京银行燕京支行与西城燕京饭店两站点之间距离较近，发现北京银行燕京支行 2 小区 (PCI = 214)、西城燕京饭店 2 小区 (PCI = 118) 造成模三干扰，导致两小区切换带 SINR 值较差。

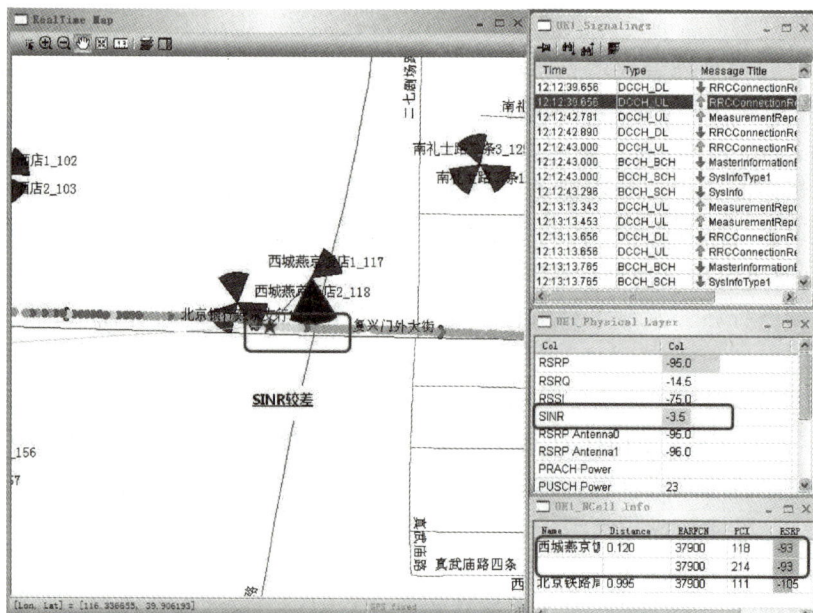

图 3.2.8　模三干扰路测界面

调整建议：将北京银行燕京支行 2 小区原 PCI 从 214 调整为 221，以解决两小区之间模三干扰问题。

调整结果：修改后 SINR 有明显改善，如图 3.2.9 所示。

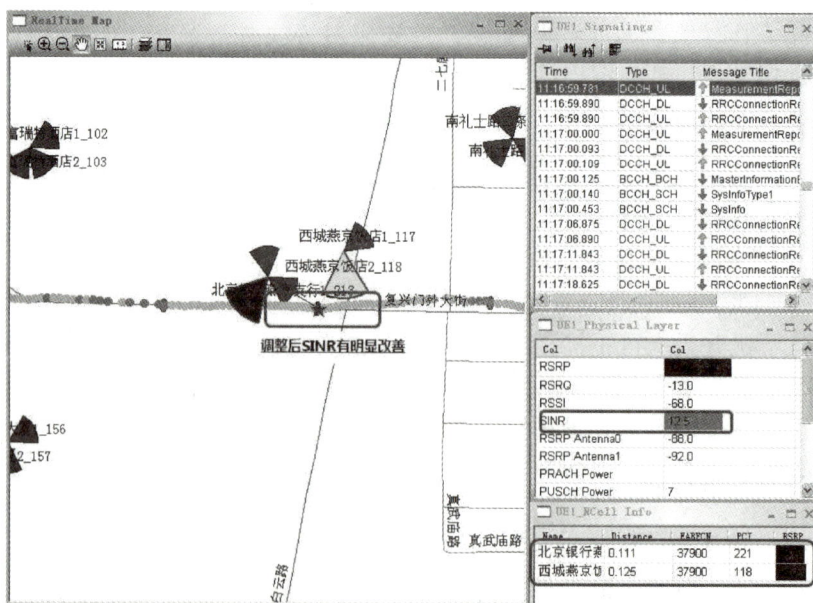

图 3.2.9　模三干扰优化后路测界面

2) 重叠覆盖干扰

问题描述：测试车辆沿长安街由东向西行驶，终端占用海淀新兴宾馆 2 小区 (PCI=202、RSRP 为 -78 dBm) 进行业务，传输速率在 30 Mb/s 左右，车辆继续向西行驶，速率陡降至 5 Mb/s 左右，如图 3.2.10 所示。

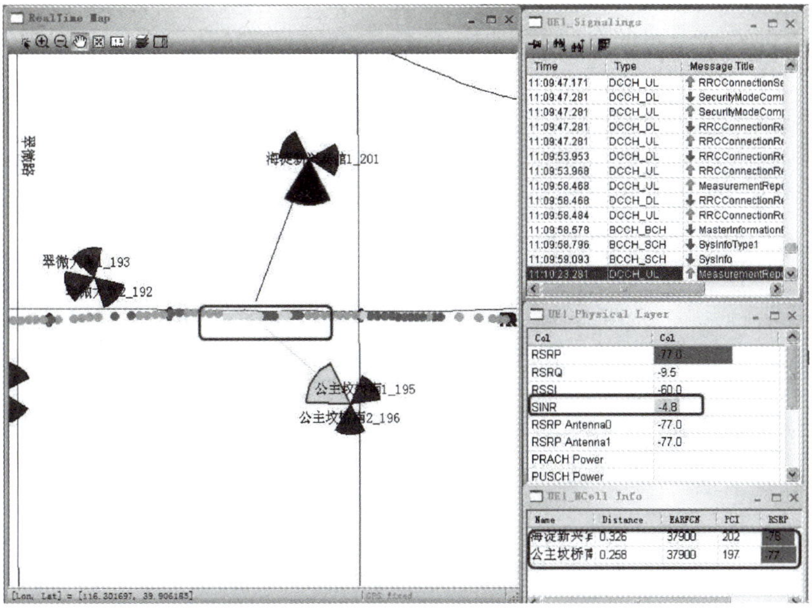

图 3.2.10　重叠覆盖干扰路测界面

问题分析：通过回放测试数据观察，在海淀新兴宾馆 2 小区 (PCI =202) 进行 DL 业务时，该小区的 RSRP 正常为 -78 dBm，但是 SINR 为 -4.8 dB(较差)。观察邻区列表中次服务小区为公主坟桥南 3 小区 (PCI=197)，当前 RSRP 值为 -77 dBm，与当前主服务小区新兴宾馆 2 小区 RSRP 相差 1 dBm。以此判断该路段存在海淀新兴宾馆 2 小区与公主坟桥南 3 小区重叠覆盖情况，导致 SINR 值恶化，速率陡降。

调整建议：为避免在该路段产生一个以上 RSRP 较强小区，建议调整公主坟桥南 3 小区天馈系统，由原 310° 调整为 270°，避免覆盖到长安街。

调整结果：调整后，海淀新兴宾馆 2 小区 (PCI =202) 成为该路段最强服务小区，SINR 值良好。

任务 3　切 换 优 化

1. 切换问题分析

切换问题也是影响覆盖的重要原因，不切换和切换慢会导致弱覆盖，而切换太频繁会导致掉线和业务速率低。

切换的问题一般在于切换区的长度和切换区里各个信号的强弱变化。如果切换区太小，那么在车速过快的情况下，可能没有足够的时间完成切换流程，从而导致切换失败。而切换区太大，则有可能过多占用系统资源。此外，如果切换区里各个信号强弱变化太频繁，不是普遍意义上的一个信号慢慢变弱，另一个慢慢变强，则切换也会频繁发生，产生乒乓效应。这样一方面会过多占用系统资源，另一方面也容易增加掉话的概率。

对于切换问题，关键在于控制切换区的位置和长度，并尽量保证在切换区里参与切换的信号强度能够平稳变化。对于切换区的位置和长度，应该在规划时就有初步的考虑。优化时要根据实际的环境加以调整，根据完成一次切换所需要的平均时间和一般在此区域的车速来确定切换区的长度。切换区的位置应该尽量避免在拐角，因为拐角本身的阻挡会带来额外的传播损耗并造成信号的迅速衰减，从而减小切换区的长度。如果无法避免，则应该尽量保证拐角处的信号强度有足够的余量来应对拐角的损耗。另外也不要把切换区放在十字路口、高话务地区以及 VIP 服务区。

2. 切换案例分析

1) 邻区漏配

问题描述：测试车辆沿长安街由东向西行驶，终端占用科技 2(PCI = 211) 小区进行路测，车辆继续向西行驶，终端开始频繁上发测量报告，并没有网络侧下发的切换命令，导致 UE 掉话，终端掉话后重选至新兴宾馆 1 小区 (PCI = 201)，如图 3.2.11 所示。

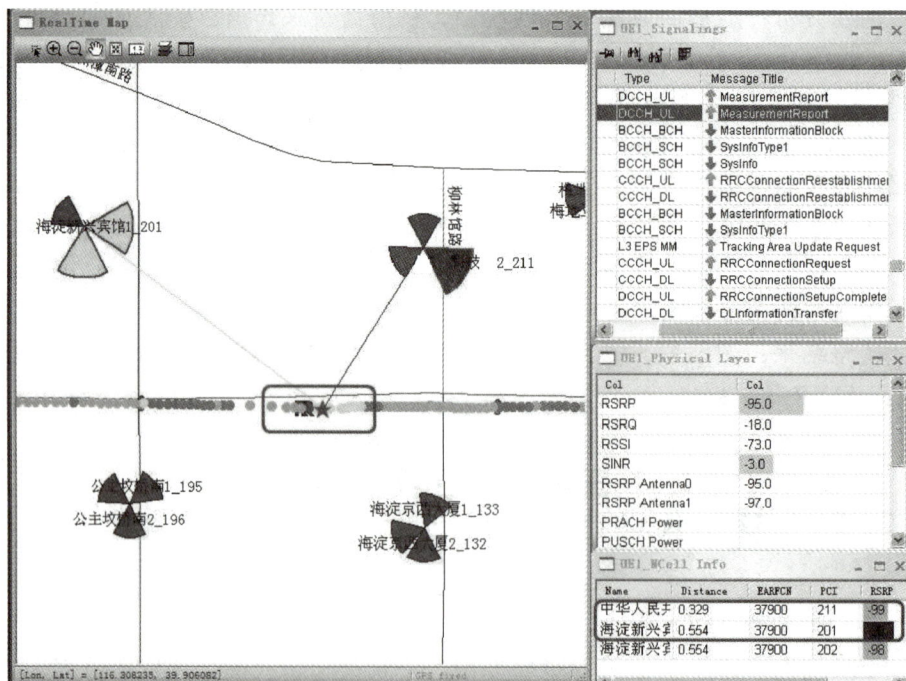

图 3.2.11　邻区漏配路测界面

问题分析：终端由科技 2 小区 (PCI =211) 开始正常业务，随后频繁上发测量报告，测量目标小区为海淀新兴宾馆 1 小区 (PCI=201)，但始终没有收到网络侧下发的切换命令，最终导致 UE 拖死掉话。观察当时无线环境，掉话地点科技

2 小区 (PCI =211)RSRP 为 −99 dBm，测量目标小区海淀新兴宾馆 1 小区 (PCI = 201) 的 RSRP 为 −90 dBm，两小区 RSRP 相差 9 dBm，这已经满足切换判决条件，但未发生切换关系。怀疑该现象发生的原因是科技 2 小区 (PCI = 211) 并未添加海淀新兴宾馆 1 小区 (PCI = 201) 的邻区关系。检查基站小区配置文件后，科技 2 小区 (PCI = 211) 与海淀新兴宾馆 1 小区 (PCI = 201) 并没有相互邻区关系，使终端无法切换导致掉话。

调整建议：添加中华人民共和国科技部 2 小区 (PCI = 211) 与海淀新兴宾馆 1 小区 (PCI = 201) 间的双向邻区关系。

调整结果：调整后，中华人民共和国科技部 2 小区 (PCI = 211) 与海淀新兴宾馆 1 小区 (PCI = 201) 顺利进行切换。

2) 乒乓切换

问题描述：测试车辆沿复兴门外大街由西向东行驶，发起业务后首先占用恩菲大厦 3 小区 (PCI = 128)，车辆继续向东行驶，终端切换到梅地亚宾馆 2 小区 (PCI = 130)，随后又在恩菲大厦 3 小区 (PCI=128) 与梅地亚宾馆 2 小区 (PCI = 130) 乒乓切换一次，导致终端异常，如图 3.2.12 所示。

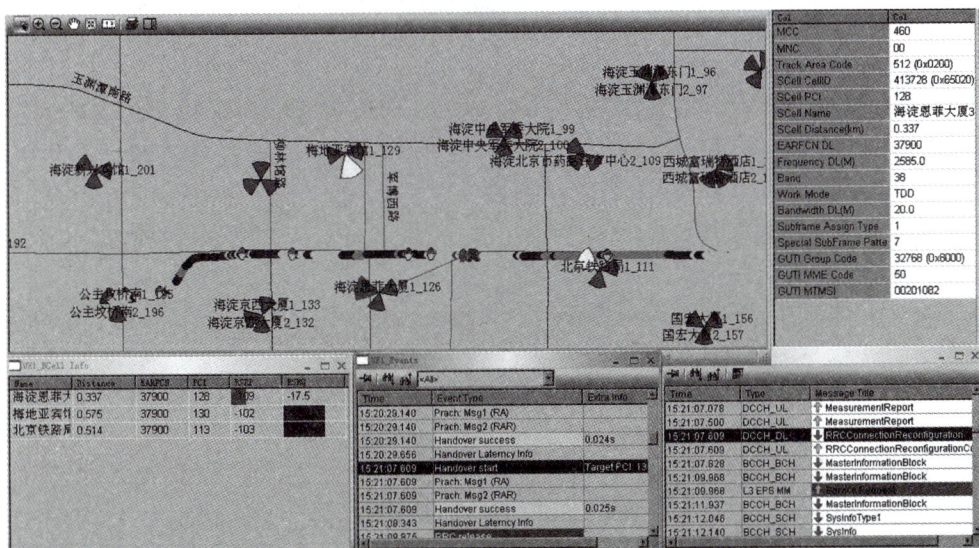

图 3.2.12 乒乓切换路测界面

问题分析：观察该路段周围站点分布，正常站点间切换顺序应为恩菲大厦 3 小区 (PCI 128)→ 梅地亚宾馆 2 小区 (PCI 130)→ 北京铁路局 3 小区 (PCI 113)。在测试过程中出现恩菲大厦 3 小区 (PCI 128) 与梅地亚宾馆 2 小区 (PCI 130) 的回切情况，如图 3.2.13 所示。

由于恩菲大厦正北方向有高层建筑无遮挡，建筑间的缝隙会泄漏出较强的信号覆盖到长安街，形成尖峰覆盖，导致乒乓切换，如图 3.2.14 所示。

调整建议：恩菲大厦站点天馈系统被高层建筑遮挡，若调整其天馈系统就会影响长安街覆盖，所以考虑调整恩菲大厦 3 小区向梅地亚宾馆 2 小区切换相关参数值，避免乒乓切换情况。具体调整参数如表 3.2.2 所示。

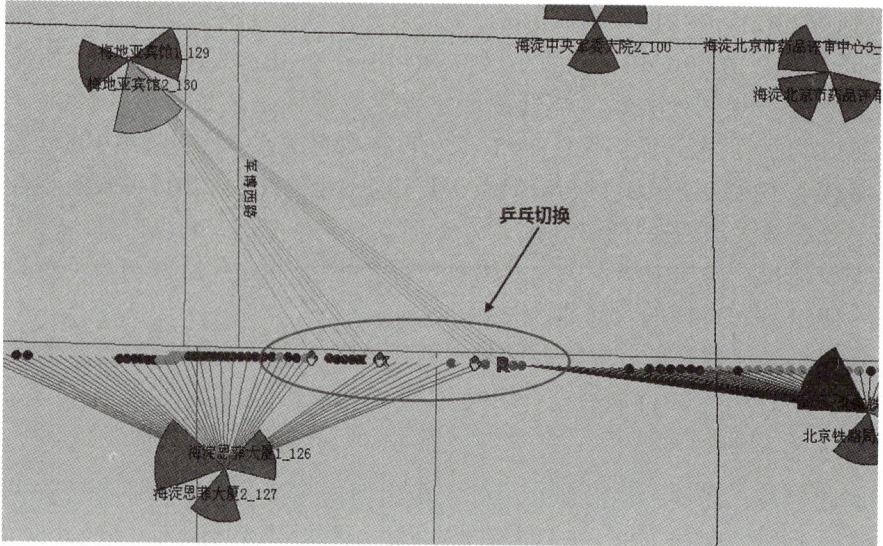

图 3.2.13　乒乓切换问题

图 3.2.14　乒乓切换问题实地分析

表 3.2.2　具体调整参数

参 数 名 称	参 数 位 置	原始值	目标值
事件触发滞后因子 /dB	小区 → 小区测量 →A3 事件配置	2	3
事件触发持续时间 /ms	小区 → 小区测量 →A3 事件配置	512	1024
相邻小区个性化偏移 /dB	小区 → 相邻小区关系	0	-4

调整结果：乒乓切换现象消失，如图 3.2.15 所示。

3) 切换不及时

问题描述：测试车辆沿长安街由东向西行驶，终端发起业务占用北京银行燕京支行 2 小区 (PCI = 221)，车辆继续向西行驶，RSRP 从 -90 dBm 降至 -100 dBm 以下，出现掉话，如图 3.2.16 所示。

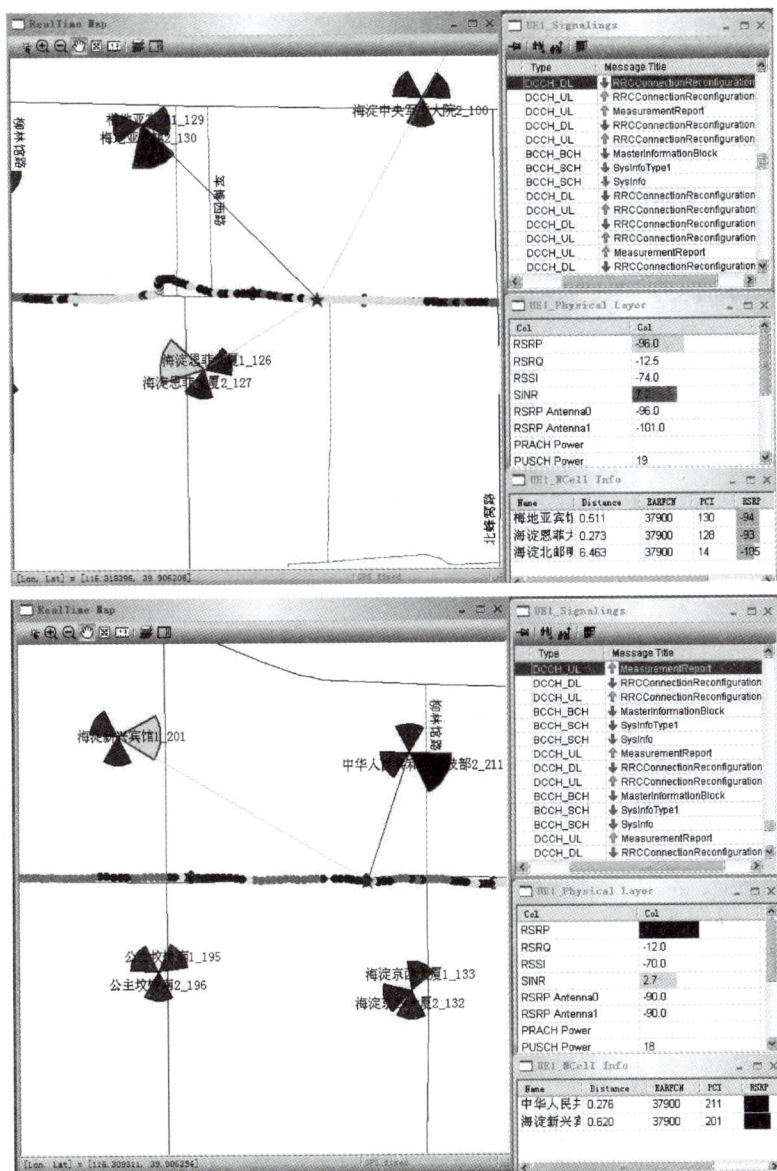

图 3.2.15　乒乓切换优化后路测界面

问题分析：观察该路段 RSRP 值分布发现，北京银行燕京支行 2 小区 (PCI = 221) 覆盖方向向西约 200 米后，出现黄色覆盖区域，RSRP 为 -100 dBm 以下，邻区列表中测量到最强相邻小区北京铁路局 1 小区 (PCI = 111) 的 RSRP 也是 -100 dBm 以下，且两小区 RSRP 值相近，一直无法满足切换判决条件，当测试车辆继续向西行驶时，无线环境继续恶劣导致掉话。

北京银行燕京支行 2 小区 (PCI = 221) 天线向西方向有高层建筑遮挡，天馈系统无法调整，另北京铁路局 1 小区 (PCI = 111) 距离掉话区域 650 m 左右，调整其天馈系统不会产生太大的改善。所以建议调整北京银行燕京支行 2 小区 (PCI = 221) 向铁路局 1 小区 (PCI = 111) 切换的迟滞量，使其更容易向铁路局 1 小区 (PCI = 111) 切换以避免掉话。

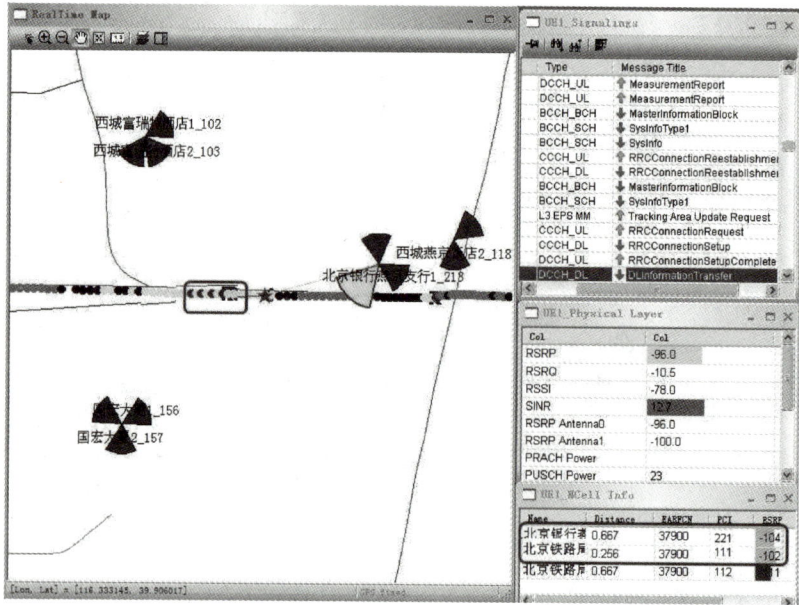

图 3.2.16　切换不及时路测界面

调整建议：具体调整参数如表 3.2.3 所示。

表 3.2.3　具体调整参数

参数名称	参数位置	原始值	目标值
相邻小区个性化偏移 /dB	小区 → 相邻小区关系	0	3

调整结果：调整完成后，使终端提早切换至北京铁路局 1 小区 (PCI= 111)，避免了终端掉话的风险，如图 3.2.17 所示。

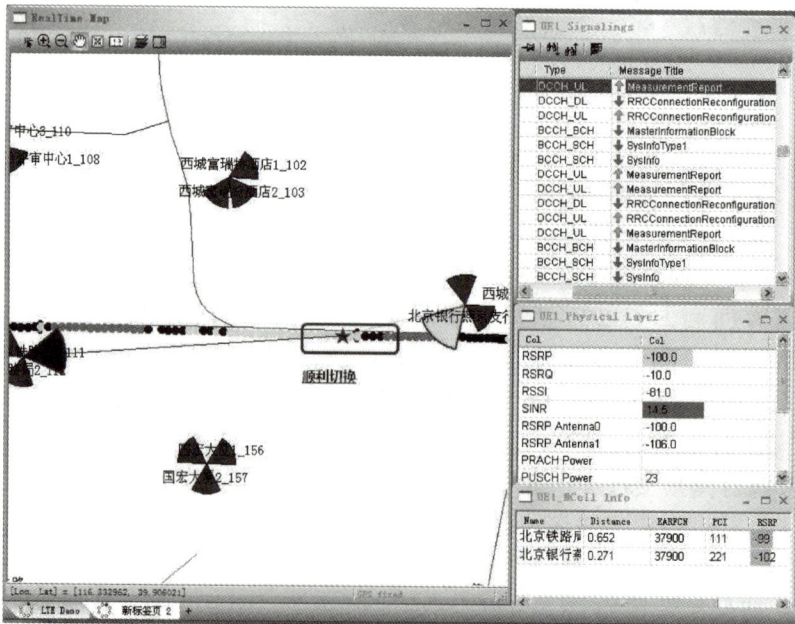

图 3.2.17　切换优化后路测界面

项目实践

优化案例描述：UE 占用滨江国税 3(PCI = 108) 小区进行 FTP 下载测试，在长河路与江南大道路口，UE 尝试切换到江边 1(PCI = 63) 小区时，会出现切换失败或是切换完成后掉线，最终 UE 重选到江边 1 小区。掉线区域 RSRP 正常 (-80 dBm) 但 SINR 较差 (-8 dB 左右)。而且由江边 1 小区向滨江国税 3 小区切换时也会发生切换失败和掉线，最终进行小区重选，如图 3.2.18 所示。

请结合案例问题分析是什么原因造成的？并提出优化建议。

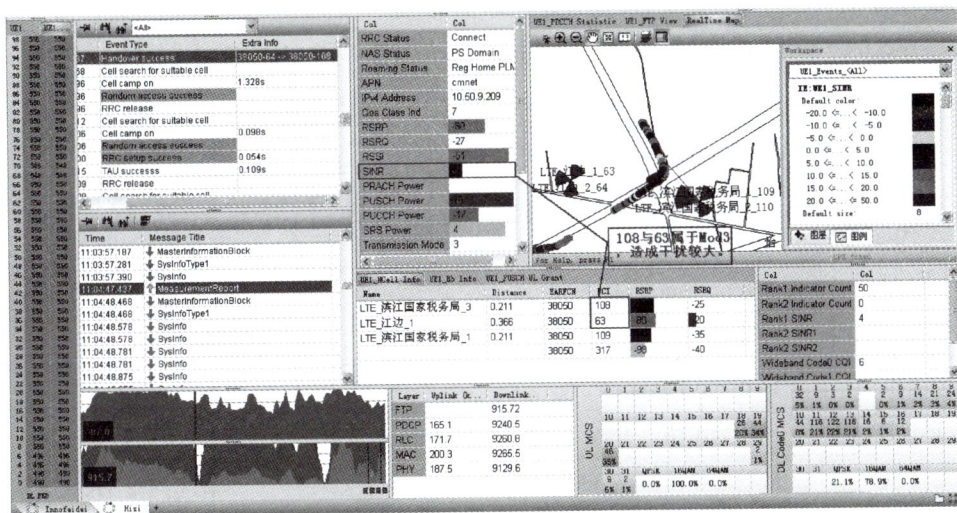

图 3.2.18　案例分析界面

附录　本书缩略语中英文对照

英文缩写	英文全称	中文名
3GPP	Third Generation Partnership Project	第三代合作伙伴计划
APN	Access Point Name	接入点名称
ARP	Allocation and Retention Priority	分级及保持优先
ARQ	Automatic Repeat reQuest	自动重传请求协议
BPSK	Binary Phase Shift Keying	二进制相移键控
CDF	Cumulative Distribution Function	累积分布函数
CS	Circuit Switching	电路交换
DFT	Discrete Fourier Transform	离散傅里叶变换
DRX	Discontinuous Reception	非连续接收
eNodeB	Evolution Node B	演进型节点 B
EPC	Evolved Packet Core	演进型分组核心网
E-UTRA	Evolved Universal Terrestrial Radio Access	演进型通用陆地无线接入
FEC	Forward Error Coding	前向纠错编码
GERAN	GSM EDGE Radio Access Network	GSM/EDGE 无线接入网
GBR	Guaranteed Bit Rate	保障的比特率
GGSN	Gateway GPRS Support Node	网关 GPRS 服务节点
GPRS	Global Packet Radio Service	通用分组无线服务技术
GTP	GPRS Tunnelling Protocol	GPRS 隧道协议
GUMMEI	Globally Unique MME Identifier	全球唯一 MME 标识
GUTI	Globally Unique Temporary Identity	全球唯一临时标识
HARQ	Hybrid Automatic Repeat reQuest	混合自动重传请求
HSS	Home Subscriber Server	归属地签约用户服务器
IFFT	Inverse Fast Fourier transform	逆快速傅里叶变换
IMS	IP Multimedia Subsystem	IP 多媒体子系统
LTE	Long Term Evolution	长期演进计划
MAC	Media Access Control	媒体接入控制
MIMO	Multiple Input Multiple Output	多输入多输出

英文缩写	英 文 全 称	中 文 名
MME	Mobility Management Entity	移动性管理实体
MMEC	MME Code	MME 代码
MMEGI	MME Group Identifier	MME 组标识
NAS	Non-Access Stratum	非接入层
OFDM	Orthogonal Frequency Division Multiplex	正交频分复用
PAPR	Peak to Average Power Ratio	峰均功率比
PDCP	Packet Data Convergence Protocol	分组数据汇聚协议
PDN	Packet Data Network	分组数据网络
PDU	Packet Data Unit	分组数据单元
PS	Packet Switching	分组交换
QAM	Quadrature Amplitude Modulation	正交调幅
QCI	QoS Class Identifier	QoS 类别标识
QoS	Quality of Service	服务质量
QPSK	Quadrature Phase Shift Keying	正交相移键控
RAB	Radio Access Bearer	无线接入承载
RLC	Radio Link Control	无线链路控制
RRC	Radio Resource Control	无线资源控制
SAE	System Architecture Evolution	系统架构演进
SAE-GW	System Architecture Evolution Gateway	系统架构演进网关
SC-FDMA	Single Carrier-Frequency Division Multiple Access	单载频-频分多址接入
SDM	Spatial Division Multiple	空分复用
SDU	Service Data Unit	业务数据单元
SGW	Serving Gateway	服务网关
TAC	Tracking Area List	跟踪区列表
TA	Tracking Area	跟踪区
TAI	Tracking Area Identifier	跟踪区标识
TTI	Transmission Time Interval	传输时间间隔
UE	User Equipment	用户设备

参 考 文 献

[1] 中国电信集团公司. 中国电信 NB-IoT 无线网开通指导手册 [EB/OL]，2017.

[2] 北京华晟经世信息技术有限公司. 1+X 5G 移动网络运维职业技能等级标准，2020.

[3] 中国移动通信有限公司网络部. 4/5G 协同优化指导手册 [EB/OL]，2019.

[4] LTE 切换流程和信令介绍 [EB/OL]，2020.

[5] 徐彤，丁胜高. LTE 无线网络优化技术 [M]. 北京：电子工业出版社，2018.

[6] 熊英，许勇. LTE 组网与维护 [M]. 成都：西南交通大学出版社，2020.